网络工程专业“十二五”规划教材

RFID技术与应用

郭庆新　张　卉　李彦霏　编著

逯贵祯　主审

中国传媒大学出版社

·北京·

前　言

物联网在国家“十二五”规划中被确定为国家战略性新兴产业之一。计划在“十二五”期间，物联网产业初步形成从传感器、芯片、软件、终端、整机、网络到业务应用的完整产业链，并培育一批具有国际竞争力的领军企业。自动识别技术是物联网得以实现的必要前提条件。而射频识别（RFID）是物联网中的核心技术之一。

本书根据物联网工程的发展和教学需要，结合射频识别技术的最新发展及其应用现状编写而成。本书共分7章：第1章主要介绍现代自动识别技术的常用技术，射频识别技术的发展历史、系统组成、工作流程和技术特点。第2章主要介绍射频识别技术的物理学基础和通信基础，包括磁场、电感、互感，电磁波的辐射、传播等电磁场和射频微波的基础知识，以及射频识别系统中的信息传输的调制、编码、安全等技术等内容。第3章主要介绍读写器的作用、发展趋势和系统构成，详细介绍电磁反射式射频前端内各器件，如功率放大器、信号源、滤波器和混频器等器件的基本工作原理和参数。第4章介绍电子标签的应用范围以及不同种类电子标签的工作原理、电路组成结构、各电路单元所实现的功能及相应的技术特点等。第5章介绍RFID系统中的天线技术，包括天线的基本参数、工作原理和设计方法，分别介绍读写器天线和标签天线各自的特点和设计要求、天线与电路的匹配问题等。第6章介绍RFID国际标准化体系和标准的分类。第7章主要介绍非接触智能卡系统、交通系统、门禁系统、动物和物品识别等RFID技术的应用。

本书的第1章由逯贵祯、郭庆新共同编写。第2、3章由郭庆新编写；第4、5章由张卉编写；第6、7章由李彦霏编写。全书由逯贵祯教授主审，在编写过程中，陈新桥研究员、靳晓芳老师为本书提供了许多宝贵的意见和建议。

本书可作为高等院校通信、电子、计算机、网络工程、物联网及相关专业学生的教材，也可供从事物联网RFID工作的工程师参考。

作 者

2015年6月

目 录

第 1 章　射频识别技术导引

本章要点：

1. 主要介绍现代自动识别技术的常用技术，射频识别技术的发展历史、系统组成、工作流程和技术特点。
2. 介绍射频识别技术的关键问题，选择标准以及发展趋势。

在现代信息技术社会，很多领域都应用了自动识别技术。从人们日常生活中的商品购物，出门旅行，到各种科学和技术研究领域，都可以发现自动识别技术的应用。通过应用自动识别技术，人们可以得到关于物品、动物以及个人的信息，这些信息在信息社会中是非常重要的资源。射频识别技术（Radio Frequency Identification,RFID）作为自动识别与数据采集的工具，是目前自动识别技术领域中最先进的技术。无线射频识别技术是一种非接触的自动识别技术。该技术利用无线电信号的传输特性实现空间分离设备之间的通信和识别过程。射频识别系统在物理层面由电子标签和读写器组成。电子标签一般附在被需要识别的物体上，当附有射频标签的物体在读写器能够感知的空间范围内，读写器可以在不接触物体的情况下读取射频标签的信息，从而达到识别物体，处理物体信息的目的。读写器的结构包括天线和集成电路信息处理模块。射频标签包括天线和标识物体信息的芯片。射频标签技术是现代自动识别技术的最新发展，现代识别技术主要包括以下内容。

1.1 现代自动识别技术

现代自动识别技术在技术发展过程中经历了条形码，磁卡，光学特征识别，生物识别，智能卡，射频识别等许多种类的技术。

1.1.1 条形码技术

条形码（Barcode）技术是由一组规则排列的条、空和数字符号组成，用以表示一定的字符、数字及符号组成的信息。条形码的种类很多，主要有一维条码和二维条码两种。这两种都有许多码制，不同码制有其固有的特点，可以用于一种或几种应用场合。条形码技术是对红外光或可见光进行识别，由扫描器发出的红外光或可见光照射条码标记，条形码中深色的条吸收来自扫描器的光，而浅色的空将光反射回扫描器，扫描器将接收到的反射光信号转换成数据。

1. 一维条码

常用的一维条码的码制包括：EAN 码、39 码、交叉 25 码、UPC 码、128 码、93 码、Codabar（库德巴码）等。

图 1.1(a) 是人们在超市里常见的印刷在商品上的 EAN-13 码。EAN(European Article Number) 是欧洲物品编码的缩写。EAN-13 条码所表示的代码由 13 位数字组成，其中前 3 位数字为前缀码，目前国际物品编码协会分配给我国的前缀码为“690-695”。前缀码是“690-691”时，第 4 到 7 位数字为厂商代码，第 8 到 12 位数字为商品项目代码，第 13 位数字为校验码；当前缀码为“692-695”时，第 4 到 8 位数字为厂商代码，第 9 到 12 位数字为商品项目代码，第 13 位数字为校验码。

EAN-13 条码的编码结构由左侧空白区、起始符、左侧数据符、中间分隔符、右侧数据符、校验符、终止符、右侧空白区及人眼识别字符组成，见图 1.1(a)。

一维条形码只是在水平方向表达信息，而在垂直方向则不表达任何信息，其一定的高度通常是为了便于阅读器的对准。在应用中一维条形码具有信息录入速度快，差错率少等优点；但是也存在数据容量较小、尺寸相对较大、遭到损坏后便不能阅读等不足。

（a）EAN-13 码的编码结构　　（b）二维码

图 1.1　条形码

2. 二维条码

在横向和纵向的二维空间存储信息的条形码，称为二维条码（2-Dimensional Barcode）。二维条码技术是在一维条码无法满足实际应用需求的前提下产生的。与一维条码一样，二维条码也有许多不同的编码方法，或称码制。具有代表性的矩阵式二维条码有：Code One、Maxi Code、QR Code、Data Matrix 等。

图 1.1(b) 是中国传媒大学官方微博的二维条码，它是在一个矩形空间通过黑、白像素在矩阵中的不同分布进行编码。在矩阵相应元素位置上，用点（方点、圆点或其他形状）的出现表示二进制“1”，点的不出现表示二进制的“0”，点的排列组合确定了矩阵式二维条码所代表的意义。

由于二维条码具有数据容量更大、不受字母数字的限制、条形码相对尺寸小以及抗损毁能力强等优点，使得它在商业流通、仓储、医疗卫生、图书情报、邮政、铁路、交通运输、生产自动化管理等多个领域得到了广泛应用。

1.1.2 磁卡技术

磁卡是一种磁记录介质卡片，是有高强度、耐高温的塑料或纸质涂覆塑料制成，能防潮、耐磨且有一定的柔韧性，携带方便、使用较为稳定可靠。磁卡具有数据可读写的优点，广泛应用于信用卡、银行 ATM 卡、会员卡、现金卡等。图 1.2 是一种银行磁卡，它可以通过背面的磁条读写数据。

磁卡的数据存储的时间长短受磁性粒子极性的耐久性限制，另外磁卡存储数据的安全性一般较低，如磁卡不小心接触磁性物质，就可能造成数据的丢失或混乱。要提高磁卡存储数据的安全性能，就必须采用另外的技术，增加成本。随着新技术的发展，安全性能较差的磁卡有逐步被取代的趋势，但是在现有条件下，磁卡技术仍然会在许多领域得到应用。

图 1.2　银行的磁卡

1.1.3 光学特征识别技术

光学特征识别（Optical Character Recognition，OCR）技术最早在 1960 年使用。在光学特征识别技术中，开发了用于 OCR 识别的特殊符号，这种特殊符号可以在普通条件下识别，同时也能够被 OCR 机器识别。目前光学特征识别技术的主要应用领域是在生产、服务和管理部门，如邮件自动处理，银行票据识别等特定领域。

光学特征识别技术的优点有：信息量大，并且在紧急情况下可以通过视觉读取数据。即人眼可以识别，也可以扫描输入。缺点有：输入速度和可靠性比条形码差，数据的格式有限，在扫描输入信息的时候要采用接触式扫描器，其结构复杂，使用成本较高。由于这些原因，光学特征识别技术尚未得到广泛的应用。

1.1.4 生物识别技术

生物识别（Biometrics）技术是指对生物体（一般特指人）本身的生物特征来区分生物体个体的计算机技术。研究领域主要包括语音、脸、指纹、手掌纹、虹膜、视网膜、体形、个人习惯（例如敲击键盘的力度和频率、签字）等，相应的识别技术有话音识别、人脸识别、指纹识别、掌纹识别、虹膜识别、视网膜识别、体形识别、键盘敲击识别、签字识别等。生物识别的技术核心在于如何获取这些生物特征，并将其转换为数字信息，存储于计算机中，利用可靠的匹配算法来完成验证与识别个人身份。

1.1.5 智能卡识别技术

智能卡（Smart Card）是一种电子数据存储系统，在某些时候可能还有一些基本计算功能。第一个智能卡是在 1984 年出现的，该智能卡是一种电话预付费卡。智能卡与读卡器接触，并且通过读卡器获取能量的时钟脉冲。通过双向串联接口，数据信息在读卡器和智能卡之间通信。智能卡可以根据它们的内部功能分为两类：存储智能卡和微处理器智能卡。

智能卡的主要优点是可以防止储存在智能卡上的信息被盗取，因此智能卡上的信息更加安全。正是这个优点，智能卡在重要的金融服务中获得了很快的发展。智能卡的主要缺点是接触面容易污损，并且读写器的维护成本较高。

1.1.6 射频识别技术

RFID 技术是与智能卡技术密切相关的识别技术，类似智能卡技术。射频识别标签也是一种具有电子数据存储功能的设备。但是与智能卡技术不同，射频识别标签与读写器之间能量的获取和数据交换是通过电磁场进行的，因此是一种无接触的识别系统。射频识别标签具有读写功能，可以携带大量数据，同时难以伪造。

1.2 射频识别技术发展历史

射频识别技术的基本原理起源于二战时期，最初是利用无线电数据技术来识别敌我双方的飞机和军舰。战后，由于较高的成本，该技术一直主要应用于军事领域，并没有很快普及到民用领域。直到上世纪八九十年代，随着芯片和电子技术的提高和普及，欧洲开始率先将 RFID 技术应用到公路收费等民用领域。到本世纪初，RFID 迎来了一个崭新的发展时期，其在民用领域的价值开始得到世界各国的广泛关注，特别是在发达国家，RFID 技术大量应用于门票防伪、生产自动化、门禁、公路收费、停车场管理、身份识别、货物跟踪等民用领域，其新的应用范围还在不断扩展。

在 RFID 技术发展过程中，最早是在 1899 年，尼古拉 • 特斯拉（Nikola Tesla）提出了用无线来传递电能的想法，这个想法是 RFID 技术早期的基本思想。1945 年，雷翁 • 特雷民（Léon Theremin）发明了利用声音的反射来传递重要信息的技术，这种技术被视为 RFID 的鼻祖。1948 年，哈利 • 斯托克曼（Harry Stockman）发表的《利用反射功率通信》一文，奠定了 RFID 的理论基础。马里奥 • 卡尔杜洛（Mario Cardullo）在 1973 年发明了现代 RFID 的原型设备。他被视为 RFID 的发明者，同时也是移动通信卫星概念的提出者。

RFID 技术的发展可按 10 年期划分如下：

1941-1950 年：雷达的改进和应用催生了 RFID 技术，1948 年奠定了 RFID 技术的理论基础。

1951-1960 年：早期 RFID 技术的探索阶段，主要处于实验室实验研究阶段。

1961-1970 年：RFID 技术的理论得到发展，开始了一些应用尝试。

1971-1980 年：RFID 技术的研发处于大发展时期，各种 RFID 技术测试得到加速。出现了最早的 RFID 应用。

1981-1990 年：RFID 技术及产品进入商业应用阶段，各种规模应用开始出现。

1991-2000 年：RFID 技术标准化问题日益得到重视，RFID 产品得到广泛采用，RFID 产品逐渐成为人们生活的一部分。

2001 年至今：标准化问题日益为人们所重视，RFID 产品种类更加丰富，有源射频标签、无源射频标签及半无源射频标签均得到发展，射频标签成本不断降低，规模应用行业扩大。RFID 技术的理论得到丰富和完善。单芯片射频标签、多射频标签识读、无线可读可写、无源射频标签的远距离识别、适应高速移动物体的 RFID 正在成为现实。

1.3 射频识别系统组成

典型的 RFID 系统主要包括系统上层（应用系统）、读写器 (Reader and Writer) 和电子标签 (Electronic Tag) 三个部分，如图 1.3 所示。无源系统的读写器通过耦合元件发送出一定频率的射频信号，当电子标签进入读写器的覆盖区域时，电子标签可以通过耦合元件从空中获得能量以驱动电子标签中的芯片与读写器进行通信。读写器读取标签的自身编码等信息并解码后送至数据处理子系统。而对于有源系统，电子标签进入读写器工作区域后，由自身内嵌的电池为标签内的芯片供电，以完成与读写器间的相应通信过程。

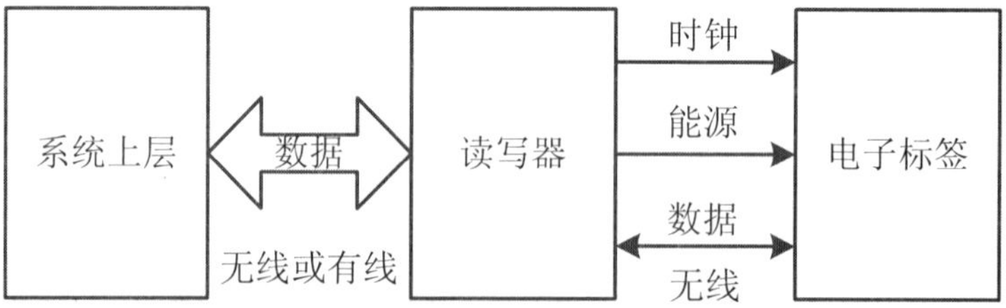

图 1.3　射频识别系统组成

1.3.1　电子标签

电子标签也称为智能标签 (Smart Tag)，是由 IC 芯片和无线通信天线组成的超微型的小标签。它是 RFID 系统中真正的数据载体，系统工作时，读写器发出查询(能量)信号，标签 (无源) 在收到查询 (能量) 信号后将其一部分整流为直流电源供电子标签内的电路工作，一部分能量信号被电子标签内保存的数据信息调制后反射回读写器。

电子标签内部通常包含天线、调制解调器、控制单元、存储单元，电压调节器等器件。天线用于接收来自读写器的信号，并把相关的数据传送回读写器。调制器用于把来自控制电路的数据调制后加载到天线。解调器的作用是去除载波信号，取出调制信号。控制单元的作用是把来自解调器的信号译码，并根据要求为调制器提供返回数据。存储单元用于存放识别数据。电压调节器用于把读写器发送来的射频信号转换为直流电源，并经大电容存储能量，再通过稳压电路以提供稳定的电源。关于电子标签的详细信息将在本书的第四章介绍。

1.3.2　读写器

读写器又称阅读器 (Reader)。读写器通常由天线、射频接口、逻辑控制单元等部分组成。

天线是一种能将接收到的电磁波转换为电流信号，或者将电流信号转换成电磁波发射出去的装置。在 RFID 系统中，读写器必须通过天线来发射能量，并形成电磁场，通过电磁场对电子标签进行识别。读写器天线所形成的电磁场的大小影响读写器的可读区域。

射频接口模块的主要任务和功能包括：产生高频发射能量，激活电子标签并为其提供能量；对发射信号进行调制，将数据传输给电子标签；接收并解调来自电子标签的射频信号等。在射频接口中有两个分隔开的信号通道，分别承担电子标签和读写器之间两个方向的数据传输。

逻辑控制单元也称读写模块，主要任务和功能包括：与应用系统软件进行通信，并执行从应用系统软件发送来的指令；控制读写器与电子标签的通信过程；信号的编码与解码；对读写器和标签之间传输的数据进行加密和解密；执行防碰撞算法；对读写器和标签的身份进行验证等。

读写器主要负责与电子标签的双向通信，同时接收来自系统上层的控制指令。读写器的频率决定了 RFID 系统的工作的频段，其功率决定了射频识别的有效距离。读写器根据使用的结构和技术的不同可以是读或读 / 写装置，它是 RFID 系统信息控制和处理中心。本书第三章将详细讨论读写器的相关内容。

1.3.3 系统上层

系统上层也称应用系统，包括中间件、信息处理系统和数据库。在 RFID 系统的应用支撑软件中除了运行在标签和读写器上的部分软件之外，介于读写器与企业应用之间的中间件 (Middleware) 是其中的一个重要组成部分。

RFID 系统中间件将底层 RFID 硬件和上层企业应用软件结合在一起。中间件的主要任务是对读写器发送的与标签相关的事件、数据进行过滤、汇集和计算，减少从读写器传往企业应用的巨量原始数据、增加抽象出的有意义的信息量。

不同的标准对中间件的定义不尽相同。不同的 RFID 应用中 RFID 中间件所包含的内容也可能有差别。一般来说，RFID 中间件可以定义为：处于 RFID 读写设备与后端应用之间的程序，它提供了对不同数据采集设备的硬件管理，对来自这些设备的数据进行过滤、分组、计数、存储等处理，并为后端的企业应用程序提供符合要求的数据。

大部分的 RFID 中间件提供了以下几个功能：

1. 对读写器或数据采集设备的管理

在不同的应用中可能会使用不同品牌型号的读写设备，各读写设备的通信协议不一定相同，因此需要一个公用的设备管理层来驱动不同品牌型号的读写设备共同工作。对读写器或数据采集设备的管理还包括对逻辑读写设备的管理。如果一些读写设备所处的物理位置不同，但是在逻辑意义上它们属于同一位置，就可以将这样的读写设备定义为同一逻辑读写设备进行处理。在中间件中，所有读写设备都以逻辑读写器作为单位来管理，每个逻辑读写设备可以根据不同的应用灵活定义。

2. 数据处理

来自不同数据源的数据需要经过滤、分组、计数等处理才能提供给后端应用。从RFID读写器接收的数据往往有大量的重复数据。这是因为RFID读写器每个读周期都会把所有在读写范围内的标签读出并上传给中间件，而不管这一标签在上一读周期内是否已被读到，在读写范围内停留的标签会被重复读取。另一个造成数据重复的原因是由于读写范围重叠的不同读写器将同一标签的数据同时上传到中间件。除了要处理重复的数据，中间件还需要对这些数据根据应用程序的要求进行分组、计数等处理，形成各应用程序所需要的事件数据。

3. 事件数据报告生成与发送

中间件需要根据后端应用程序的需要生成事件数据报告，并将事件数据发送给使用这些数据的应用程序。根据数据从中间件到RFID应用的方法不同，可以分为两种数据发送方式。一种是应用程序通过指令向中间件同步获取数据；另一种是应用程序向中间件订阅某事件，当事件发生后由中间件向该应用程序异步推送数据。

4. 访问安全控制

对于来自不同RFID应用程序的数据请求进行身份验证，以确保应用程序有访问相关数据的权限。对标签的访问进行身份的双向验证以确保隐私的保护与数据的安全。对需通过网络传输的消息进行加密与身份认证，以确保RFID应用系统的安全性。

5. 提供符合标准的接口

接口有两个部分，一是对下层的硬件设备接口，需要能和多种读写设备进行通信；另一个是对访问中间件的上层应用，需要定义符合标准的统一接口，以便更多的应用程序能和中间件通信。

6. 集中统一的管理界面

提供一个图形用户界面（GUI）可以让中间件管理人员对中间件的各系统进行配置、管理。

RFID中间件扮演了RFID硬件和应用程序之间的中介角色，使用RFID中间件后，标签数据的获得、处理和使用的各个过程可以相互独立起来。即使存储RFID标签信息的数据库软件或后端应用程序增加或更改，或者RFID读写设备种类和数量增加或减少等情况发生，应用程序也不需要修改就能正常使用，提高了系统的灵活性和可维护性。

1.4 射频识别的工作流程及特性

1.4.1 基本工作流程

RFID 利用无线射频方式，在读写器和电子标签之间进行非接触双向数据传输，以达到目标识别和数据交换的目的。RFID 系统有基本的工作流程，由工作流程可以看出 RFID 系统的工作方式。RFID 系统的一般工作流程如下：

(1) 读写器通过发射天线发送一定频率的射频信号。

(2) 当电子标签进入读写器天线工作区时，电子标签天线产生足够的感应电流，电子标签获得能量被激活。

(3) 电子标签将自身信息通过内置天线发送出去。

(4) 读写器天线接收到从电子标签发送来的载波信号。

(5) 读写器天线将载波信号传送到读写器。

(6) 读写器对接收信号进行解调和解码，然后送到系统上层进行相关处理。

(7) 系统上层根据逻辑运算判断该电子标签的合法性。

(8) 系统上层针对不同的设定做出相应的处理，发出指令信号控制执行机构动作。

1.4.2 工作特性

射频识别系统的主要优点是无接触，识别距离比其他识别系统要远；主要缺点是标签成本相对较高，而且一般不能随意丢掉。

目前 RFID 产品的工作频率有低频、高频和超高频的产品，不同频段的 RFID 产品会有不同的特性。射频识别技术的主要工作特性通过通信模式，工作频率，射频标签结构等几个方面进行说明。

1. 通信模式

射频识别（RFID）系统中存在各种不同的形式，不同的厂商所生产的射频识别系统也不尽相同。了解射频识别系统的主要特征有助于我们区分不同的 RFID 系统。

RFID 系统通信过程主要有：全双工（Full duplex，FDX）/ 半双工（Half duplex，HDX）系统，时序系统（Sequence，SEQ）。半双工系统中，从应答器到阅读器的数据传输与从阅读器到应答器的数据传输是交替进行的。全双工系统中，在应答器和阅读器之间的数据双向传输是同时进行的。在时序系统中，从阅读器到应答器的能量传输总是在限定的时间间隔内进行的。从应答器到阅读器的数据传输是在应答器的能量供应间歇时进行的。

在全双工和半双工系统中，应答器的响应是在接收来自读写器发出信号的情况下发送出去的。因为与读写器本身的信号相比，在读写器接收天线上接受来自应答器的信号是很弱的，所以必须使用合适的传输方法，以便把应答器的信号与读写器的信号区别开来。而时序系统使用一种时分工作方式。时序系统的缺点是发射机应答器在传输的中断过程中存在功率损耗，它必须通过提供足够的辅助电容器或电池来进行平滑处理。

2. 工作频率

RFID 系统按照工作频率不同可以分为低频（Low Frequency，LF）、高频（High Frequency，HF）、超高频（Ultra High Frequency，UHF）和微波（Microwave，MW）RFID 系统。相应的代表频率分别为：低频 135kHz 以下、高频 13.56MHz、超高频 860-960MHz、微波 2.4GHz 和 5.8GHz。

(1) 低频（从 125kHz 到 135kHz)

RFID 技术首先在低频得到广泛的应用。该频率主要是通过电感耦合的方式进行工作，也就是在读写器线圈和电子标签之间存在着变压器耦合作用。通过读写器交变场的作用在感应器天线中感应的电压被整流，可作供电电压使用。

1) 低频 RFID 的主要特性包括：

① 工作在低频的电子标签一般工作频率从 120kHz 到 134kHz。该频段的波长大约为 2500m。

② 除了金属材料影响外，一般低频能够穿过任意材料的物品而不降低它的读取距离。

③ 工作在低频的读写器在全球没有任何特殊的许可限制。

④ 低频产品有不同的封装形式。

⑤ 虽然该频率的磁场下降很快，但是能够产生相对均匀的读写区域。

⑥ 相对于其他频段的 RFID 产品，该频段数据传输速率比较慢。

⑦ 电子标签的价格较贵。

2) 低频 RFID 的主要应用有：

① 畜牧业的管理系统。

② 汽车防盗和无钥匙开门系统的应用。

③ 马拉松赛跑系统的应用。

④ 自动停车场收费和车辆管理系统。

⑤ 自动加油系统的应用。

⑥ 酒店门锁系统的应用。

⑦ 门禁和安全管理系统。

(2) 高频（工作频率为 13.56MHz）

在该频率的电子标签不再需要线圈进行绕制，可以通过腐蚀或者印刷的方式制作天线。电子标签一般通过负载调制的方式进行工作。也就是通过电子标签上的负载电阻的接通和断开促使读写器天线上的电压发生变化，实现用远距离感应器对天线电压进行振幅调制。如果人们通过数据控制负载电压的接通和断开，那么这些数据就能够从电子标签传输到读写器。

值得注意的是，在 13.56MHz 频段中主要有 ISO14443 和 ISO15693 两个标准来组成，ISO14443 俗称现在的 Mifare 1 系列产品，识别距离近但价格低、保密性好，常作为公交卡、门禁卡来使用。ISO15693 的最大优点是识别效率高，通过较大功率的读写器可将识别距离扩展至 1.5 米以上，由于波长的穿透性好，在处理密集标签时优于超高频的读取效果。

1) 高频 RFID 的主要特性有：

① 工作频率为 13.56MHz，该频率的波长大约为 22m。

② 除了金属材料外，该频率的波长也可以穿过大多数的材料，但是可能会降低读取距离。标签只要离开金属 4mm 以上距离就可以大大减小金属材料的影响，所以克服金属影响效果较为优良。

③ 该频段使用许可在全球都并没有特殊的限制。

④ 虽然该频率的磁场区域下降很快，但是能够产生相对均匀的读写区域。

⑤ 该系统具有防碰撞特性，可以同时读取多个电子标签。

⑥ 可以把某些数据信息写入标签中。

⑦ 数据传输速率比低频要快，价格不是很贵。

2) 高频 RFID 的主要应用：

① 图书管理系统的应用。

② 瓦斯钢瓶的管理应用。

③ 服装生产线和物流系统的管理和应用。

④ 三表预收费系统。

⑤ 酒店门锁的管理和应用。

⑥ 大型会议人员通道系统。

⑦ 固定资产的管理系统。

⑧ 医药物流系统的管理和应用。

⑨ 智能货架的管理。

⑩ 珠宝盘点管理。

(3) 超高频（工作频率为 860MHz 到 960MHz 之间）

超高频系统通过电场来传输能量。电场的能量下降得不是很快，但是读取的区域不能很好地进行确定。该频段读取距离比较远，可达 10m 左右。

1) 超高频 RFID 的主要特性：

① 在该频段，全球的定义不是很相同。欧洲和部分亚洲定义的频率为 868MHz，北美定义的频段为 902MHz 到 905MHz 之间，在日本建议的频段为 950MHz 到 956MHz 之间。该频段的波长约为 30cm。

② 该频段功率输出目前没有统一的定义（美国定义为 4W，欧洲定义为 500mW）。

③ 超高频频段的电波不能通过许多材料，包括金属，液体等物质，也即环境对超高频段的影响很大。

④ 电子标签的天线一般是长条和标签状。天线有线极化和圆极化两种设计，以满足不同应用的需求。

⑤ 该频段有较好的读取距离，但是对读取区域很难进行限定。

⑥ 有很高的数据传输速率，在很短的时间可以读取大量的电子标签。

2) 超高频 RFID 的主要应用：

① 供应链上的管理和应用。

② 生产线自动化的管理和应用。

③ 航空包裹的管理和应用。

④ 集装箱的管理和应用。

⑤ 铁路包裹的管理和应用。

⑥ 后勤管理系统的应用。

(4) 微波（工作频率为 2.4GHz、5.8GHz）

和其他远距离无线电通信系统一样，2.4GHz RFID 系统采用无线电信号传输能量和数据。由读写器天线发射的电磁波被电子标签天线接收，并被转换为直流电压来获得能量。

1) 2.4GHz RFID 系统的优点：

① 该频段使用许可在全球都没有特殊的限制。

② 同 UHF 和高频相比，该频段可以提供更宽的带宽，这意味着可以提供更多的可用信道。

③ 本频段的电波在金属表面容易被反射，在复杂环境中也可以传播。

④ 可以很好地穿透如木头、天然和合成材料的服装、塑料等非金属材料。

⑤ 利用电场工作，电子标签不需要具有很低阻抗的天线，天线成本低。

2) 2.4GHz RFID 系统的缺点：

① 有源标签价格相对较高，电流损耗较大。

② 和其他系统相比，同样辐射功率传播的距离相对近一些。

③ 降雨和含水物质会吸收微波频率的电磁波能量。

④ 工作距离超出 1m 需要考虑多径衰落。

⑤ 需要与 WLAN、微波炉、蓝牙等通信系统共享频率。

⑥ 同 UHF 频段相比，2.4GHz 更易受电子噪声的干扰。

5.8GHz 频段的 RFID 系统的优点包括频率资源不太拥挤、干扰少等。但是也有很多缺点，如天线的方向性要求高，芯片的生产困难、价格较高。

微波 RFID 实际上已经被用于定向的、远距离和快速数据传输等特殊场合使用，包括如物品追踪、工业自动化生产管理等。

3. 射频标签结构

(1) 硬币外形结构

最常见的应答器构造格式是硬币外形，圆形应答器直径范围从几毫米到 10 厘米。中心通常有一个孔，用于在中心的紧固螺钉。可以使用注塑（ABS），聚苯乙烯甚至是环氧树脂，以适应更宽的工作温度范围。

(2) 玻璃外壳结构

玻璃应答器的结构如图 1.4 所示。玻璃管直径约 12-32 毫米，包含的微芯片安装在载体（PCB）上，芯片电容器用来平滑供电电流。应答器线圈缠绕到一个铁氧体磁芯线。内部的组件被嵌入柔软的粘接剂上，以实现机械稳定性。

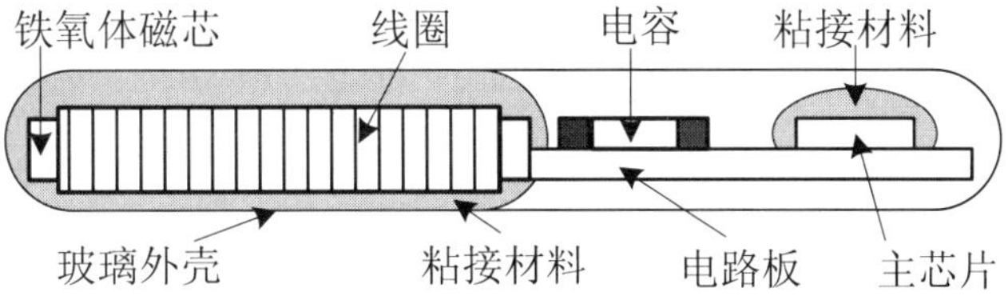

图 1.4　玻璃应答器的结构

(3) 塑料外壳

塑料外壳应答器的结构如图 1.5 所示，它通常被用来作为特别高的机械需求的应用。这种外壳可以很容易地集成到其他产品中，例如电子锁车系统的车钥匙。

图 1.5 中，楔状塑料外壳内包含有与玻璃应答器（图 1.4）几乎相同的部件，但前者体积较大，包含有一个较长的线圈，这样可以有更大的作用距离。另一个优点是它能够接受更大的芯片和更大的机械振动容忍度，这是汽车行业所需要的。

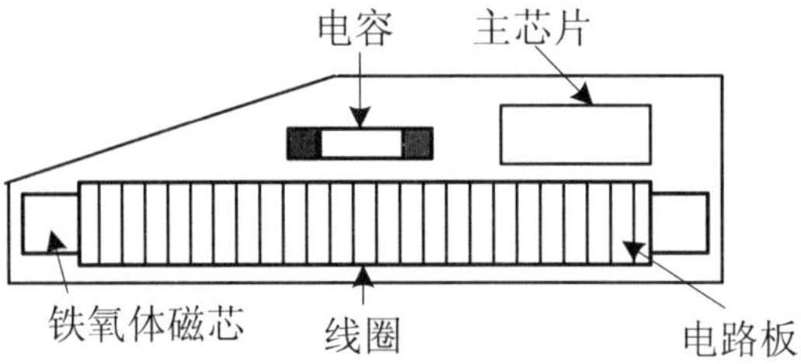

图 1.5 塑料外壳应答器的结构

(4) 钥匙和电子钥匙

电子标签通常和机械钥匙结合在一起，作为高安全性需求的固定装置或门锁。一般情况下，该种电子标签被封装在一个添加或贴制了钥匙坠大小存储器的塑料罩中。

钥匙环电子标签设计被证实是非常受欢迎的，它为办公系统提供了一种能否进入办公室和工作区域的权限。

(5) 钟表结构形式

20 世纪 90 年代初，钟表电子标签这种构造形式最先运用在奥地利公司的滑雪数据中，最初帮助解决滑雪通行证问题。戴有该功能无线钟表的人员能够顺利地通过门禁系统。这种钟表电子标签内有一片微小的印制有少量线圈天线的电路芯片，使其快速确定允许活动的区域和范围。

(6) 无线智能卡

类似于信用卡和电话卡（85.72mm × 54.03mm × 0.76mm ± 误差）。在无线射频识别 (RFID) 系统中，这种无线智能卡日益重要（图 1.6）。这种基于电感耦合的电子标签的最大优势在于它有较大的线圈面积，这使智能卡的使用范围更大。

简单地说，无线智能卡的生产工艺是将一个电子标签（也称异频雷达收发器）层压在四个 PVC 箔中制成。PVC 箔经 100℃以上高温和高压烧制，使它们永久地黏合在一起。

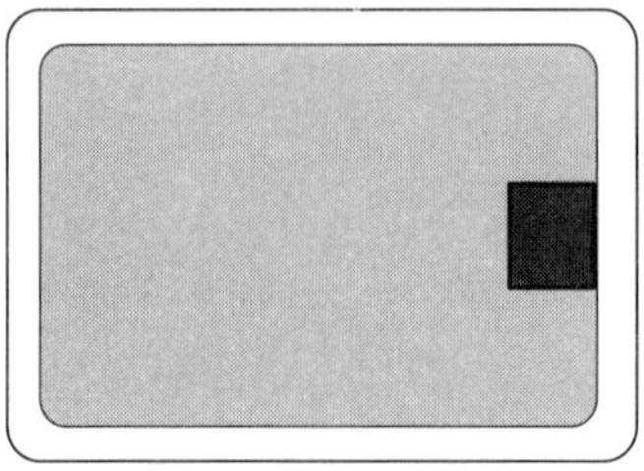

图 1.6 无线智能卡

就像普通的电话卡一样，无线智能卡上很适合印刷广告和艺术作品。

ISO 7810 标准规定卡的厚度不能超过 0.8mm。可是，事实上微波电子标签需要一个较厚的设计，因为在设计制作时，通常需要将电子标签插在两个 PVC 壳中，或是通过（ABS）喷射铸造法封装。

(7) 智能标签

智能标签是指一种极薄的电子标签。这种电子标签线圈是由一种通过丝网印刷或是蚀刻印刷，厚度仅 0.1mm 的塑料薄膜构成。这种薄膜通常是底面带有粘合剂涂层的纸片。

因此，该种电子标签提供了一种无限循环使用的自粘式贴纸形式，以其薄而灵活的特点可以以各种形状贴在行李、包裹和商品上。由于这种粘贴式标签便于套印，因此一般在标签的前方附上带有存储数据的条形码。

(8) 其他形式

除了上述的一些主要设计，还有一些满足特殊应用的专业设计产品。使电子标签小型化的办法是将线圈集成到芯片上。一种特殊的微电流可使线圈放于常规的 CMOS 片上。

1.5 射频识别技术中的几个关键问题

当前 RFID 应用和发展面临着这样几个关键问题：标准、成本、关键技术。

1.5.1 标准

目前行业标准以及相关产品标准还不统一，迄今为止全球也还没有正式形成一个统一的（包括各个频段）国际标准。标准（特别是关于数据格式定义的标准）的不统一是制约 RFID 发展的重要因素，而数据格式的标准问题又涉及每个国家自身的利益和安全。标准的不统一也使当前各个厂家推出的 RFID 产品互不兼容，这势必阻碍未来 RFID 产品的互通和发展，因此，如何使这些标准相互兼容，让一个 RFID 产品能顺利地在民用范围中流通，是当前重要的问题。现在很多国家都在制订各自的标准，中国电子标签技术的标准也在研究和制订中。目前主要的标准有：ISO/IEC RFID 标准体系、EPCglobal 标准体系、UID 标准体系等。射频识别技术的标准将在本书第六章讨论。

1.5.2 射频标签成本

RFID 技术带给我们更方便、更高效的生活方式。然而，要想给每一个商品都贴上 RFID 标签，特别是某些价值较低的单件商品，还有一段很长的路要走。瓶颈之一就是射频标签的成本相对较高。随着技术的不断提升和在各大行业的日益推广，RFID 系统的各个组成部分，包括射频标签、读写器和天线，制造成本都有望大幅度降低。

标签的结构一般由基材、芯片和内置天线（线圈）三个部分构成。其中芯片和基材的性能、价格基本上比较稳定，所以降低射频标签成本的主要任务落在了优化标签内置天线的制作工序及降低天线制作成本上。

目前线圈的制造方法有：铜丝绕制法、化学腐蚀法、电镀法和直接印刷法。这四种方法中值得重点发展的是直接印刷法，因为该方法具有天线的高速印刷、耗材成本低的优点，这样可以明显降低 RFID 标签的成本。

直接印刷天线的技术中，导电油墨是关键。导电油墨由一些易传导性的粒子、树脂或更为特殊的原材料组成，如传导聚合体。把导电油墨印刷到基材上，导电油墨中的自由电子受外加电场作用产生移动形成电流，所以具有良好的导电性能，从而使油墨担当天线的作用。一个好的导电油墨配方，要求具有良好的印刷适应性，印刷后具有附着力强、电阻率低、固化温度低、导电性能稳定等特性。没有导电油墨的发展，就没有印刷技术在 RFID 标签制造中的应用。

1.5.3 RFID 的关键技术

RFID 关键技术主要包括产业化关键技术和应用关键技术两方面。其中 RFID 产业化关键技术主要包括：天线设计、防碰撞技术、安全与隐私保护、标签设计的低功耗与封装技术等。

1. 天线技术

天线是接收和发射电磁波的设备，是空间和传输线的接口，是无线通信系统中的一个关键部件。标签的性能在很大程度上决定了 RFID 系统的性能，而标签天线的性能则是决定标签性能的关键因素之一。

天线按工作频段可分为短波天线、超短波天线、微波天线等；按方向性可分为全向天线、定向天线等；按外形可分为线状天线、面状天线等。

电子标签中天线与芯片需要有机结合成一体。受应用场合的限制，RFID 标签通常需要贴在不同类型、不同形状的物体表面，或嵌入物体内部。RFID 标签在要求低成本的同时，还要求有高的可靠性。此外，无源标签的天线和读写器天线还分别承担接收能量和发射能量的作用，这些因素对天线的设计提出了严格要求。

当前对 RFID 天线的设计主要集中在研究天线结构和环境因素对天线性能的影响上。天线结构决定了天线方向图、极化方向、阻抗特性、驻波比、天线增益和工作频段等特性。由于 RFID 标签放置方向不可控，读写器天线通常采取圆极化方式；天线增益和阻抗特性会对 RFID 系统的作用距离产生较大影响；天线的工作频段对天线尺寸以及辐射损耗有较大影响。天线特性受所标识物体的形状及物理特性影响，如金属物体对电磁信号有衰减作用，金属表面对信号有反射作用；弹性基层会造成标签及天线变形，物体尺寸对天线大小有一定限制等。

2. 防碰撞技术

由于多个电子标签可能工作在同一频率，当它们处于同一个读写器作用范围内时，在没有采取多址访问控制机制情况下，信息传输过程将产生碰撞，导致信息读取失败。在多读写器系统中，各个读写器之间工作范围重叠也将造成碰撞。

根据电子标签工作频段之不同，国内外研究人员提出了很多不同的防碰撞算法。对于标签碰撞，在高频 (HF) 频段，标签的防碰撞算法一般采用经典 ALOHA 协议。在超高频 (UHF) 频段，主要采用二进制树算法来避免碰撞，与采用 ALOHA 协议的高频频段电子标签相比，二进制树算法泄漏的信息较多，安全性较差。

3. 安全与隐私问题

RFID 是通过射频信号（电磁波）来传递信息的，因此存在多数无线通信技术都会遇到的安全威胁，如窃取信息、篡改信息、破坏设备、病毒攻击和拒绝服务攻击等安全问题。如果标签被任意读取或是遭受到各种安全威胁，将会衍生出许多相关的隐私问题，如隐私泄露和跟踪。

由于对低成本 RFID 标签的追求，使得现有的密码技术难以应用。如何根据 RFID 标签有限的计算资源，设计出安全有效的安全技术解决方案，仍然是一个非常具有挑战性的课题。为了有效地保护数据安全和个人隐私，引导 RFID 的合理应用和健康发展，还需要建立和制订完善的 RFID 安全与隐私保护的法规和政策。现有的 RFID 安全和隐私策略可以分为两大类，一类是通过物理方法阻止标签与读写器之间的通信，另一类是通过逻辑方法增加标签的安全机制。

4. 标签设计的低功耗与封装技术

无论是有源还是无源工作的 RFID 模块，其最基本的要求是具备低功耗的特点，以提高标签的寿命、扩大应用场合和提高标签的识别距离。在实际的应用中，降低功耗和保证一定的有效通信距离是同等重要的，因此标签内的芯片一般都采用低功耗工艺和高效节能技术。

由于 RFID 标签中需要安装天线、芯片和其他特殊部件，为确保标签的大小、厚度、柔韧性和高温高压工艺中芯片电路的安全性，需要特殊的封装技术和专门设备。标签的封装不但不受标准形状和尺寸的限制，而且其构成也是千差万别，甚至需要根据各种不同要求进行特殊的设计。

1.6 发展趋势及选择的准则

1.6.1 RFID 的发展趋势

随着通信技术的快速发展、三网融合的日益普及，今后 RFID 与互联网、电子商务结合将是必然趋势，也必将改变人们传统的生活、工作和学习方式。同时，与其他 IT 产业一样，当标准和关键技术解决和突破之后，RFID 也将与其他产业等融合形成更大的产业集群，并得到更加广泛的应用，实现跨地区、跨行业应用。以 RFID 为代表的自动识别技术，是一门综合的技术，它涉及微电子技术、材料科学、微波技术、计算机软件以及现代管理科学等许多领域，应用空间广阔，与国民经济各个领域有着千丝万缕的联系，特别是在国民经济结构调整、全社会运用信息技术提高经济运行效益和质量的形势下，RFID 技术将会逐渐渗透社会经济生活的方方面面，发展前景广阔。

1. 读写器

随着移动通信技术、IT 技术的不断提高、普及，RFID 读写器设计与制造的发展趋势是将向多功能、多接口、多制式，并向模块化、小型化、便携式、嵌入式方向发展；同时，多读写器协调与组网技术将成为未来发展方向之一。未来 RFID 读写器变得更精致、更便携、读取率更高。

RFID 芯片设计与制造技术的发展趋势是芯片功耗更低，作用距离更远，读写速度与可靠性更高，成本不断降低。芯片技术将与应用系统整体解决方案紧密结合。

2. 电子标签

RFID 标签封装技术将和印刷、造纸、包装等技术结合，导电油墨印制的低成本标签天线、低成本封装技术将促进 RFID 标签的大规模生产，并成为未来一段时间内决定产业发展速度的关键因素之一。

RFID 标签不仅能应用于液体、金属等环境，甚至可以集成到温度传感器中，可水洗并能承受极端温度，可以用来监测记录温度。目前无线射频技术对那些对温度变化异常敏感的食品的低温运输和遥感勘测应用的帮助非常大。如今这类传感器标签在冷链 / 食物链行业中应用广泛且效果突出，在食物链上，RFID 可以实现从田间到饭桌的全程化跟踪。

3. 应用系统

对于使用 RFID 技术的企业来说，如何有效处理应用 RFID 技术带来的海量数据来降低成本，提高管理效率，将是迫切需要解决的问题。因此企业需要一个强大数据管理平台，它包括后端数据库、应用程序，以及正确的分析能力来处理由 RFID 系统生成的巨量数据。否则，企业可能会被大量的数据淹没而享受不到 RFID 技术带来的益处。目前软件在 RFID 应用中比较简单，平均费用不超过整体 RFID 项目的 13%。未来几年，随着大规模物流应用及开环方式应用的发展，海量 RFID 信息处理、传输和安全对 RFID 的系统集成和应用技术提出了新的挑战，软件将是 RFID 项目支出中相当重要的部分，在某些应用中，甚至会超过硬件的费用。这主要表现在软件 / 中间件在 RFID 整体市场的份额将会不断提高，成为 RFID 市场新的动力。未来 RFID 系统集成软件将向嵌入式、智能化、可重组方向发展，通过构建 RFID 公共服务体系，将使 RFID 信息资源的组织、管理和利用更为深入和广泛。由于软件 / 中间件在 RFID 系统中的地位越来越重要，在这方面投入了越来越多的技术研究力量，以满足未来这方面的巨大需求，并取得了一定的成果。

4. 在物联网中的应用

物联网(The Internet of things)的概念是在 1999 年提出的。即通过射频识别(RFID)、红外感应器、全球定位系统、激光扫描器等信息传感设备，按约定的协议，把任何物品与互联网连接起来，进行信息交换和通讯，以实现智能化识别、定位、跟踪、监控和管理的一种网络。简而言之，物联网就是“物物相连的互联网”。物联网被称为继计算机、互联网之后世界信息产业发展的第三次浪潮，被视为互联网的应用拓展，新一代信息技术的重要组成部分。

RFID 是物联网中的核心技术之一，是物联网实现的必要前提条件。尽管自动识别技术的种类很多，但应用在商业自动识别中的主要还是条形码技术以及 RFID。一维条形码以其通用、便捷和低成本对全球的物流和贸易起到了巨大的推进作用，但一维条形码只有 13 位数字的记录长度，因此一维条码只能为每类商品而非每种商品编码。尽管二维条码记录长度大大增加，但它与一维条码存在同样的严重缺陷，即光学识别要求扫描器与条码之间无障碍，数据读取速度慢，而且不能重新写入。与条码等标签相比，RFID 在存储长度、可反复读写以及读写方式与读写速度上具有独到的优势。因此，RFID 就成为物联网中规模化识别技术的主要选择。

1.6.2 RFID 的选择准则

近些年来，RFID 系统的应用范围不断扩大，与人们日常生活的联系越来越密切。RFID 系统的开发人员不断开发出新的应用系统，这使得现在非接触式系统具有很多的形式。从供电状态来看可以分为“有源”和“无源”两大类；从工作频率来看，可以分为低频（125KHz-135KHz），高频（13.56MHz），超高频，微波（2.45GHz，5.8GHz）等几大类。不同的 RFID 系统的硬件价格差别很大，系统本身的特性也各不相同，系统的成熟度和可靠性也有所不同。用户在选择射频识别技术的时候常常觉得无所适从。下面给出一些选择 RFID 系统的参考准则。

1. 工作频率

低频 RFID 通过电感耦合方式进行能量供应和数据传输。其最大的优点是标签靠近金属或液体的物品上时受到的影响较小，同时低频系统非常成熟，读写设备的价格低廉。但缺点是读取距离短、无法同时进行多标签读取、信息量较低（通常的存储容量约 128 位到 512 位）等。虽然低频系统成熟，读写设备价格低廉，但是由于其谐振频率低，标签需要制作电感值很大的绕线电感，并常常需要封装片外谐振电容，其标签的成本反而比其他频段高。

高频 RFID 也是通过电感耦合方式进行能量供应和数据传输。和低频相比较，其传输速度较快，通常在 100kbps 以上；产品最丰富，存储容量从 128 位到 8K 都有；可同时识别多个标签；可以支持很高的安全特性，系统也比较成熟，读写设备的价格较低。

超高频 RFID 通过电磁波方式进行能量和信息的传输。标签读取距离约 3-10m，传输速率较快，一般也可以达到 100kbps 左右，天线可采用蚀刻或印刷的方式制造，成本相对较低。由于读取距离较远、信息传输速率较快，而且可以同时进行大数量标签的读取与辨识。其缺点是在金属与液体的物品上的应用较不理想，同时系统还不成熟，读写设备的价格昂贵，应用和维护的成本也很高。

微波 RFID 的特性与应用和超高频段相似，但是对于环境的敏感性较高，水对该频段信号的衰减较超高频更高，所以工作距离比超高频小。

2. 通信距离

对一个 RFID 应用而言，其通信距离由工作频段、接收灵敏度、数据传输速率等几个因素决定。

不同频段的 RFID 系统由于工作机理不同，通信距离不一样。低频和高频系统采用磁场耦合方式，属于近场工作，通信距离较短，而超高频和微波系统采用电场耦合方式，通常通信距离较远。不过，因为通信距离通常依赖于天线设计、读写器输出功率、标签芯片功耗和读写器接收灵敏度等，在同一个频段内的射频识别系统，其通信距离也是差异很大的。我们不能够简单地认为某一个频段的射频识别系统的工作距离大于另一个频段的射频识别系统。

另外，高的数据传输率只能在相对较近的距离下实现。如果要提高通信距离，就需要降低数据传输率。所以我们如果要选用通信距离远的射频识别技术，就可能需要牺牲通信速率才能获得。

通信距离的设定还需要考虑多个标签之间的相互距离，尽量保证同一时刻读写器的工作区域内只有一个电子标签。例如，在公交票务中，通常的通信距离是 5-10 厘米。如果距离太大，读写器可能同时识别多位乘客，从而导致误扣费的现象发生。

3. 安全要求

对一个规划好的 RFID 系统，安全要求是一个需要考虑的问题。换句话说，加密和认证需要足够精确，以排除应用过程中可能出现的任何意外情况。并不是所有的系统都要求具有很高的安全措施，可以用两种差别明显的应用实例为基础来阐释这一点。

第一个例子是一条自动化工业的流水线上应用的 RFID 系统。可以接近流水线的人员通常是相关的管理人员和本公司的工人，所以，潜在攻击者的存在范围是极小的。通过篡改和伪造电子标签上的数据对这一系统所进行的恶意攻击，会导致操作程序出现致命故障，但攻击者获取不到任何个人利益。这样一来攻击的可能性就几乎为零了，也就意味着即便是没有安全逻辑的便宜低端系统，在这里也可以使用。

第二个例子是公共交通的票务系统。这样的系统，数据装载形式主要是非接触式智能卡，可以被任何人获取。因此，潜在攻击者的范围就很大。对这样的系统来说，一次成功的攻击会对公交公司带来巨大的经济损失。如果被篡改的出行信息被有组织地出售，对公交公司形象的毁坏自然不用多提。此时，有认证和加密规范的高端电子标签就显得必要了。而对于有着最大化安全要求的应用，比如带有电子钱包的银行业务，只有带有微处理器的电子标签可以使用。

4. 存储容量

电子标签的成本和存储容量有较大的关系。通常永久编码的只读数据载体被应用于大量对本地数据要求较低的价格敏感型应用。然而，在应用这一类数据载体的时候，只有相关对象的身份特征才可以被定义。更多的数据会被存放在控制电脑的中心数据库中。如果数据要被回送进电子标签，我们就需要带有 EEPROM 或 RAM 存储技术的电子标签。EEPROM 存储器主要在感应耦合系统中使用，数据容量范围在 16 字节到 8KB 之间。

带有备用电源的 SRAM 存储器主要用在微波系统中，可提供的数据容量为 256 字节到 64KB。

综上所述，就 RFID 的选择而言，工作频率，通信距离，安全要求，信息容量是需要考虑的重要因素，其他因素还可以有应用环境，成本，技术实现的难度，等等。

本章小结

1. 射频识别（RFID）是目前自动识别技术领域中最先进的技术，它将不同专业领域的技术，如高频技术、电磁兼容性、半导体技术、数据保护和密码学、通信和制造技术等综合到一起，它的发展得益于多项技术的综合发展。

2. 典型的 RFID 系统主要由电子标签、读写器和系统上层等三个部分组成。RFID 利用无线射频方式，在读写器和电子标签之间进行非接触双向数据传输，以达到目标识别和数据交换的目的。

3. 当前 RFID 应用和发展面临着标准不统一、成本高等问题；涉及的关键技术包括天线技术、防碰撞技术、安全技术、印刷包装等技术。

4. 今后 RFID 与互联网、电子商务结合将是必然趋势，也必将改变人们传统的生活、工作和学习方式。对 RFID 的选择需要考虑工作频率，通信距离，安全要求，信息容量等重要因素。

思考和习题

1. 现代自动识别有哪些常用技术?
2. 射频识别技术系统包含哪些部分? 各部分的作用分别是什么?
3. 说明射频识别系统的工作流程及技术特点。
4. 射频识别技术的关键技术有哪些?
5. 说明不同频率射频识别技术的特点。
6. 射频识别数据的工作范围受哪些因素的影响？

第 2 章　物理和通信基础

■ 本章要点：

1. 主要介绍射频识别技术的物理学基础和通信基础。
2. 介绍磁场、电感、互感等电磁场基础知识以及由电感电容构成的串并联谐振电路及其特性。
3. 介绍电磁波的辐射、传播以及射频微波的基础知识。
4. 介绍射频识别系统中的信息传输的调制、编码、安全等技术。

2.1 电磁场基础

多数低频和高频的 RFID 系统是采用电感耦合式原理工作的。因此需要理解读写器与电子标签之间能量和数据传输的过程，并探讨电感耦合方式的物理本质。电场耦合方式仅适用于紧耦合的电容式数据传输方式，在电感耦合的系统中起次要作用。本节主要从射频识别的角度去讨论磁场理论，对电场耦合不作深入探讨。

2.1.1 磁场、磁感应密度和磁通量

1. 磁场

磁场是一种看不见摸不着的特殊物质，是由运动电荷或电场的变化产生的。磁场的大小用磁场强度 H 表示，其大小与所在空间的物质属性无关。可以采用以下公式来计算磁场强度 H：

$$\oint_l H \cdot dl = \int_s J dS \tag{2.1}$$

对于如图 2.1 所示的一条电流为 I 的直导线，它在周围半径为 r 的地方产生恒定的磁场为：

$$\boldsymbol{H} = \frac{\boldsymbol{I}}{2\pi \boldsymbol{r}} \tag{2.2}$$

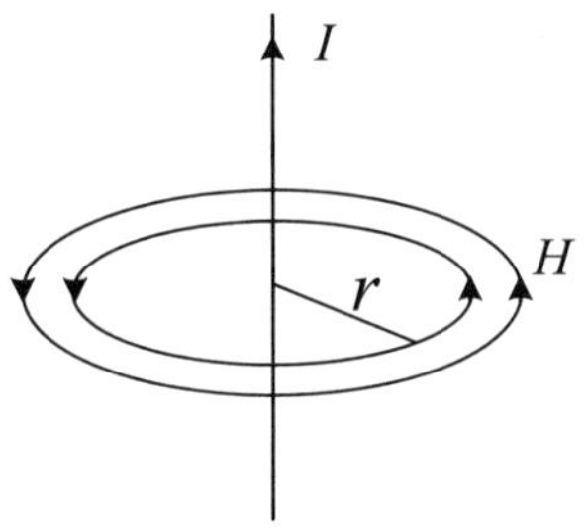

图 2.1 直导线的磁场

线圈是常用的 RFID 天线，主要有圆柱形线圈和长方形线圈两种。

圆柱形线圈的磁力线如图 2.2 所示。如果被测点沿线圈中轴线（图中的 x 方向）逐渐离开，磁场强度 H 随着 x 的增大而不断减弱。研究表明，H 在半径 R 的距离范围内几乎不变，继续增大距离磁场强度会迅速减弱，减小的速度约为 -60dB/ 十倍频，在远场区域衰减幅度为 -20dB/ 十倍频。

线圈周围的磁场强度 H 与线圈的匝数 N，线圈半径 R 以及线圈上电流 I 有关。可以使用计算公式：

$$H = \frac{NIR^2}{2\sqrt{\left(R^2 + d^2\right)^3}} \tag{2.3}$$

其中 d 为沿 x 方向离轴心的距离。有效使用区域为 $d<\lambda/2\pi$，$d' \ll R$，d' 是线圈导线的直径。线圈中心位置的磁场为：

$$H = \frac{NI}{2R} \tag{2.4}$$

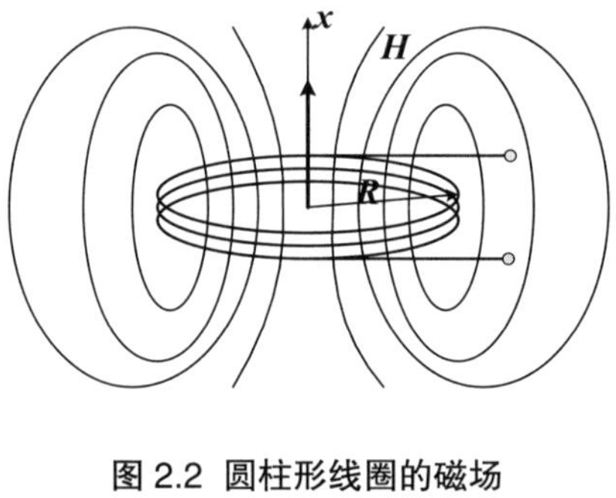

图 2.2 圆柱形线圈的磁场

长方形的线圈是另外一种形式的 RFID 天线。边长是 $a \times b$ 的线圈，中心轴上距离中心 x 的磁场为：

$$H = \frac{I \cdot N \cdot ab}{4\pi\sqrt{\left(\frac{a}{2}\right)^2 + \left(\frac{b}{2}\right)^2 + x^2}}\left(\frac{1}{\left(\frac{a}{2}\right)^2 + x^2} + \frac{1}{\left(\frac{b}{2}\right)^2 + x^2}\right) \tag{2.5}$$

值得注意的是：对于小线圈，$x<R$ 的区域磁场相对较强；而对于大线圈 $x>R$ 的区域磁场相对较强。

图 2.3 给出了不同线圈直径 R 和各自距离中心 x 的磁场强度 H 的关系。从图中可以看出，线圈半径越小，线圈中心的磁场越大；线圈半径越大，线圈中心的磁场越小；但是离中心较远的位置上，磁场越大。

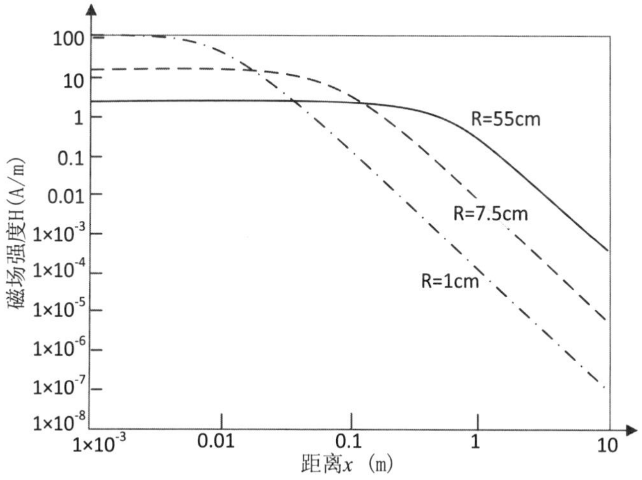

图 2.3　圆柱形线圈的磁场强度与距离和半径之间的关系

如果线圈上电流 I 固定不变，作用距离 x 不变，改变线圈半径 R，x 位置上的取得最大场强时的线圈半径 R 是线圈的最佳半径。也就是说，如果把线圈作为天线，对一个特定的作用距离具有一个特定的最佳线圈半径 R。

对圆柱形线圈磁场公式（2.5）求极值可得 $\boldsymbol{R}=\pm\sqrt{2}\boldsymbol{x}$ 时 H 取得最大值。就是说，最佳线圈半径 R 约是作用距离 x 的 $\sqrt{2}$ 倍。

2. 磁感应强度 B 和磁通量 Φ

磁通是电磁学中的一个重要物理量，感应电动势、电感等的计算都与回路包围的磁通有关。磁感应强度 B 通过曲面 S 的通量称为磁通，磁通用 Φ 表示。

$$\Phi=\int_S \boldsymbol{B}\cdot d\boldsymbol{S} \tag{2.6}$$

式中，dS 的方向是曲面 S 的法线方向 n，磁通的单位是 Wb（韦伯）。磁通相当于通过一个闭合回路磁力线的总数，如图 2.4 所示。

在 RFID 中，读写器与电子标签的线圈通常都有很多圈，假设通过一圈线圈的磁通为 Φ，线圈的圈数为 N，则通过 N 圈线圈的总磁通 Ψ 为：

$$\Psi=\boldsymbol{N}\Phi \tag{2.7}$$

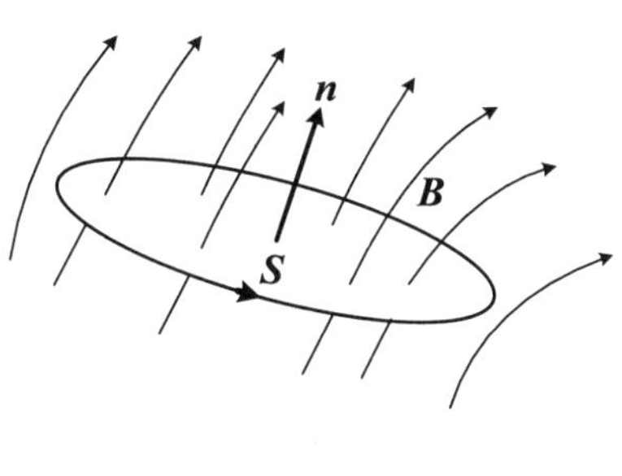

图 2.4　磁通

磁感应强度 B 和磁场强度 H 之间的关系为：

$$\boldsymbol{B}=\mu\boldsymbol{H}=\mu_0\mu_r\boldsymbol{H} \tag{2.8}$$

$\mu_0=4\pi\times10^{-7\pi}(\boldsymbol{H}/\boldsymbol{m})$ 是真空磁导率，μ_r 是介质的相对磁导率。

2.1.2 电感、互感、耦合系数

读写器与电子标签线圈形式的天线相当于电感，电感有自感和互感两种，读写器线圈、电子标签线圈分别都有自感，同时读写器线圈与电子标签线圈之间形成互感。线圈的电感与通过线圈的磁通量有关。下面介绍线圈的自感和互感。

1. 线圈的自感

磁场由线圈本身的电流产生，通过线圈的总磁通与电流的比值，称为线圈的自感，也即线圈的电感 L。线圈的电感为：

$$\boldsymbol{L}=\frac{\Psi}{\boldsymbol{I}} \tag{2.9}$$

其中 Ψ 是线圈的磁通量，I 是流过线圈的电流。

如果读写器或电子标签是圆形线圈，圈数为 N，线圈的半径为 R，线圈导线的直径为 d，$d<<R$，则这种线圈的电感可近似表示为：

$$\boldsymbol{L}=\mu_0\boldsymbol{N}^2\boldsymbol{R}\ln\left(\frac{2\boldsymbol{R}}{\boldsymbol{d}}\right) \tag{2.10}$$

电感是线圈的一种电参量，仅与线圈的结构、尺寸和材料有关。

2. 线圈的互感

当第一个线圈上的电流产生磁场，该磁场通过第二个线圈时，通过第二个线圈的总磁通与第一个线圈上电流的比值，称为两个线圈间的互感，互感用 M 表示。在RFID 中，读写器的线圈与电子标签的线圈之间有互感。互感定义为：

$$\boldsymbol{M}_{12}=\frac{\Psi_{12}}{\boldsymbol{I}_1} \tag{2.11}$$

Ψ_{12} 是第一个线圈在第二个线圈内产生的磁通量，I_1 是第一个线圈上的电流。

读写器与电子标签线圈之间的互感如图 2.5 所示。如果读写器线圈的圈数为 N_1，半径是 R_1；电子标签线圈的圈数为 N_1，半径是 R_2；线圈都为圆形，两个线圈圆心之间的距离为 d，两个线圈平行放置，其中 $R_2<<d$ 时，则两个线圈之间的互感可近似表示为：

$$M_{12}=\frac{\pi\mu_0 N_1 N_2 R_1^2 R_2^2}{2\sqrt{\left(R_1^2+d^2\right)^3}} \tag{2.12}$$

线圈之间的互感也是一种电参量，线圈之间的互感仅与两个线圈的结构、尺寸、相对位置和材料有关。两个线圈之间互感相等，即：

$$M=M_{12}=M_{21} \tag{2.13}$$

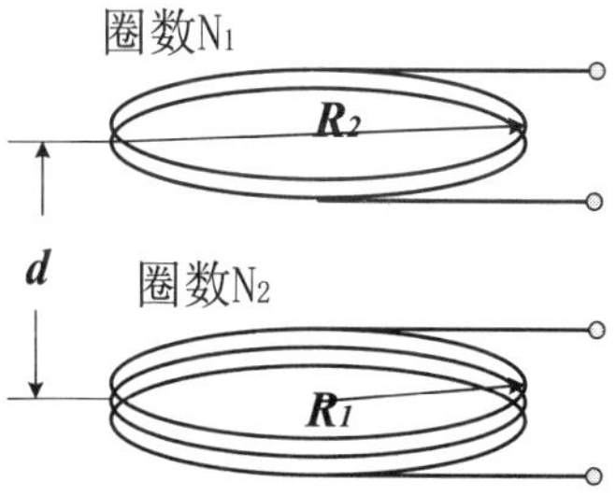

图 2.5　两个线圈之间的互感

3. 耦合系数 k

互感是两个线圈的磁通量耦合的定量描述，和线圈的结构尺寸有关。可以引入耦合系数 k 对两个线圈之间的耦合作定性描述，使其同线圈的结构尺寸无关，表达式为：

$$k=\frac{M}{\sqrt{L_1 L_2}} \tag{2.14}$$

耦合系数 k 介于 0 和 1 之间，即 $0<k<1$。$k=0$ 时为无耦合，$k=1$ 时是全耦合。耦合系数的计算比较复杂，只有当两个线圈的结构及其之间的位置关系比较简单时才可以计算。如上图读写器的线圈半径 R_1 大于标签线圈的半径 R_2，耦合系数 k 为：

$$k\approx\frac{\sqrt{\left(R_1\cdot R_2\right)^3}}{\sqrt{\left(R_1^2+d^2\right)^3}} \tag{2.15}$$

当距离 $d=0$，两个线圈的直径相等时，耦合系数是 $k=1$。实际电感耦合应答系统可以在耦合系数小于 0.01 的情况下工作。

2.1.3　谐振电路

RFID 读写器的射频前端常采用串联谐振电路，串联谐振电路可以使低频和高频 RFID 读写器有较好的能量输出。串联谐振电路由电感和电容串联构成，谐振在某一个频率上。可以用谐振频率、品质因数、输入阻抗和带宽等描述串联谐振电路的特性。

RFID 电子标签的射频前端常采用并联谐振电路，并联谐振电路可以使低频和高频 RFID 电子标签从读写器耦合的能量最大。并联谐振电路由电感和电容并联构成，且谐振在某一个频率上，同样可以用谐振频率、品质因数、输入阻抗和带宽等描述并联谐振电路的特性。

1. RFID 读写器射频前端的结构

低频和高频 RFID 读写器的天线用于产生磁通，该磁通向电子标签提供电源，并在读写器与电子标签之间传递信息。通常要求读写器天线的结构具有以下特性：

(1) 读写器天线上的电流最大，以使读写器线圈产生最大的磁通。

(2) 功率匹配，以最大限度地输出读写器的能量。

(3) 足够的带宽，以使读写器信号无失真输出。

串联谐振电路可以满足上述要求：串联谐振电路谐振时阻抗最小，可以获得最大的电流，从而可以最大限度地输出读写器的能量；根据带宽要求调整谐振电路的品质因数来满足读写器信号无失真输出。

典型的 RFID 读写器射频前端天线电路的结构如图 2.6(a) 所示：

（a）串联（用于读写器）　（b）并联（用于电子标签）

图 2.6 RFID 射频前端天线电路结构

图 2.6(a) 中，电感 L 由线圈天线构成，电容 C 与电感 L 串联，构成串联谐振电路。实际应用时，电感 L 和电容 C 均有损耗（主要是电感损耗），所以串联谐振电路相当于电感 L、电容 C 和电阻 R 三个元件串联而成。

2. RFID 电子标签射频前端的结构

低频和高频 RFID 电子标签的天线用于耦合读写器的磁通，该磁通为电子标签提供电源，并在读写器与电子标签之间传递信息。要求电子标签天线具有以下特性。

(1) 电子标签天线上感应的电压最大，以使电子标签线圈输出最大的电压。

(2) 功率匹配，以最大限度地耦合来自读写器的能量。

(3) 足够的带宽，以使电子标签接收的信号无失真。

并联谐振电路可以满足上述要求。并联谐振电路谐振时导纳最小，阻抗最大，可以获得最大的电压，即可以最大限度地耦合来自读写器的能量；并联谐振电路谐振时根据带宽要求调整谐振电路的品质因数，可以满足电子标签接收的信号无失真。

RFID 电子标签射频前端天线电路的结构如图 2.6(b) 所示。

图 2.6(b) 中，电感 L 由线圈天线构成，电容 C 与电感 L 并联，构成并联谐振电路。实际应用时，电感 L 和电容 C 有损耗（主要是电感的损耗），并联谐振电路相当于电感 L、电容 C 和电阻 R 等 3 个元件并联而成。

3. 串联谐振电路

串联谐振电路如图 2.7 所示，由电阻 R、电感 L 和电容 C 串联而成。电路中的电感 L 储存磁能并提供感抗，电容 C 储存电能并提供容抗，当电感 L 储存的平均磁能与电容 C 储存的平均电能相等时，电路产生谐振，此时电感 L 的感抗和电容 C 的容抗相互抵消，输入阻抗为纯电阻 R。

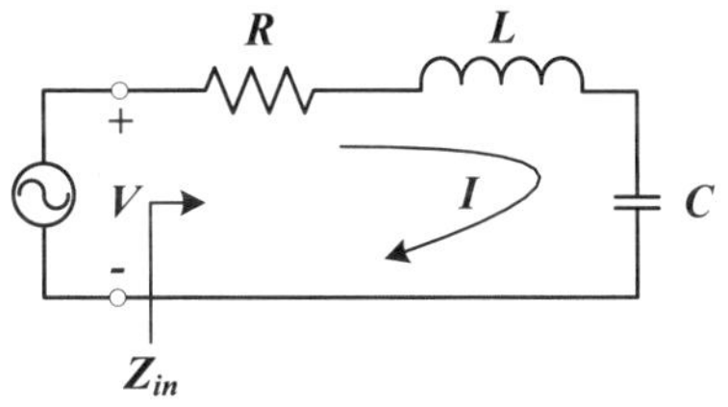

图 2.7　串联谐振电路

(1) 谐振频率

串联谐振电路谐振时的角频率为：

$$\omega_0 = \frac{1}{\sqrt{LC}} \tag{2.16}$$

即谐振频率为：

$$f_0 = \frac{1}{2\pi\sqrt{LC}} \tag{2.17}$$

(2) 输入阻抗

串联谐振电路的输入阻抗为：

$$Z_{in} = R + j\omega L + \frac{1}{j\omega C} = |Z_{in}| e^{j\varphi} \tag{2.18}$$

其中：$|Z_{in}| = \sqrt{R^2 + \left(\omega L - \frac{1}{\omega C}\right)^2}$；$\varphi = \arctan \frac{\omega L - \frac{1}{\omega C}}{R}$。

①当 $\omega = \omega_0$ 时，$j\omega_0 L = j\frac{1}{\omega_0 C}$；则输入电阻为纯电阻，即：

$$Z_{in} = R \tag{2.19}$$

②当 $\omega = \omega_0 \pm \Delta\omega \neq \omega_0$ 时，Z_{in} 是复数。若 $\omega > \omega_0$，$\varphi > 0$，Z_{in} 呈现感性；若 $\omega < \omega_0$，$\varphi < 0$，Z_{in} 呈现容性。输入阻抗为：

$$Z_{in} = R + j\omega L \frac{\omega^2 - \omega_0^2}{\omega^2} \tag{2.20}$$

在 ω_0 附近，也就是 $\Delta\omega$ 较小时，由于 $\omega^2 - \omega_0^2 = (\omega + \omega_0)(\omega - \omega_0) \approx 2\omega\Delta\omega$，所以：

$$Z_{in} = R + j2L\Delta\omega \tag{2.21}$$

(3) 品质因数 Q

品质因数描述了谐振电路能耗的重要内在特征。品质因数定义为：

$$Q=\omega_0\frac{\text{平均储能}}{\text{耗能}} \tag{2.22}$$

对于串联谐振电路，品质因数：

$$\boldsymbol{Q}=\frac{\omega_0\boldsymbol{L}}{\boldsymbol{R}}=\frac{1}{\omega_0\boldsymbol{CR}} \tag{2.23}$$

可以看出，串联电阻 R 越小，电路损耗越小，品质因数越高。

上述定义的 Q 值体现了谐振电路自身的特性，称为无载品质因数。实际应用中，谐振电路总是要与外负载相耦合，由于外负载消耗能量，使总的品质因数下降。

假设外负载为 R_L，外部品质因数定义为：

$$\boldsymbol{Q_e}=\frac{\omega_0\boldsymbol{L}}{\boldsymbol{R_L}} \tag{2.24}$$

负载 R_L 将与谐振电路内阻 R 串联，电路的总的电阻为 $R+R_L$，则电路总品质因数为 $\boldsymbol{Q_L}$，为：

$$\boldsymbol{Q_L}=\frac{\omega_0\boldsymbol{L}}{\boldsymbol{R}+\boldsymbol{R_L}} \tag{2.25}$$

从上面的公式可以知道，无载品质因数、外部品质因数和总的品质因数关系为：

$$\frac{1}{\boldsymbol{Q_L}}=\frac{1}{\boldsymbol{Q}}+\frac{1}{\boldsymbol{Q_e}} \tag{2.26}$$

(4) 带宽

输入阻抗的模值 $|Z_{in}|$ 随频率改变而变化，当 $\omega=\omega_0$ 时 $|Z_{in}|$ 取得最小值 R，当 ω 偏离 ω_0 时 $|Z_{in}|$ 增大。当频率 ω 由 ω_0 变大或变小时，若 $|Z_{in}|$ 从最小值 R 上升到 $\sqrt{2}\boldsymbol{R}$ 对应的频率 ω_1 和 ω_2，则称 $\omega_2-\omega_1$ 为阻抗带宽，用 BW 表示。串联谐振电路的带宽如图 2.8 所示。

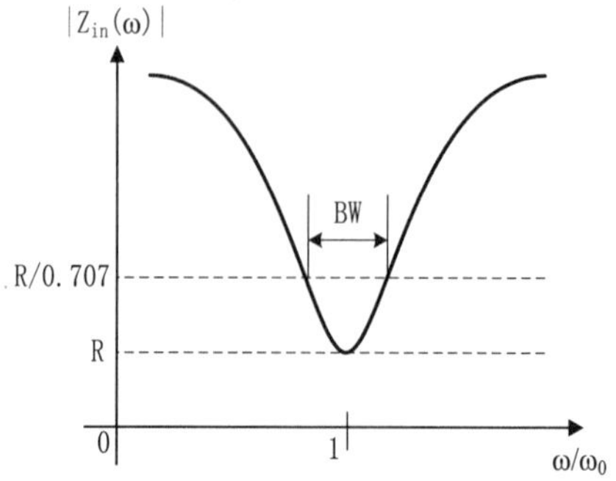

图 2.8 串联谐振电路的带宽

由于 $Q=\frac{\omega_0 L}{R}=\frac{1}{\omega_0 CR}$，输入阻抗为：

$$Z_{in}=R\left[1+jQ\left(\frac{\omega}{\omega_0}-\frac{\omega_0}{\omega}\right)\right] \tag{2.27}$$

若 $|Z_{in}|=\sqrt{2}R$，则 $Q\left(\frac{\omega}{\omega_0}-\frac{\omega_0}{\omega}\right)=\pm 1$，或 $\frac{\omega_2}{\omega_0}-\frac{\omega_0}{\omega_2}=-\left(\frac{\omega_1}{\omega_0}-\frac{\omega_0}{\omega_1}\right)$，$\omega_0^2=\omega_1\omega_2$，有 $\omega_1-\frac{\omega_0^2}{\omega_1}=-\frac{\omega_0}{Q}$，则：

$$BW=\omega_2-\omega_1=\frac{\omega_0}{Q} \tag{2.28}$$

或

$$Q=\frac{\omega_0}{\omega_2-\omega_1}=\frac{\omega_0}{BW} \tag{2.29}$$

上述公式说明，带宽可以由品质因数和谐振频率求得，品质因数越高，则相对带宽越小。

4. 并联谐振电路

并联谐振电路如图 2.9 所示，由电阻 R、电感 L 和电容 C 并联而成。

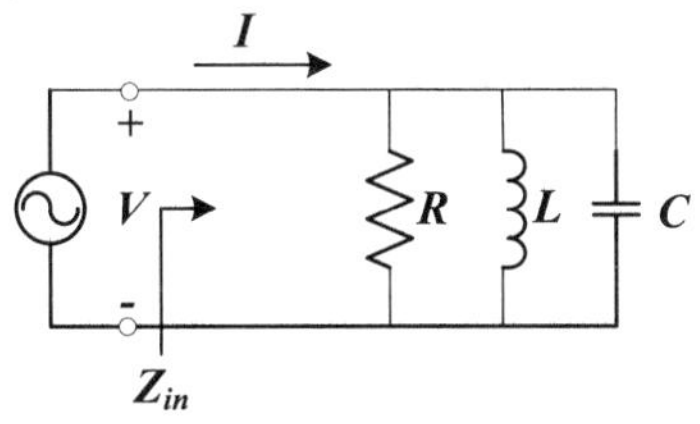

图 2.9　并联谐振电路

(1) 谐振频率

并联电路谐振时的角频率为：

$$\omega_0=\frac{1}{\sqrt{LC}} \tag{2.30}$$

谐振频率为：

$$f_0=\frac{1}{2\pi\sqrt{LC}} \tag{2.31}$$

可以看出并联谐振电路和串联谐振电路的谐振频率表达式相同。

(2) 输入导纳

并联电路的输入导纳为：

$$Y_{in}=\frac{1}{R}+\frac{1}{j\omega L}+j\omega C \tag{2.32}$$

①当 $\omega=\omega_0$ 时，则输入导纳为纯电纳，即：

$$Y_{in}=\frac{1}{R} \tag{2.33}$$

②当 $\omega=\omega_0\pm\Delta\omega\neq\omega_0$ 时，输入导纳为：

$$Y_{in}=\frac{1}{R}+j\omega C\frac{\omega^2-\omega_0^2}{\omega^2} \tag{2.34}$$

同样在 ω_0 附近，$\Delta\omega$ 较小时，由于 $\omega^2-\omega_0^2=(\omega+\omega_0)(\omega-\omega_0)\approx 2\omega\Delta\omega$ ，可得：

$$Y_{in}=\frac{1}{R}+j\omega C\frac{\omega^2-\omega_0^2}{\omega^2} \tag{2.35}$$

(3) 品质因数 Q

对于并联谐振电路，品质因数：

$$Q=\frac{R}{\omega_0 L}=\omega_0 CR \tag{2.36}$$

可以看出，并联电阻 R 越小，电路损耗越大，品质因数越低。

假设外负载为 R_L，外部品质因数定义为：

$$Q_e=\frac{R_L}{\omega_0 L} \tag{2.37}$$

负载 R_L 将与谐振电路内阻 R 并联，电路的总的电阻为 $\frac{RR_L}{R+R_L}$ ，电路总品质因数 Q_L 为：

$$Q_L=\frac{RR_L}{\omega_0 L(R+R_L)} \tag{2.38}$$

同样，无载品质因数、外部品质因数和总的品质因数关系为：

$$\frac{1}{Q_L}=\frac{1}{Q}+\frac{1}{Q_e} \tag{2.39}$$

(4) 带宽

当 $\omega=\omega_0$ 时 $|Z_{in}|$ 达到最大值 R，当 ω 偏离 ω_0 时 $|Z_{in}|$ 减小。当频率 ω 由 ω_0 变大或变小时，若 $|Z_{in}|$ 从最大值 R 减小到 0.707R 对应的频率 ω_1 和 ω_2 ，带宽 $BW=\omega_2-\omega_1$ 。并联谐振电路的带宽如图 2.10 所示。

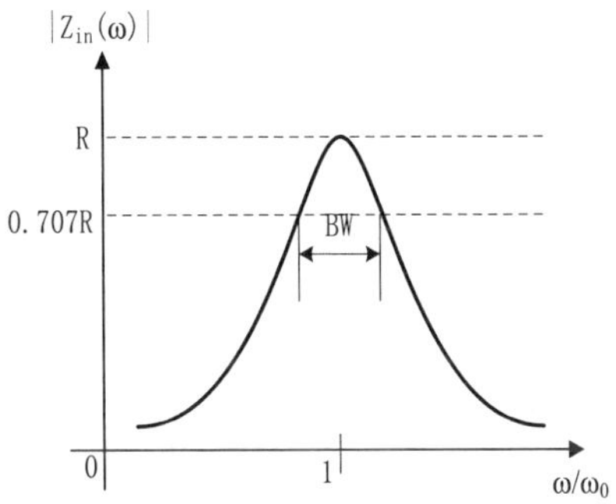

图 2.10　并联谐振电路的带宽

同样可得：

$$\boldsymbol{BW} = \omega_2 - \omega_1 = \frac{\omega_0}{\boldsymbol{Q}} \tag{2.40}$$

或：

$$\boldsymbol{Q} = \frac{\omega_0}{\omega_2 - \omega_1} = \frac{\omega_0}{\boldsymbol{BW}} \tag{2.41}$$

上述公式说明，品质因数越高，则相对带宽越小。

2.2 电磁波基础

2.2.1 基本概念

1864 年，英国科学家麦克斯韦在总结前人研究电磁现象的基础上，建立了完整的电磁波理论。他断定电磁波的存在，推导出电磁波与光具有同样的传播速度。1887 年德国物理学家赫兹用实验证实了电磁波的存在。根据麦克斯韦的电磁场理论，变化的电场产生变化的磁场，而变化的磁场又产生变化的电场，这样，变化电场和变化磁场之间相互依赖，相互激发，交替产生，并以一定速度由近及远地在空间传播出去，这样就产生了电磁波。

电磁波（又称电磁辐射）是由同相振荡且互相垂直的电场与磁场在空间中以波的形式移动，其传播方向垂直于电场与磁场构成的平面，有效地传递能量和动量。在很多实际情况下，电磁波的激发源往往以大致确定的频率作正弦振荡，因而辐射出的电磁波也以相同的频率作正弦振荡，例如无线电广播或通信的载波，激光器辐射出的光束等，都接近于正弦波，这种以一定频率作正弦振荡的波称为时谐电磁波。

1. 电磁波表达式

沿 +z 方向传播的时谐电磁波可以表示为：

$$E_x = E_m \cos(\omega t - kz) \tag{2.42}$$

$$H_y = H_m \sin(\omega t - kz) \tag{2.43}$$

其中，ω 为电磁波的角频率，且 $\omega = 2\pi f$，代表电磁波每单位时间改变的相位；k 为传播常数，代表电磁波沿 +z 方向传播时每单位距离改变的相位；$E_{\rm m}$ 和 $H_{\rm m}$ 分别为电场和磁场的振幅。图 2.11 示出了 +z 方向传播的时谐电磁波。

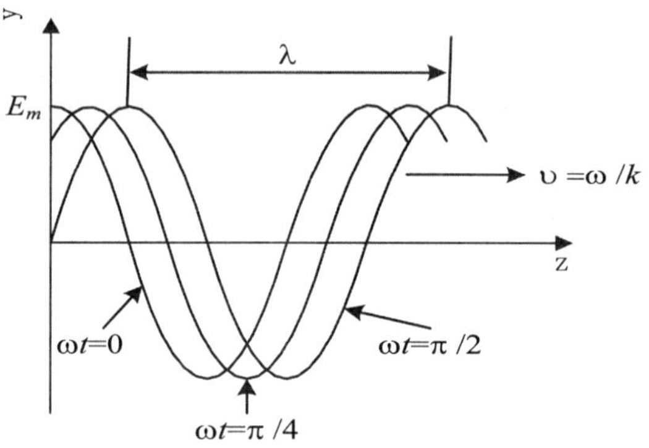

图 2.11 +z 方向传播的时谐电磁波

2. 波长

当空间两点相距一个波长 λ 时，相位差为 2π。正弦电磁波是周期函数，一个周期的时间为 T，分别为：

$$\lambda = \frac{2\pi}{\boldsymbol{k}} \tag{2.44}$$

$$\boldsymbol{T} = \frac{2\pi}{\boldsymbol{\omega}} = \frac{1}{\boldsymbol{f}} \tag{2.45}$$

电磁波在远区的自由空间以近似光速（$\boldsymbol{c} = 3\times10^8 \boldsymbol{m}/\mathrm{s}$）传播，其波长为：

$$\lambda = \frac{\boldsymbol{c}}{\boldsymbol{f}} \tag{2.46}$$

3. 波阻抗

当电波为横电磁波时，电场的时空变化与磁场的时空变化相同，振幅相差一个因子 η，η 称为波阻抗或本征阻抗。横电磁波时，假设电场只有 x 分量，表示为 E_x；磁场只有 y 分量，表示为 H_y，波阻抗为

$$\eta = \frac{E_x}{H_y} = \sqrt{\frac{\mu}{\varepsilon}} \tag{2.47}$$

自由空间中电磁波的电场强度和磁场强度的比值为空间的波阻抗：

$$\eta_0 = \frac{E_x}{H_y} = \sqrt{\frac{\mu_0}{\varepsilon_0}} \approx 377(\Omega) \tag{2.48}$$

即在远区，电磁波的电场强度和磁场强度之间的关系是固定的，两者之间可以用下面的公式进行换算：

$$H(dB\mu A/m) = E(dB\mu V/m) - 51.5(dB) \tag{2.49}$$

4. 电磁波的极化

电磁波的极化是指在空间任一固定点上，电磁波的电场矢量空间取向随时间变化的方式，用电场强度的矢端轨迹来描述。电磁波的极化状态有三种，如果电场强度的矢端轨迹为直线，波为线极化波；如果电场强度的矢端轨迹为圆，波为圆极化波；如果电场强度的矢端轨迹为椭圆，波为椭圆极化波。

当均匀平面波沿 +z 方向传播时，电场方向与传播方向相垂直，这时 E_x 和 E_y 都可以存在，电场表示为：

$$\boldsymbol{E} = \boldsymbol{e}_x\boldsymbol{E}_x + \boldsymbol{e}_y\boldsymbol{E}_y = \boldsymbol{e}_x\boldsymbol{E}_{xm}\cos\left(\omega \boldsymbol{t} + \psi_x\right) + \boldsymbol{e}_y\boldsymbol{E}_{ym}\cos\left(\omega \boldsymbol{t} + \psi_y\right) \tag{2.50}$$

(1) 线极化

当以下条件满足时：

$$\psi_x = \psi_y \qquad 或 \qquad \psi_x = \psi_y + \pi \tag{2.51}$$

E_x 和 E_y 相位相同或相差 π，合成电场的矢端轨迹为直线，波为线极化。

(2) 圆极化

如果 E_x 和 E_y 振幅相同，相位相差 $\pm\frac{\pi}{2}$，合成电场的矢端轨迹为圆，波为圆极化。波圆极化时满足如下条件：

$$E_{xm} = E_{ym} \qquad 或 \qquad \psi_x - \psi_y = \pm\frac{\pi}{2} \tag{2.51}$$

圆极化分左旋圆极化和右旋圆极化两种情形。电场矢端旋转方向与电波传播方向成右手螺旋关系，称之为右旋圆极化波。电场矢端旋转方向与电波传播方向成左手螺旋关系，称之为左旋圆极化波。圆极化波如图 2.12 所示。

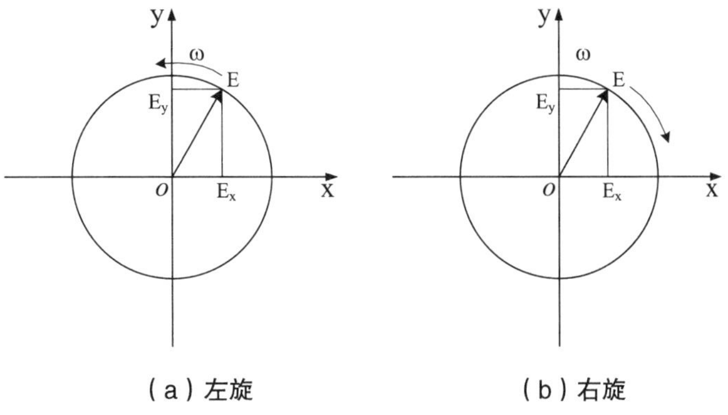

图 2.12 圆极化波

(3) 椭圆极化

通常 E_x 和 E_y 振幅和相位都不相等，合成电场的矢端轨迹为椭圆，波为椭圆极化。如图 2.13 所示。

椭圆极化、椭圆长轴与轴夹角用下式确定：

$$\tan 2\theta = \frac{2\boldsymbol{E}_{xm}\boldsymbol{E}_{ym}}{\boldsymbol{E}_{xm}^2 - \boldsymbol{E}_{ym}^2}\cos\left(\psi_x - \psi_y\right) \tag{2.51}$$

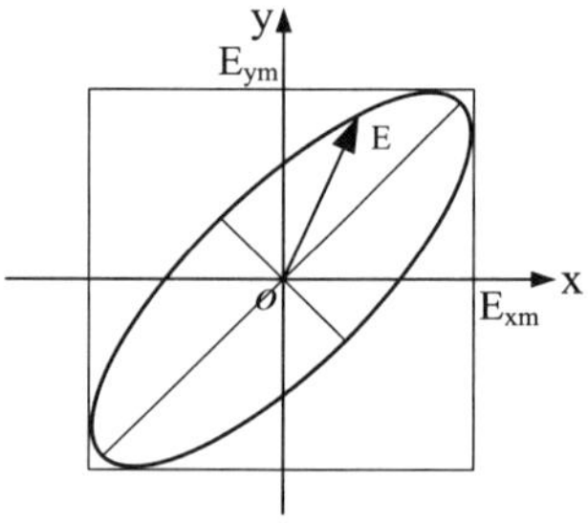

图 2.13 椭圆极化波

可以看出，线极化和圆极化是椭圆极化的特例。当椭圆短轴为零时，椭圆极化成为线极化；当椭圆长轴与短轴相等时，椭圆极化成为圆极化。

2.2.2 电磁波的辐射和传播

1. 天线的作用

任何物体都向外辐射电磁波，不过多数物体辐射的电磁波很快衰减，无法长距离传输。能够有效辐射电磁波的器件是各类天线。

从物理学上讲，天线是一个或多个导体的组合，由它可因施加的交变电压和相关联交变电流而产生辐射的电磁场，或者可以将它放置在电磁场中，由于场的感应而在天线内部产生交变电流并在其终端产生交变电压。

天线也是一种变换器，它把传输线上传播的导行波，变换成在无界媒介中传播的电磁波，或者进行相反的变换。在无线电设备中用来发射或接收电磁波的部件。无线电通信、广播、电视、雷达、导航、电子对抗、遥感、射电天文等工程系统，凡是利用电磁波来传递信息的，都依靠天线来进行工作。此外，在用电磁波传送能量方面，非信号的能量辐射也需要天线。一般天线都具有可逆性，即同一副天线既可用作发射天线，也可用作接收天线。同一天线作为发射或接收的基本特性参数是相同的。

天线的具体参数请查看本书的第 5 章。

2. 电磁波传播方式

电磁波存在直射、反射、透射、绕射和散射等多种情况，这几种情况是在不同传播环境下产生的。

(1) 直射

指没有任何障碍物，电磁波直线传播。

(2) 反射与透射

反射与透射是由障碍物产生的，当障碍物的几何尺寸远大于波长时，电磁波不能绕过该物体，在该物体表面发生反射。当反射发生时，一部分能量被反射回来，另一部分能量透射到障碍物内，反射系数和透射系数与障碍物的电特性和物理结构有关。

电磁波在传播过程中不可避免地会碰到媒质的分界面，在分界面上会产生反射和折射（透射）现象。由媒质 1 向分界面入射的电磁波称为入射波，透过分界面进入媒质 2 的电磁波称为透射波，离开分界面返回媒质 1 的电磁波称为反射波。

电波传播满足斯耐尔定律。入射波的极化方式影响反射系数和透射系数。斜入射时电磁波的反射与折射情况如图 2.14 所示。

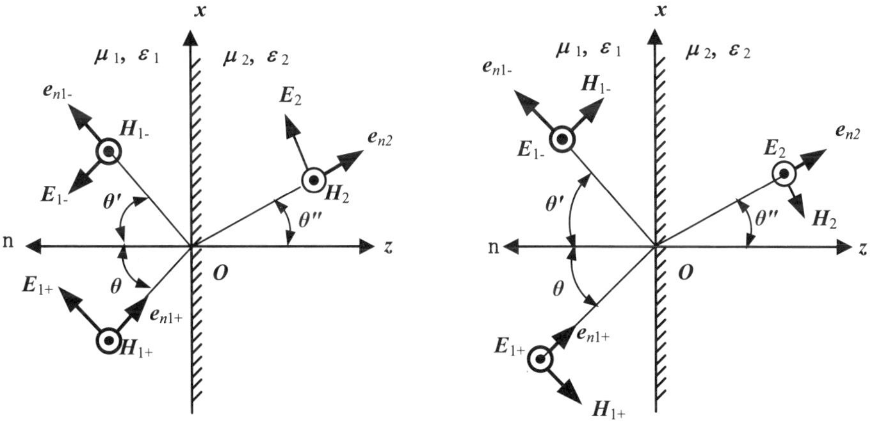

（a）平行极化　　（b）垂直极化

图 2.14 斜入射时电磁波反射和折射

1) 斯耐尔定律

入射线与反射平面法线之间的夹角 θ 称为入射角，反射线与反射平面法线之间的夹角 θ′ 称为反射角，折射线与反射平面法线之间的夹角 θ′′ 称为折射角。入射角、反射角和折射角的关系符合斯耐尔定律。

$$\theta = \theta' \tag{2.52}$$

$$\frac{\sin\theta''}{\sin\theta} = \frac{\beta_1}{\beta_2} = \frac{\sqrt{\mu_1\varepsilon_1}}{\sqrt{\mu_2\varepsilon_2}} \tag{2.53}$$

2) 反射系数和折射系数

反射系数和折射系数与极化有关。为了描述入射波的极化，定义分界面的法线与入射波射线构成的平面为入射平面。若电场的方向平行于入射平面，称为平行极化，如图 2-14(a) 所示；若电场的方向垂直于入射平面，称为垂直极化，如图 2-14(b) 所示。

平行极化的反射系数 $R_{\parallel}$ 和透射系数 $T_{\parallel}$ 为：

$$R_{\parallel} = \frac{E_{01}^-}{E_{01}^+} = \frac{(\varepsilon_2/\varepsilon_1)\cos\theta - \sqrt{(\varepsilon_2/\varepsilon_1) - \sin^2\theta}}{(\varepsilon_2/\varepsilon_1)\cos\theta + \sqrt{(\varepsilon_2/\varepsilon_1) - \sin^2\theta}} \tag{2.54}$$

$$T_{\parallel} = \frac{E_{02}^-}{E_{01}^+} = \frac{2(\varepsilon_2/\varepsilon_1)\cos\theta}{(\varepsilon_2/\varepsilon_1)\cos\theta + \sqrt{(\varepsilon_2/\varepsilon_1) - \sin^2\theta}} \tag{2.55}$$

垂直极化波的反射系数 $R_{\perp}$ 和折射系数 $T_{\perp}$ 为：

$$\boldsymbol{R}_{\perp}=\frac{\boldsymbol{E}_{01}^{-}}{\boldsymbol{E}_{01}^{+}}=\frac{\cos\boldsymbol{\theta}-\sqrt{(\boldsymbol{\varepsilon}_2/\boldsymbol{\varepsilon}_1)-\sin^2\boldsymbol{\theta}}}{\cos\boldsymbol{\theta}+\sqrt{(\boldsymbol{\varepsilon}_2/\boldsymbol{\varepsilon}_1)-\sin^2\boldsymbol{\theta}}} \tag{2.56}$$

$$\boldsymbol{T}_{\perp}=\frac{\boldsymbol{E}_{02}^{-}}{\boldsymbol{E}_{01}^{+}}=\frac{2\cos\boldsymbol{\theta}}{\cos\boldsymbol{\theta}+\sqrt{(\boldsymbol{\varepsilon}_2/\boldsymbol{\varepsilon}_1)-\sin^2\boldsymbol{\theta}}} \tag{2.57}$$

(3) 绕射

绕射也是由障碍物产生的，电波绕过障碍物传播的现象称为绕射。当障碍物的尺寸与波长相近，且障碍物有光滑边缘时，电磁波可以从该物体的边缘绕射过去。电磁波的绕射能力与电波波长相对于障碍物的尺寸相关，波长越大于障碍物尺寸，绕射能力越强。

(4) 散射

散射也与障碍物相关，当障碍物的尺寸或障碍物的起伏小于波长，电波传播的过程中遇到数量较多的障碍物时，电磁波发生散射。散射经常发生在粗糙表面、小物体或其他不规则物体的表面。

总的来说，微波 RFID 希望收发天线之间没有障碍物，提供电磁波直射的环境。超高频和微波 RFID 的频率主要包括 433MHz、800/900MHz、2.45GHz 或 5.8GHz，其中 433MHz 和 800/900MHz 频段电波的绕射能力较强，障碍物对电波传播的影响较小；2.45GHz 和 5.8GHz 电磁波的波长较短，收发天线直线之间最好没有障碍物。

3. 视距传播

在微波波段，无线电波通常利用视距传播的方式工作。视距传播是指发射天线和接收天线在相互能看得见的距离内，电波直接从发射点传到接收点的一种传播方式。具体来说，就是微波波段时，发射点和接收点之间不希望有障碍物阻挡。

实际上，RFID 收发天线之间电波传播所经历的空间，存在着对电波传播起主要作用的空间区域，这个空间区域称为传播主区，传播主区可以用菲涅耳区的概念来表示。

(1) 菲涅耳区

惠更斯 - 菲涅耳原理认为，波在传播过程中，波面上的每一点都是一个进行二次辐射球面波（子波）的波源，而下一个波面，就是前一个波面所辐射的子波波面的包络面。由惠更斯 - 菲涅耳原理可以知道，视距传播收发天线之间传播的信号，并非只占用收发天线之间的直线区域，而是占用一个较大的区域，这个区域可以用菲涅耳区来表示。

下面讨论菲涅耳区的几何区域。如图 2.15 所示，若 T 点为发射天线，R 点为接收天线，以 T 点和 R 点为焦点的旋转椭球面所包含的空间区域，称为菲涅耳区。若在 TR

两点之间插入一个无限大、垂直于 TR 连线的平面 S，平面 S 将与菲涅耳椭球相交成一个圆，圆的半径称为菲涅耳半径。若菲涅耳半径不同，菲涅耳区的大小也不同，菲涅耳区有无数多个，分为最小菲涅耳、第一菲涅耳区、第二菲涅耳区等。

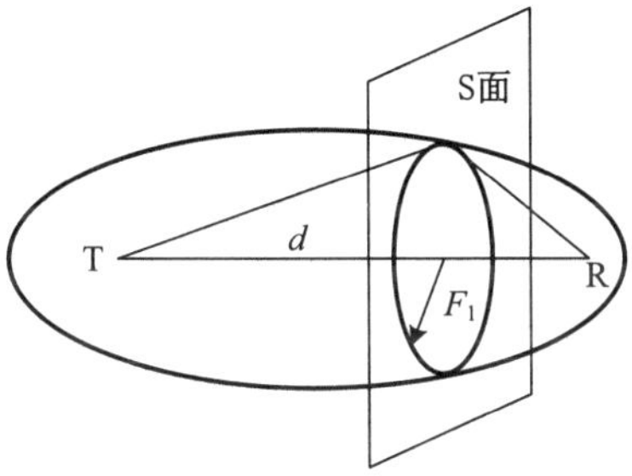

（a）空间菲涅耳区

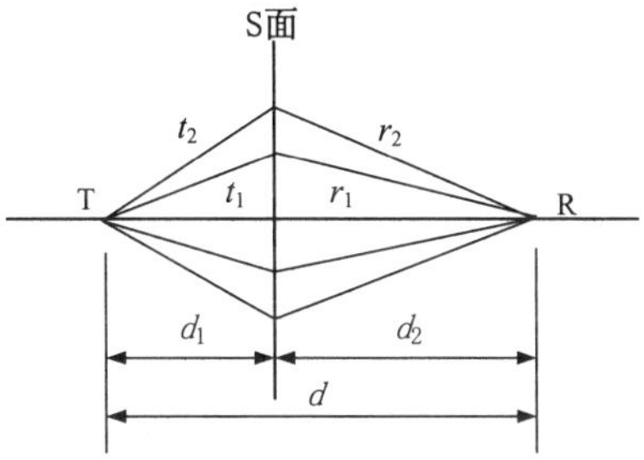

（b）平面上的菲涅耳带

图 2.15 菲涅耳区

在图 2.15 中，t 为平面 S 上的一点到发射天线 T 点的距离，r 为平面 S 上的一点到接收天线 R 点的距离，发射天线 T 与接收天线 R 之间相距 d。可以看出，$t+r-d$ 就是收发天线之间两条不同路径电磁波的行程差。当行程差为 $\lambda/2$ 的奇数倍时，两条不同路径电磁波的作用相同，接收点的电场得到加强；当行程差为 $\lambda/2$ 的偶数倍时，两条不同路径电磁波的作用相反，接收点的电场相互抵消。可以划分如下菲涅耳区的范围。

$$\boldsymbol{t}_1+\boldsymbol{r}_1-\boldsymbol{d}=\frac{\lambda}{2} \tag{2.58}$$

$$\boldsymbol{t}_2+\boldsymbol{r}_2-\boldsymbol{d}=2\cdot\frac{\lambda}{2} \tag{2.59}$$

$$\cdots$$

$$\boldsymbol{t}_n+\boldsymbol{r}_n-\boldsymbol{d}=\boldsymbol{n}\cdot\frac{\lambda}{2} \tag{2.60}$$

式 (2.58) 定义了第一菲涅耳区，式 (2.59) 定义了第二菲涅耳区，式 (2.60) 定义了第 n 菲涅耳区。

第一菲涅耳区内不同路径电磁波到达接收天线的作用相同，当电磁波通过整个第一菲涅耳区时，接收点的信号最强，因此经常讨论第一菲涅耳区的范围。

1) 最小菲涅耳区

最小菲涅耳区在第一菲涅耳区内，当电磁波通过整个最小菲涅耳区时，不同路径的信号到达接收点时是同相相加，信号得到加强。电磁波经过最小菲涅耳区后，在接收点能得到与自由空间传播相同的信号强度。

只要最小菲涅耳区内无障碍物，收发天线之间的电波传播与全空间无障碍物相同。即，最小菲涅耳区半径用 F_0 表示。

$$F_0 = 0.577\sqrt{\frac{\lambda d_1 d_2}{d}} \tag{2.61}$$

其中，d 表示收发天线之间的距离，d_1 和 d_2 分别表示发射天线和接收天线与平面 S 的距离。可以看出，当收发天线之间的距离一定时，波长越短，传播主区的菲涅耳半径越小，菲涅耳椭球的区域越细长。

2) 第一菲涅耳区

第一菲涅耳区比最小菲涅耳区大，当第一菲涅耳区内满足自由空间条件，并且收发天线只利用第一菲涅耳区传播电磁波时，则接收天线在 R 点得到的辐射场为自由空间的两倍。当收发天线只利用第一菲涅耳区传播电磁波时，接收天线能得到所有传播环境中最大的辐射场。第一菲涅耳区的大小可以用菲涅耳半径 F_1 表示。

$$F_1 = \sqrt{\frac{\lambda d_1 d_2}{d}} \tag{2.62}$$

为保证系统正常通信，收发天线要满足使它们之间的障碍物尽量不超过第一菲涅耳区的 20%，否则电磁波多径传播就会产生不良的影响，导致接收场强下降。

(2) 地面反射

在发射和接收天线的视线距离内，电磁波除直接从发射天线传播到接收天线外，还可以经过地面反射到达接收天线，接收天线处的场强是直射波和反射波的叠加。

1) 地面菲涅耳区

虽然地面各点均产生反射，但只有地面菲涅耳区的反射产生主要作用，地面菲涅耳区与第一菲涅耳区或最小菲涅耳区相对应，是反射波的传播主区。

假设地面为无限大理想导电平面，地面的影响可以用镜像法来分析。若 T 点为发射天线，R 点为接收天线，T′ 点是 T 点在地面的镜像点，地面反射波可以视为由镜像波源 T′ 点发出的。由自由空间电波传播菲涅耳区的概念可知，在镜像天线 T′ 点到接收天线 R 点之间电波传播的主区，就是以 T′ 点和 R 点为焦点的最小或第一菲涅耳椭球区，该椭球与地面相交的椭圆，就是地面菲涅耳区，如图 2.16 所示。

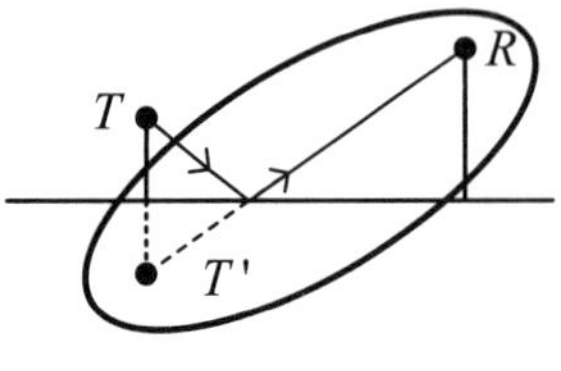

（a）地面反射的菲涅耳区

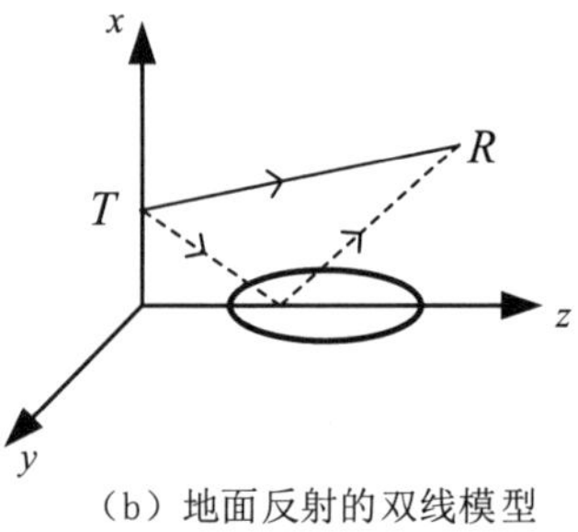

（b）地面反射的双线模型

图 2.16　地面反射菲涅耳区和双线模型

2) 地面等效反射系数及瑞利准则

实际地面是起伏不平的，理想光滑的地面是不存在的，镜像反射只是一种理想情况。地面对电波的影响主要体现在两个方面，一个是地质的电特性，另一个是地表的物理结构。

地面起伏对反射的影响可以用地面等效反射系数 R 来描述。地面入射电场 E_i、反射电场 E_r 与反射系数 R 的关系为：

$$\boldsymbol{E_r} = \boldsymbol{RE_i} = |\boldsymbol{R}|\boldsymbol{e}^{j\varphi}\boldsymbol{E_i} \tag{2.63}$$

其中 φ 是反射产生的相移。不论地面的性质如何，反射系数 R 的模值总是小于 1。

地面起伏对反射波的影响程度与波长和地面起伏高度之比密切相关。地面不平度常用瑞利准则来描述，瑞利准则给出了光滑地面与粗糙地面的分界点。瑞利准则为：

$$\boldsymbol{h} < \frac{\lambda}{8\cos\boldsymbol{\theta_i}} \tag{2.64}$$

其中，h 是地面起伏高度，θ_i 为电磁波的入射角。满足式（2.64）的地面可认为是光滑平面。可以看出，电磁波波长越短，或电磁波入射地面的入射角越小，越难以看成光滑地面。

4. 传播的衰减

电波在空间传播时会发生衰减，衰减指发射天线的信号到达接收天线时信号的振幅减小。

电波由发射天线到接收天线的过程中，产生衰减的因素很多，主要包括自由空间的传输损耗、障碍物的分隔和阻挡等。

自由空间的传输损耗：自由空间是理想介质，是不会吸收电磁能量的。自由空间的传输损耗，是指天线辐射的电磁波在传播过程中随着传播距离的增大、能量的自然扩散而引起的损耗，它反映了球面波的扩散损耗。自由空间的传输损耗为：

$$\boldsymbol{L_{bf}} = 20\log\left(\frac{4\pi\boldsymbol{d}}{\lambda}\right) \tag{2.65}$$

或：

$$\boldsymbol{L_{bf}} = 32.45 + 20\log\left(\boldsymbol{f}_{(MHz)}\right) + 20\log\left(\boldsymbol{d}_{(km)}\right) \tag{2.66}$$

其中，d 为电波传播距离，f 为工作频率，λ 为工作波长。

可以看出，电波传播的距离越长，或电波的工作频率越高，自由空间的传输损耗越大。当电子标签与读写器的距离增加一倍，或 RFID 系统的工作频率提高一倍时，自由空间的传输损耗都分别增加 6dB。

2.2.3 射频与微波技术基础

微波 RFID 系统中读写器和电子标签部分都要涉及射频和微波的基础知识，下面简要给出相关的内容。

1. 传输线理论

传输线是传送电能或电信号的导波结构，常见的传输线有电线、同轴电缆、微带线、光纤，波导等。当信号所包含的频率分量的相应的波长较之电线长度小或二者可以比拟的时候，电线的长度是很重要的。

经验方法认为，如果电缆或者电线的长度大于波长的 1/10，需要作为传输线处理。

(1) 传输线等效电路

在微波传输线上处处存在分布电阻、分布电感，线间处处存在分布电容和漏电电导。我们用 R_1、L_1、G_1、C_1 分别表示传输线单位长度的电阻、电感、电导和电容，它们的数值与传输线截面尺寸、导体材料、填充介质以及工作频率有关。传输线的等效电路如图 2.17 所示：

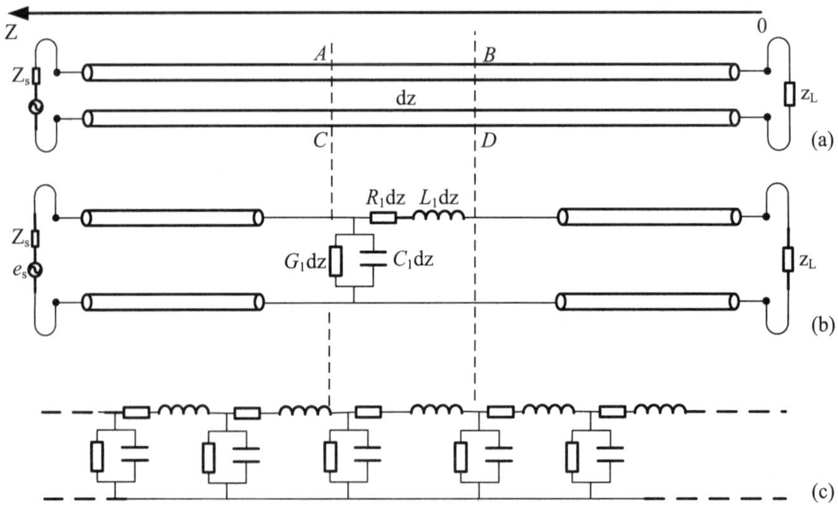

(a) 长线传输线　(b) 小段传输线等效电路　(c) 传输线等效电路

图 2.17 传输线的等效电路

(2) 传输线方程

表征传输线上电压电流关系的方程式称为传输线方程。该方程最初是在研究电报线上电压电流的变化规律时推导出来的，故又称做“电报方程”。

令传输线上距始端为 z 处的瞬时电压、瞬时电流分别为 u、i；在 $z+dz$ 处则分别为 $u+du$ 和 $i+di$，如图 2.18 所示。其中 u、i 是空间位置 z 和时间 t 的函数，经过推导可以得到传输线方程：

$$\frac{\partial u}{\partial z} = R_1 i + L_1 \frac{\partial i}{\partial t} \tag{2.67}$$

$$\frac{\partial i}{\partial z} = G_1 u + C_1 \frac{\partial u}{\partial t} \tag{2.68}$$

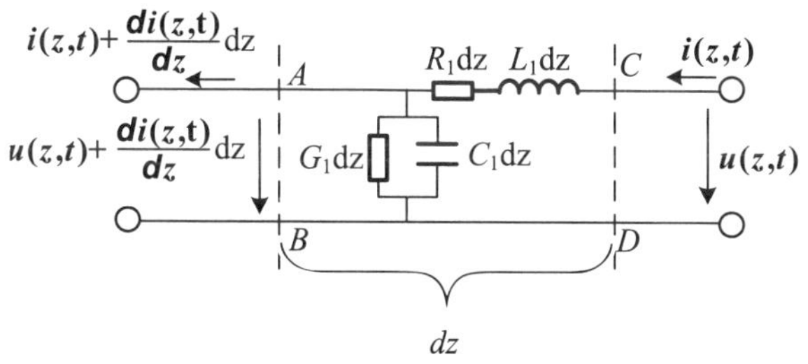

图 2.18　长度为 dz 的传输线等效电路

(3) 传输线方程的解及物理意义

方程（2.67），（2.68）的解为：

$$U(z) = U_i(z) + U_r(z) = Ae^{+\gamma z} + Be^{-\gamma z} \tag{2.69}$$

$$I(z) = I_i(z) + I_r(z) = \frac{1}{Z_C}\left(Ae^{+\gamma z} - Be^{-\gamma z}\right) \tag{2.70}$$

其中 A、B 是待定积分常数，须由传输线的边界条件来确定，Z_C 是传输线的特性阻抗，γ 是传输常数。

传输线的解的物理意义是：第 1 项代表从电源向负载传输的波，称为入射波；第 2 项代表从负载向电源传输的波，称为反射波；传输线的任意横截面处电压或电流都是入射波和反射波叠加的结果。

(4) 传输线的特性阻抗

传输线的特性阻抗定义为传输线上行波电压和行波电流之比。其大小与传输线的结构和材料有关。

$$Z_C = \sqrt{\frac{R_1 + \mathrm{j}\omega L_1}{G_1 + \mathrm{j}\omega C_1}} \tag{2.71}$$

$$Z_C = \sqrt{\frac{Z_1}{Y_1}} \tag{2.72}$$

$Z_1 = R_1 + \mathrm{j}\omega L_1$ 称为分布阻抗，$Y_1 = G_1 + \mathrm{j}\omega C_1$ 为分布导纳。无损耗时，$R_1 = G_1 = 0$；或低损耗条件下 $R_1 \ll \omega L_1$；$G_1 \ll \omega C_1$，上式简化为：

$$Z_C = \sqrt{\frac{L_1}{C_1}} \tag{2.73}$$

即：在无耗或微波传输情况下，传输线行性阻抗呈纯阻性，仅取决于传输线的分布参数 L_1 和 C_1，与工作频率无关，也与传输线的位置无关，这是一个很重要的特性。

(5) 传输常数 γ

传输线上波的传输常数的一般表达式为：

$$\gamma = \sqrt{(R_1 + j\omega L_1)(G_1 + j\omega C_1)} = \alpha + j\beta \tag{2.74}$$

实部 α 称为衰减常数，虚部 β 为相位常数。若线上损耗可以忽略，即 $\alpha=0$，则无耗传输线的传播常数退化为 $\gamma=j\beta$，即线上传输的波的振幅不变，只有相位变化。

(6) 相速和波长

沿传输线传播的电磁波的等相位点所构成的面称为波阵面或波前。波阵面移动的速度称为相位速度，简称相速。实际上，相位速度是指沿某一方向传播的行波的前进速度。

传输线上波的相速与传输线周围填充的介质有关：

$$v_p = \frac{c}{\sqrt{\varepsilon_r}} \tag{2.75}$$

其中 c 为光速；ε_r 是介质的相对介电常数。这说明波的传播速度将减小 $\sqrt{\varepsilon_r}$ 倍

同样，传输线上波的波长与其周围填充的介质有关，即：

$$\lambda = \frac{\lambda_0}{\sqrt{\varepsilon_r}} \tag{2.76}$$

这说明波长将缩短 $\sqrt{\varepsilon_r}$ 倍。

(7) 输入阻抗

特性阻抗 Z_C 的传输线终端接一个 Z_L 的负载，离负载距离 z 的位置上的输入电压和输入电流之比即是该处输入阻抗，记作 $Z_{in}(z)$，如图 2.19 所示，则：

$$Z_{in}(z) = \frac{U(z)}{I(z)} = Z_C \frac{Z_L + jZ_C \tan(\beta z)}{Z_C + jZ_L \tan(\beta z)} \tag{2.77}$$

从上式可以看出，传输线上不同位置的输入阻抗不同，输入阻抗 $Z_{in}(z)$ 的大小与负载阻抗 Z_L、传输线的特性阻抗 Z_C、以及相位常数 β 有关。

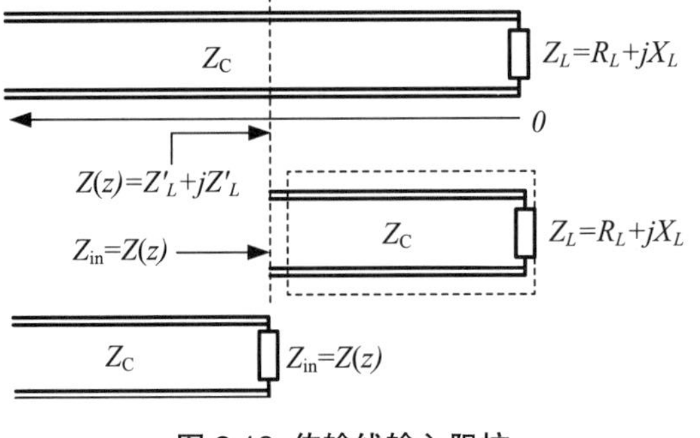

图 2.19 传输线输入阻抗

(8) 电压反射系数和驻波比

特性阻抗是 Z_C 的传输线终端接一个 Z_L 的负载，当两个阻抗不相等的时候，会产生反射，反射的大小可以用电压反射系数 Γ 来表示。电压反射系数定义为：任意观察点 z 处，反射波电压 $u_r(z)$ 与入射波电压 $u_i(z)$ 的比值。

在负载处，即 z=0 位置上的反射系数为：

$$\Gamma_L=\frac{Z_L-Z_C}{Z_L+Z_C}=\left|\Gamma_L\right|e^{j\varphi_L} \tag{2.78}$$

无耗传输线上任意观察点 z 处的反射系数为：

$$\Gamma(z)=\frac{Z_{in}(z)-Z_C}{Z_{in}(z)+Z_C}=\Gamma_L\mathrm{e}^{-2\beta z}=\left|\Gamma_L\right|e^{j\varphi} \tag{2.79}$$

其中，$\varphi=\varphi_L-2\beta z$。

从上面的公式可以看出反射系数和输入阻抗之间有密切的关系，即：

$$Z_{in}(z)=Z_C\frac{1+\Gamma(z)}{1-\Gamma(z)}\Leftrightarrow\Gamma(z)=\frac{Z_{in}(z)-Z_C}{Z_{in}(z)+Z_C} \tag{2.80}$$

当负载阻抗和传输线特性阻抗相等时，不产生反射，传输线工作在行波状态。如果出现有反射，传输线工作在驻波或行驻波状态，可以用电压驻波比 VSWR（Voltage Standing Wave Ratio）来衡量入射波和反射波的相对幅度大小。电压驻波比定义为波腹点电压与波节点电压之比，即：

$$VSWR=\frac{|U|_{\max}}{|U|_{\min}}=\frac{1+|\Gamma_L|}{1-|\Gamma_L|} \tag{2.81}$$

因此，VSWR 愈接近于 1 愈好，VSWR 愈小表示含驻波成分愈低、含行波成分愈高。

电压反射系数和驻波比之间存在如下的重要关系式：

$$VSWR=\frac{1+|\Gamma_L|}{1-|\Gamma_L|}\Leftrightarrow|\Gamma_L|=\frac{VSWR-1}{VSWR+1} \tag{2.82}$$

2. 史密斯圆图

在微波与天线工程中，常遇到阻抗的匹配与计算问题。利用前面推导出来的有关公式可以计算出来，但过程繁琐，很不方便。简化计算的有效方法是图解法。常用的阻抗圆图之一是极坐标圆图，又称史密斯（Smith）圆图，它在射频与微波领域有着非常广泛的应用。

史密斯圆图由等反射系数圆族、等电阻圆族和等电抗圆族组成。

(1) 等反射系数圆族

对于均匀传输线，当终端负载阻抗 Z_L 一定时，传输线的反射也就一定。当 Z_L 不同时，

Γ_L 也不同，因而有不同的 Γ_L 圆。由于 $0 \le |\Gamma_L| \le 1$，故复平面上所绘的等反射系数圆是以原点为圆心，以 $|\Gamma_L|$ 为半径的同心圆族。如图 2.20 所示。最小的 $|\Gamma_L| = 0$，圆退化为点，此点即所谓的“匹配点”，它落在复平面坐标原点 O 上；最大的 $|\Gamma_L| = 1$，是最外圆，它代表全反射系数的轨迹。

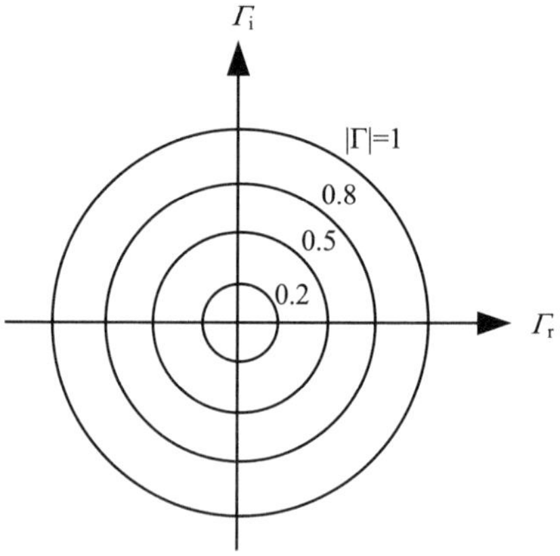

图 2.20　等反射系数圆

虽然在实际的 Smith 圆图中，等反射系数圆并没有画出来，但是反射系数可以通过圆图读出。

等 $|\Gamma_L|$ 圆又代表等 VSWR 圆。VSWR 值也可以通过圆图读出。

(2) 等电阻圆族

阻抗 $\boldsymbol{Z}_L = \boldsymbol{R}_L + \boldsymbol{j}\boldsymbol{X}_L$ 用特性阻抗 $\boldsymbol{Z}_C$ 归一化后得到归一化阻抗 $\boldsymbol{z}_L = \boldsymbol{r}_L + \boldsymbol{j}\boldsymbol{x}_L$。

经过推导可以得到归一化电阻 r 与反射系数之间的关系。

$$\left(\Gamma_r - \frac{r}{1+r}\right)^2 + \Gamma_i^2 = \left(\frac{1}{1+r}\right)^2 \tag{2.83}$$

上式是一个以反射系数实部 Γ_r 和虚部 Γ_i 为坐标变量，以 r 为参变量的圆方程式。画在复平面中是一组圆，这就是等电阻圆族，其圆心在〔$r/(r+1)$，0〕上，半径为 $1/(r+1)$。因 $0 \leqslant r \leqslant \infty$，故可绘出无穷多个电阻圆，它们的圆心都在实轴 Γ_r 上，且圆心的横坐标 $r/(r+1)$ 与半径 $1/(r+1)$ 之和恒等于 1，因此等电阻圆是一组公共切点为 B（1，0）内切圆族，如图 2.21 所示。

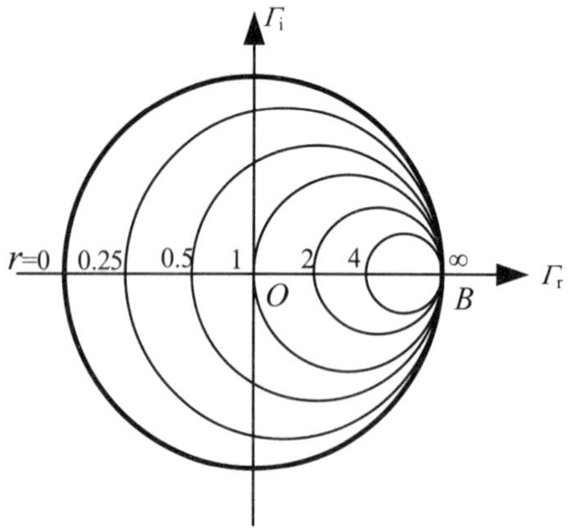

图 2.21　等电阻圆

当 $r=0$ 时，圆心为(0，0)，即在坐标原点上，半径为 1，是最外一层电阻圆，与 $|\Gamma| = 1$ 圆重合。随着 r 增大，等 r 圆的圆心沿正实轴逐渐远离坐标原点。当 $r=\infty$ 时，该圆之圆心在（1，0）点，半径为 0，即圆退化为一个点，它对应于阻抗无穷大，故称此点为“开路点”。

(3) 等电抗圆族

归一化电抗 x 与反射系数之间的关系：

$$(\Gamma_r - 1)^2 + \left(\Gamma_i - \frac{1}{x}\right)^2 = \left(\frac{1}{x}\right)^2 \tag{2.84}$$

这也是一个圆方程式，表示当归一化电抗值 x 一定时，其轨迹也是一个圆。圆心在（1，1/x）上，半径为 1/x。正电抗圆族的圆心落在$\Gamma_r=1$的上半虚轴上，半径随 x 的增大而缩小，它们是一组公共切点为 B（1，0）的内切圆；负电抗圆族圆心落在$\Gamma_r=1$的下半虚轴上，这也是一组公共切点为 B 的内切圆。上述两组内切圆又是以 B 为公共切点的外切圆。如图 2.22 所示。

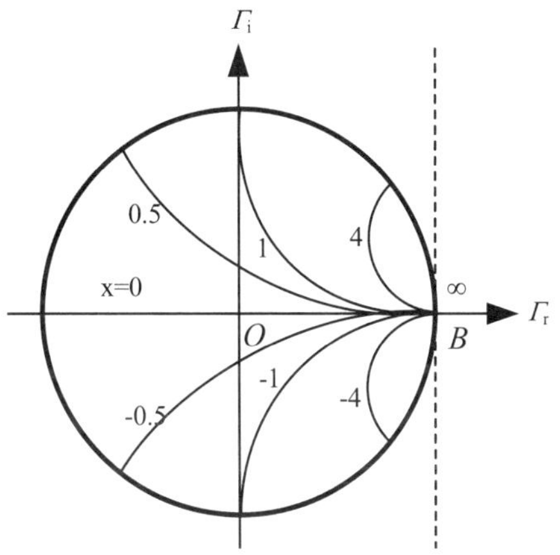

图 2.22 等电抗圆

当 $x=\pm\infty$ 时，圆心在（1，0）上，半径为0，等 x 圆退化为一个点(即图中之 B 点)，它对应电抗为无穷大，此即上述之“开路点”。

将等电阻圆和等电抗圆重叠一起即构成完整的阻抗圆图，称为史密斯圆图，如图 2.23 所示。圆图中的任一点都可读出四个量值：r、x、Γ、φ。只要知道其中两个量，就可根据圆图求出另外两个量。

Smith 圆图有以下几个特征：

1) 圆图实轴上半圆内的等 x 圆曲线代表感性电抗，即 $x>0$；故上半圆中各点代表各不同数值的感性复阻抗归一化值。

2) 圆图实轴下半圆内等 x 圆曲线代表容性电抗，即 $x<0$；故下半圆内各点代表各种不同数值的容性复阻抗归一化值。

3) 当 $x=0$（即纯阻）时，等 x 圆的半径为∞，等 x 圆就退化成实轴线了，因此实轴代表的是纯阻线。实轴左端点代表阻抗短路点；实轴右端点代表阻抗开路；圆图中心点 O 则代表阻抗匹配点。

4) 实轴为纯阻，则该轴上各点均有 $x=0$、$Z=r$，这些点表明它们所对应的是传输线上电压和电流同相位的点。负实轴上的归一化电阻 r 值，表示传输线的行波系数 K 值；正实轴上的归一化电阻 r 值，也表示此时传输线的驻波系数 VSWR 值。

5) 在圆图最外圈标有电刻度〔又称波数，实际上是线上某点离终端的距离 $d=(l-z)\lambda$ 与波长的比值，即其相对长度 d/λ〕。通常选实轴左端点 A 为起算点，旋转一周为 0.5。圈外刻度按顺时针方向增加，用箭头示出“向电源方向”。圈内刻度按逆时针方向增加，用箭头示出“向负载方向”。

6) 圆图左半实轴是所在驻波波节点的轨迹，而右半实轴则是所有波腹点的轨迹。因此，若终端负载阻抗归一化值 Z_L 落在上半圆内，则可立即判定传输线上第一个出现的是电压腹点；反之，若 Z_L 落在下半圆内，则也可判定传输线上第一个出现的是电压节点。

(4) 导纳圆图

在遇到并联电路时用导纳比用阻抗计算方便得多，所以需要导纳圆图。

导纳圆图也包括三个圆族：等 Γ 圆族、等电导（等 g）圆族和等电纳（等 b）圆族。可以证明，导纳圆图是阻抗圆图旋转 180 度后得到的。

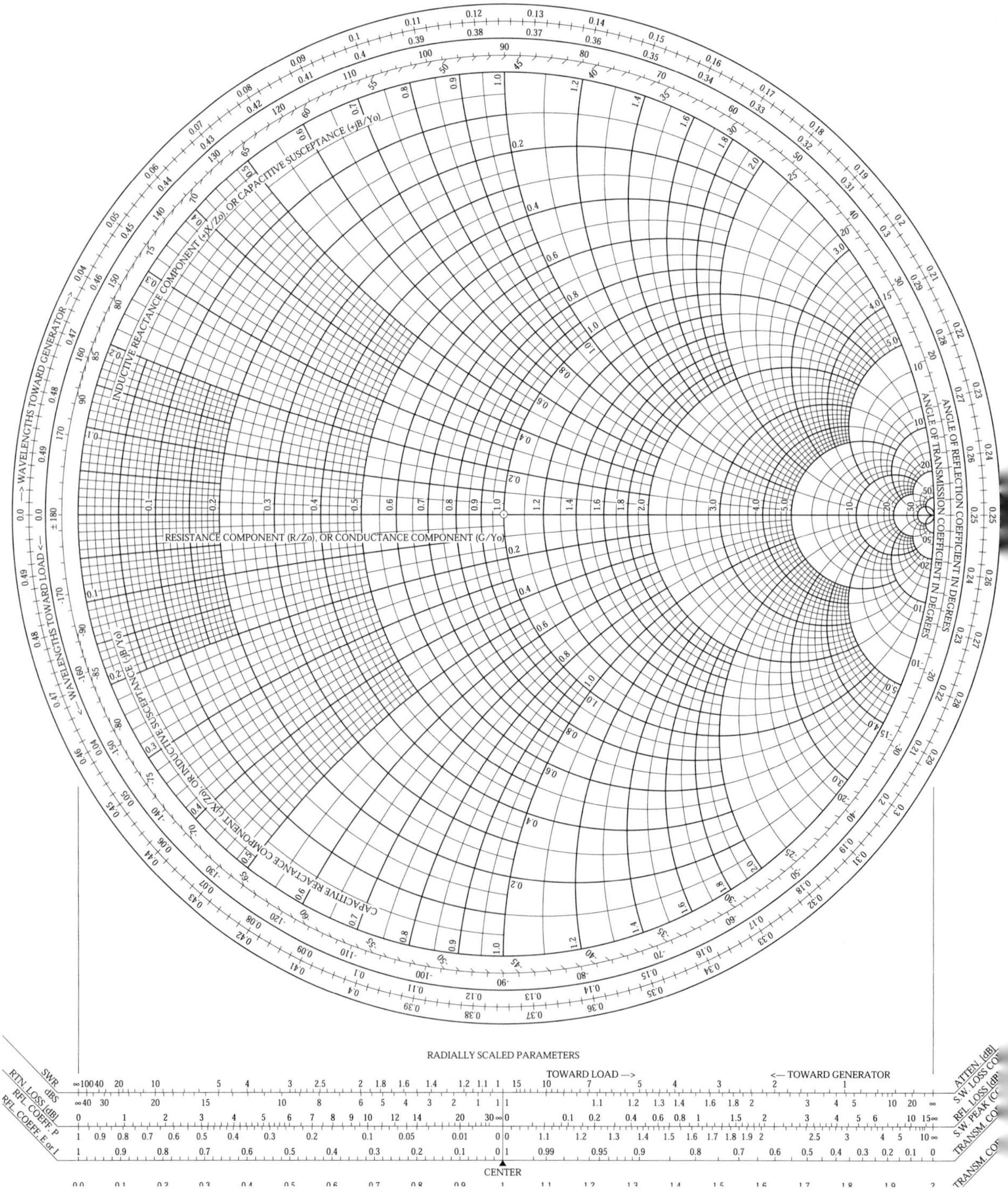

图 2.23 smith 圆图

3. 阻抗匹配

当负载阻抗 Z_L 与传输线路之特性阻抗 Z_c 不相等时，将产生反射波，使负载得到的功率减少。利用传输线路的阻抗变换作用，可使负载的视在阻抗等于 Z_c，从而使反射波消失，线路呈现行波状态。无反射阻抗匹配是指在能量传输时要求负载阻抗和传输线的特征阻抗相等，此时的传输不会产生反射，这表明所有能量都被负载吸收了，反之则在传输中有能量损失。

(1) 最大功率传输条件

射频电路的阻抗匹配形式很多，各种不同的匹配形式，目的只有一个：让包括匹配网络在内的总负载输入阻抗在理论上等于馈线的特性阻抗，以实现从信源到负载的最大功率传输。最大功率传输定理表明，当负载阻抗 Z_L 等于源阻抗 Z_s 的复共轭时，传输到负载的功率最大。即：

$$\boldsymbol{Z}_L = \boldsymbol{Z}_S^* \tag{2.85}$$

(2) 集总参数元件电路的匹配网络

当电路尺寸远小于工作波长（λ/10) 时，匹配电路可以采用集总参数的分立元件。L 形网络是最简单的匹配网络类型，它包含两个电抗性元件，其实际结构为倒 L 形。如图 2.24 所示。由于两电抗元件可为电感，也可为电容，故对于某一给定的负载，L 型两种电路结构可提供 8 种不同的可能性。

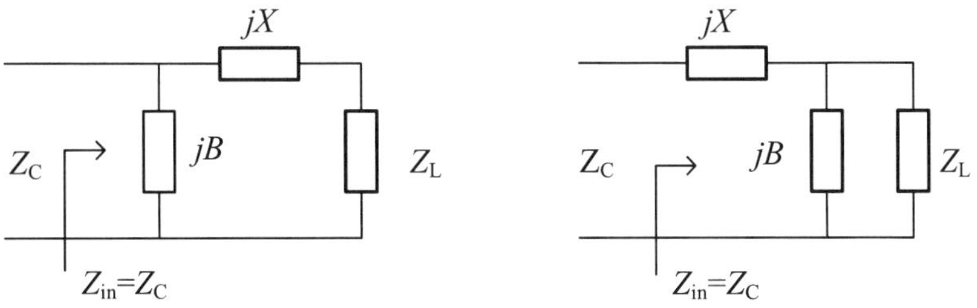

图 2.24　L 形网络的匹配

(3) 分布参数电路匹配网络

在较高的频率波段，元件尺寸或电路尺寸与波长相当，此时可用分布参数元件来实现负载与传输线的匹配。

在这类设计中最常用的技术是在距负载某处并联或串联一段终端开路或短路的传输线（称为支节或短截线)，如图 2.25 所示。

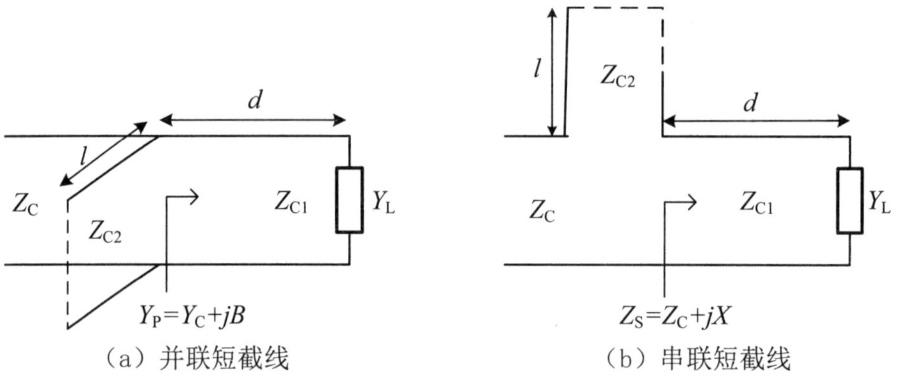

图 2.25　单支节匹配

对于 TEM 波传输线，选用微带线作为并联或串联支节比选用双导线更合适。图 2.26(a)、(b)、(c)、(d) 给出了短截线的各种情况。

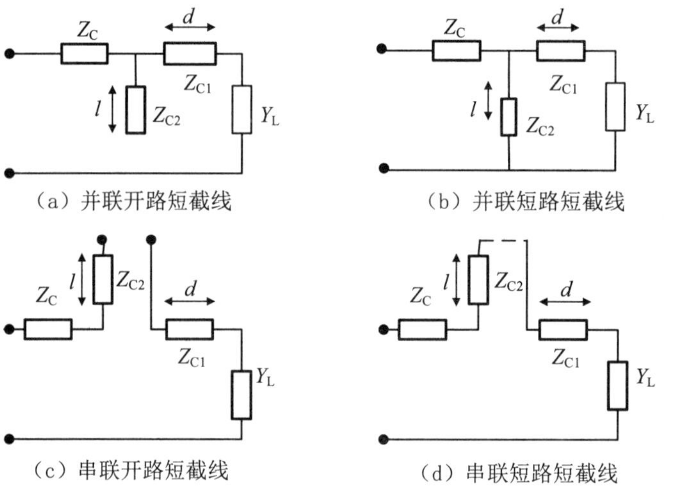

图 2.26　微带单支节匹配

以上的匹配网络用微带线或带状线很容易实现。在单支节匹配网络中由两个可变参数：距离 d(从负载到支节接入点) 和长度 l(支节长度)，用来调节支节的接入位置及支节所提供的电抗或电纳值。

在串联和并联支节中，距离 d 的选择非常重要。

并联支节的情况，d 的选择取决于输入导纳 Y_P 的值 (距负载 d 处向负载方向看进去的输入导纳)，Y_P 可以表示成 $Y_p=Y_c+jB$ 的形式，若要实现匹配，支节的电纳值应选为 -jB。

串联支节的情况，d 的选择取决于输入阻抗 Z_S 的值 (距负载 d 处向负载方向看进去的输入阻抗)。Z_s 可以表示成 $Z_s=Z_c+jX$ 的形式，若要实现匹配，支节的电抗值应选为 -jX。

分布参数电路匹配网络的形式还有多支节匹配和λ/4 阻抗变换器等，由于篇幅关系，这里不详细讨论。

4. 散射参量

散射参量（S 参量）用于表征射频 / 微波频段二端口网络（或 N 端口网络）的特性。为了表征一个在输入和输出端口具有相同特征阻抗 Z_0 的二端口网络，需要考虑各端口上的入射波和反射波电压，如图 2.27 所示。

图 2.27　具有入射波和反射波的二端口网络

为了准确地定义 S 参量，我们规定二端口网络各端口上的入射波电压相量和反射波电压相量分别为 $\boldsymbol{v}_i^+$ 和 $\boldsymbol{v}_i^-$，如图 2.27 所示。

可用散射参量矩阵 S 来描述二端口网络备端口上的入射波电压相量矩阵 $\boldsymbol{v}_i^+$ 与反射波电压及传输波电压相量矩阵 $\boldsymbol{v}_i^-$ 之间的线性关系：

$$\boldsymbol{v}_1^- = \boldsymbol{S}_{11}\boldsymbol{v}_1^+ + \boldsymbol{S}_{12}\boldsymbol{v}_2^+ \tag{2.86}$$

$$\boldsymbol{v}_2^- = \boldsymbol{S}_{21}\boldsymbol{v}_1^+ + \boldsymbol{S}_{22}\boldsymbol{v}_2^+ \tag{2.87}$$

或用矩阵表示为：

$$\boldsymbol{V}^- = \begin{bmatrix} \boldsymbol{v}_1^- \\ \boldsymbol{v}_2^- \end{bmatrix} = \begin{bmatrix} \boldsymbol{S}_{11} & \boldsymbol{S}_{12} \\ \boldsymbol{S}_{21} & \boldsymbol{S}_{22} \end{bmatrix} \begin{bmatrix} \boldsymbol{v}_1^+ \\ \boldsymbol{v}_2^+ \end{bmatrix} = \boldsymbol{S}\boldsymbol{V}^+ \tag{2.88}$$

其中：

$$\boldsymbol{S} = \begin{bmatrix} \boldsymbol{S}_{11} & \boldsymbol{S}_{12} \\ \boldsymbol{S}_{21} & \boldsymbol{S}_{22} \end{bmatrix} \tag{2.89}$$

是二端口网络的散射参量。S 矩阵的各元素定义如下：

$\boldsymbol{S}_{11} = \left.\dfrac{\boldsymbol{v}_1^-}{\boldsymbol{v}_1^+}\right|_{\boldsymbol{v}_2^+=0} = \Gamma_1$ 表示当端口 2 接匹配负载时的端口 1 的电压反射系数。

$\boldsymbol{S}_{21} = \left.\dfrac{\boldsymbol{v}_2^-}{\boldsymbol{v}_1^+}\right|_{\boldsymbol{v}_2^+=0}$ 表示当端口 2 匹配时的端口 1 到端口 2 的电压传输系数。

$\boldsymbol{S}_{12} = \left.\dfrac{\boldsymbol{v}_1^-}{\boldsymbol{v}_2^+}\right|_{\boldsymbol{v}_1^+=0}$ 表示当端口 1 匹配时端口 2 到端口 1 的电压传输系数。

$\boldsymbol{S}_{22}=\left.\dfrac{\boldsymbol{V}_2^-}{\boldsymbol{V}_2^+}\right|_{\boldsymbol{V}_1^+=0}=\Gamma_2$ 表示当端口 1 接匹配负载时的端口 2 的电压反射系数。

上述定义的 S 参量用于射频 / 微波频段有许多优点，简述如下：

（1）S 参量给出了一个网络端口之外的完整特性描述。

（2）S 参量的描述没有使用在高频频段已失去意义的开路或短路 (在低频频段所描述的) 的概念。因为随频率变化的短路或开路的阻抗特性已不能用来描述射频 / 微波频段的器件特性。此外，电路中短路或开路情况的出现，将导致强烈的反射 (因为 $|\Gamma_L|=1$)，即引起振荡或晶体管元件的损坏。

（3）S 参量要求在端口使用匹配负载，因匹配负载可吸收全部的入射功率，从而消除了过强的能量反射对设备或信源损伤的可能性。

2.3 编码和调制

读写器与电子标签之间的消息通过电信号来传递，即需要把消息赋予电信号的某参量上，如连续波的幅度、频率或相位上。原始的电信号通常称为基带信号，有些信道可以直接传输基带信号，但以自由空间作为信道的无线电传输，却无法直接传递基带信号。将基带信号编码，然后变换成适合在信道中传输的信号，这个过程称为编码与调制；在接收端进行反变换，然后进行解码，这个过程称为解调与解码。经过调制以后的信号称为已调信号，它既可以携带信息又适合在信道中传输。

图 2.28 给出了 RFID 系统的通信模型。在这个模型中，信道、自由空间、读写器天线、读写器射频前端、电子标签天线和电子标签射频前端构成在其他的章节中介绍。本节讨论 RFID 系统中常用的编码与调制，主要介绍 RFID 系统编码与调制的基本特性，并给出编码与调制的常用方法。

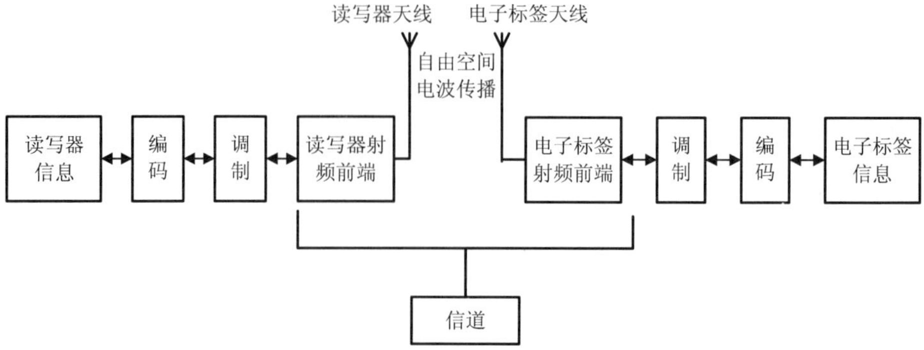

图 2.28 RFID 系统的通信模型

2.3.1 RFID 常用的编码方式

编码是 RFID 系统的一项重要工作，二进制编码是用二进制的 1 和 0 来表示不同形式的代码。常用的方法是用不同的电压电平来表示两个二进制数字，也即数字信号由矩形脉冲组成。按数字编码方式，可以将编码划分为单极性码和双极性码，单极性码的 0 电位和正电位分别与二进制符号 0 和 1 一一对应；双极性码用正电位表示二进制符号 1，负电位表示符号 0。根据信号是否归零，还可以将编码划分为归零码和非归零码，归零码码元中间的信号回归到 0 电平，而非归零码遇 1 电平翻转，遇 0 时不变。

RFID 常用的编码方式有单极性不归零 (Not Return to Zero，NRZ) 编码、单极性归零 (Unipolar RZ) 编码、曼彻斯特 (Manchester) 编码、米勒 (Miller) 编码、改进的米勒 (Modified Miller) 编码、差动编码 (Differential Coding)、差动双相编码 (Differential Bi-phase Encoding，DBP) 等。

1. 单极性不归零编码

单极性不归零 (NRZ) 编码是一种简单的数字基带编码方式，用高电平表示二进制的 1，用低电平表示二进制的 0，如图 2.29（a）所示。波形在码元之间无空隙间隔，在全部码元时间内传送码。这种编码方式仅适合于近距离传输信息，原因主要有：

（1）包含有直流分量。一般信道难于传输零频率附近的频率分量，且要求传输线有一根接地，所以该方式不适宜传输。

（2）收端判决门限与信号功率有关，不方便使用。

（3）不包含位同步成分，不能直接用来提取位同步信号。

2. 单极性归零编码

单极性归零 (RZ) 码是当发送 1 码时发出正电流，但正电流持续的时间短于一个码元的时间宽度，也即发出一个窄脉冲；当发 0 码时不发送电流，如图 2.29（b）所示。

单极性 RZ 码与单极性 NRZ 码比较，缺点是发送能量小、占用频带宽，主要优点是可以直接提取同步信号。此优点虽不意味着单极性归零码能广泛应用到信道上传输，但它却是其他码型提取同步信号需采用的一个过渡码型。即对于适合信道传输的，但不能直接提取同步信号的码型，可先变为单极性归零码，再提取同步信号。

3. 曼彻斯特编码

曼彻斯特 (Manchester) 编码也称为分相编码 (Split-Phase Coding)。在曼彻斯特编码中，用电压跳变的相位不同来区分 1 和 0，其中从高到低跳变表示 1，从低到高跳变表示 0，如图 2.29(c) 所示。

曼彻斯特编码有以下特点。

(1) 由于跳变都发生在每一个码元的中间，接收端可以方便地利用它作为位同步时钟，因此这种编码也称为自同步编码。

(2) 曼彻斯特编码在采用副载波的负载调制或反向散射调制时，通常用于从电子标签到读写器的数据传输，因为这有利于发现数据传输的错误。

(3) 曼彻斯特编码是一种归零码。

4. 米勒编码

米勒（Miller）码也称延迟调制码，是一种变形双向码。其编码规则：对原始符号 1 码元起始不跃变，中心点出现跃变来表示，即用 10 或 01 表示。对原始符号 0 则分成单个 0 还是连续 0 予以不同处理；单个 0 时，保持 0 前的电平不变，即在码元边界处电平不跃变，在码元中间点电平也不跃变；对于连续 0，则使连续两个 0 的边界处发生电平跃变，如图 2.29(d) 所示。功率谱分析表明，米勒码的信号能量主要集中在二分之一码速以下的频率范围内，直流分量很小，频带宽度约为曼彻斯特码的一半。

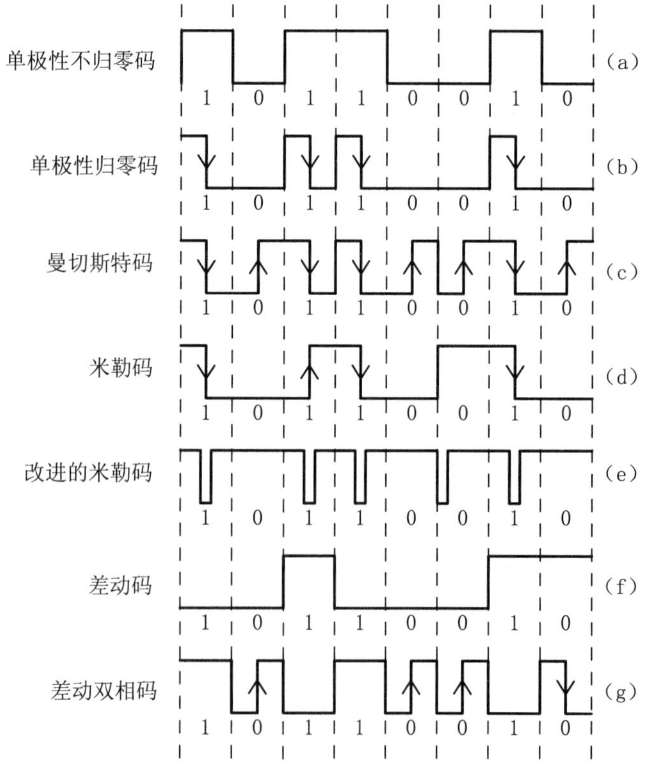

图 2.29 RFID 常用编码的波形

5. 改进的米勒编码

改进的米勒（Modified Miller）编码的数据中间有个窄脉冲表示 1，数据中间没有窄脉冲表示 0，当有连续的 0 时，从第二个 0 开始在数据的起始部分增加一个窄脉冲。该标准还规定起始位的开始处也有一个窄脉冲，而结束位用 0 表示。如果有两个连续的位开始和中间部分都没有窄脉冲，则表示无信息，如图 2.29(e) 所示。

6. 差动编码

差动编码是每个要传输的二进制 1 都会引起信号电平的变化，而对于二进制 0，信号电平保持不变，如图 2.29(f) 所示。

7. 差动双相编码

差动双相 (DBP) 编码在每个位周期开始时电平都要反相，而在半位周期中的出现任意边沿表示二进制 0，没有边沿就是二进制 1，如图 2.29(g) 所示。差动双相编码对接收器来说，位节拍比较容易重建。

8. RFID 编码方式的选择

RFID 系统的编码方式在选择时需要考虑电子标签能量的来源、检错的能力、时钟的提取等多方面因素，上面介绍的每一种编码方式都有其优点，实际应用中要综合考虑。

(1) 要考虑电子标签能量的来源

在 RFID 系统中，由于使用的电子标签常常是无源的，无源标签需要在与读写器的通信过程中获得自身的能量供应。为了保证系统的正常工作，信道编码方式首先必须保证不能中断读写器对电子标签的能量供应。

无源标签的 RFID 系统经常要求基带编码在每两个相邻数据位元间具有跳变的特点，这种编码不仅可以保证在连续出现 0 的时候仍为电子标签供应能量，而且便于电子标签从接收到的码中提取时钟信息。也就是说，如果要求编码方式保证电子标签能量供应不中断，必须选择码型变化丰富的编码方式。

(2) 要考虑电子标签检错的能力

为保障系统工作的可靠性，必须在编码中提供数据一级的校验保护，编码方式应该提供这一功能，并可以根据码型的变化来判断是否发生误码或有电子标签冲突发生。在实际的数据传输中，由于信道中存在干扰，数据可能会在传输过程中发生错误，这时要求信道编码能够提供一定的检测错误的能力。

在多个电子标签同时存在的环境中，读写器逐一读取电子标签的信息，读写器应该能够从接收到的码流中检测出是否有冲突，并采用某种算法来实现多个电子标签信息的读取，这需要选择检测错误能力较高的编码。在上述编码中，曼彻斯特编码、差动双向编码和单极性归零码具有较强的编码检错能力。

(3) 要考虑电子标签时钟的提取

电子标签芯片一般不会有时钟电路，需要在读写器发来的码流中提取时钟，读写器发出的编码方式应该能够方便电子标签提取时钟信息。在上述编码中，曼彻斯特编码、米勒编码和差动双向编码容易为电子标签提供时钟。

2.3.2 RFID 系统常用的调制方式

基带数字信号具有丰富的低频分量，必须用数字基带信号对载波进行调制，而不是直接传送基带信号，以便信号与信道的特性相匹配。用数字基带信号控制载波，把数字基带信号变换为数字已调信号的过程称为数字调制，RFID 主要采用数字调制的方式。数字调制通常采用键控法，即对载波的振幅、频率或相移进行键控，使高频载波的振幅、频率或相位与调制的基带信号相关，从而得到振幅键控 (Amplitud Shift Keying, ASK)、频移键控 (Frequency Shift Keying, FSK) 和相移键控 (Phase Shift Keying, PSK) 三种基本的数字调制方式。

1. 振幅键控

振幅键控 (ASK) 是指载波的频率和相位不变，载波的振幅随调制信号的变化而变化。振幅键控是利用载波的幅度变化来传输数字信息，在二进制数字调制中，载波的幅度只有两种变化，分别对应二进制信息的 1 和 0。目前电感耦合 RFID 系统常采用 ASK 调制方式。

(1) 数学表达式及波形

二进制振幅键控信号可以表示成具有一定波形的二进制序列 (二进制数字基带信号) 与正弦载波的乘积，即：

$$v(t) = s(t)\cos(\omega_c t) \tag{2.90}$$

其中 $\cos(\omega_c t)$ 为载波，$s(t)$ 为二进制序列：

$$s(t) = \sum_n a_n g(t - nT_s) \tag{2.91}$$

其中 T_s 为码元持续时间，$g(t)$ 为持续时间 T_s 的基带脉冲波形，a_n 为第 n 个符号的电平取值。

在振幅键控时，载波振荡的振幅按二进制编码在两种状态 a_0 和 a_1 之间切换 (键控)，其中 a_0 对应 1 状态，a_1 对应 0 状态，a_1 可以取 0 和 a_0 之间的值。振幅键控时，载波的振幅按二进制编码在两种状态间切换，如图 2.30 所示，其中图 (a) 所示为数字信号，图 (b) 所示为正弦载波，图 (c) 所示为振幅键控波形。

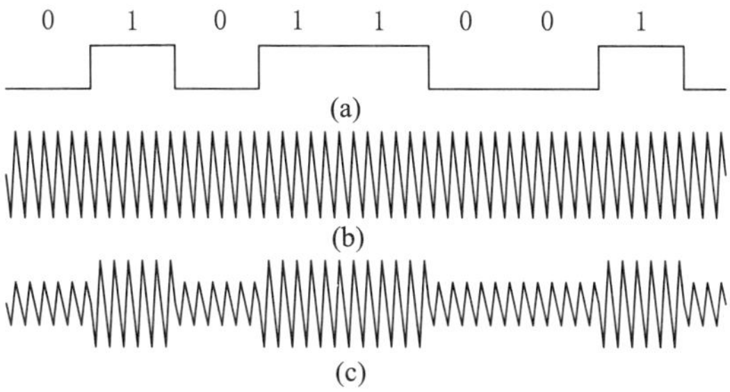

图 2.30　二进制振幅键控

ASK 的调制度 m 定义为：

$$\boldsymbol{m}=\frac{\boldsymbol{a}_0-\boldsymbol{a}_1}{\boldsymbol{a}_0+\boldsymbol{a}_1} \tag{2.92}$$

m 表示调制的深度，当调制度 m 为 100% 时，载波振幅在 $\boldsymbol{a}_0$ 与 0 之间切换，这时也称为通断键控。

(2) 产生方法

二进制振幅键控信号的产生方法通常有两种：模拟调制法和键控法。模拟调制法是用乘法器实现，键控法是用开关电路实现，相应的调制器原理图如图 2.31 所示，其中图 (b) 的调制度 m 为 100%。

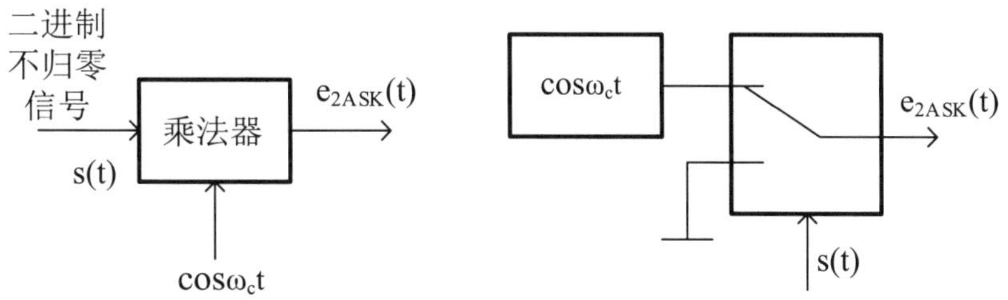

(a)模拟相乘法　　(b)数字键控法

图 2.31　二进制振幅键控调制器原理图

2. 频移键控

频移键控(FSK)是利用载波的频率变化来传递数字信息,是对载波的频率进行键控。二进制频移键控载波的频率只有两种变化状态，载波的频率在 f_1 和 f_2 两个频率点变化，分别对应二进制信息的 1 和 0。

二进制频移键控信号可以表示成在两个频率点变化的载波，其表达式为：

$$v(t)=\begin{cases}A\cos(\omega_1 t+\varphi_n) & \text{发送 1}\\ A\cos(\omega_2 t+\theta_n) & \text{发送 0}\end{cases} \tag{2.93}$$

可以看出，发送 1 和发送 0 时，信号的振幅不变，角频率在变。其中 $\omega_1 = 2\pi f_1$，$\omega_2 = 2\pi f_2$。

在频移键控时，载波振荡的频率按二进制编码在两种状态之间切换（键控）。其中 f_1 对应 1；f_2 对应 0，如图 2.32 所示。其中图 (a) 为数字信号，图 (b) 为频移键控波形。

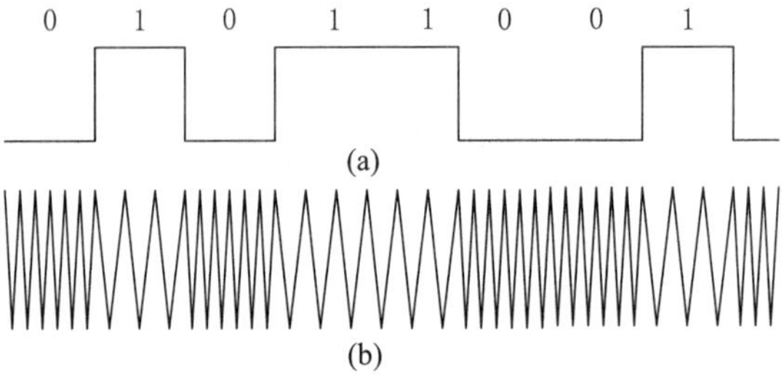

图 2.32 频移键控

从时间函数的角度来看，可以将二进制频移键控信号看作是 f_1 和 f_2 两种不同载频振幅键控信号的组合，因此二进制频移键控信号的频谱，可以由两种振幅键控的频谱叠加得到。

3. 相移键控

相移键控(PSK)是利用载波的相位变化来传递数字信息,是对载波的相位进行键控。二进制相移键控按载波的初始相位有两种变化状态，通常载波的初始相位在 0 和 π 两种状态间变化，分别对应二进制信息的 1 和 0。

二进制相移键控信号的时域表达式为：

$$v(t) = A\cos(\omega_c t + \varphi_n) \tag{2.94}$$

其中，φ_n 表示第 n 个符号的绝对相位。

$$\varphi_n = \begin{cases} 0 & \text{发送 1} \\ \pi & \text{发送 0} \end{cases} \tag{2.95}$$

载波的相位按二进制编码在两种状态之间切换，如图 2.33 所示，其中图 (a) 为数字信号，图 (b) 为相移键控波形。

PSK 系统具有较高的频带利用率，PSK 方式在误码率、信号平均功率等方面都比 ASK 系统的性能更好。但是二进制 PSK 系统在实际中很少直接使用，实际应用常采用差分相移键控（Differential Phase Shift Keying，DPSK）、相位抖动调制（Phase Jitter Modulation，PJM）等方式。

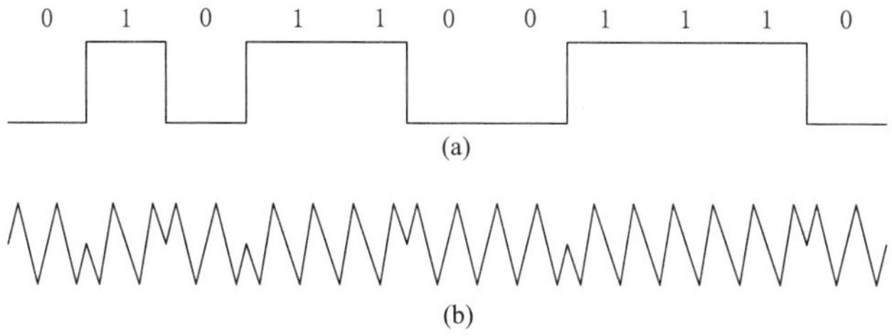

图 2.33 相移键控

4. 使用副载波的调制方法

副载波调制是指首先把信号调制在载波 1 上，然后用这个结果去调制另外一个频率更高的载波 2。

副载波调制方法主要用在 6.78MHz、13.56MHz 或 27.125MHz 电感耦合的 RFID 系统中，而且是从电子标签到读写器方向的数据传输。通常副载波频率是对工作频率分频产生的，例如对 13.56MHz 的 RFID 系统来说，使用的副载波频率可以是 847kHz(13.56MHz/16)、424kHz(13.56MHz/32) 或 212kHz(13.56MHz/64)。

在 RFID 副载波调制中，首先用基带编码的数据信号去调制低频率的副载波，已调的副载波信号用于切换负载电阻，然后采用振幅键控（ASK）、频移键控（FSK）或相移键控（PSK）的调制方法，对副载波进行二次调制。采用振幅键控（ASK）的副载波调制如图 2.34 所示，其中图 (a) 为数字信号，图 (b) 为副载波，图 (c) 为调制副载波，图 (d) 为载波信号，图 (e) 为副载波调制后再进行调制的波形。

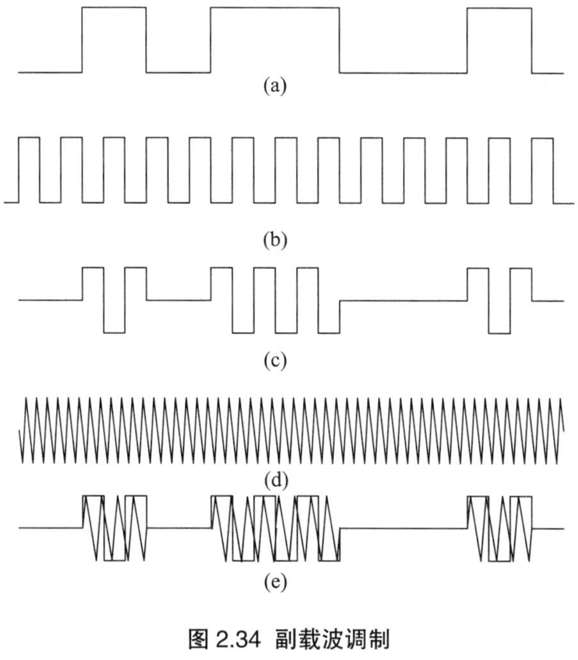

图 2.34 副载波调制

5. 负载调制

负载调制是电子标签向读写器传输数据的常用方法。负载调制使用数据流对电子标签振荡回路的电参数进行控制，使电子标签阻抗的大小和相位随之改变，从而完成调制的过程。负载调制技术主要有电阻负载调制和电容负载调制两种方式，分别如图 2.36 所示。

（1）电阻负载调制

在电阻负载调制中，负载 R_L 并联一个负载调制电阻 R_M，该电阻按数据流的时钟接通和断开，开关 S 的通断由二进制数据编码控制。电路原理图如图 2.35（a）所示。

当编码为 0 时，图中开关 S 断开，电子标签的负载电阻为 R_L；当编码为 1 时，开关 S 接通，电子标签的总负载电阻为 R_L 和 R_M 的并联，即开关 S 接通时，电子标签的总负载电阻变小。对于图 2.35（a）这样的并联谐振，如果负载电阻变小，品质因数降低。也就是说，当电子标签的负载电阻比较小时，品质因数 Q 值将降低，这将使谐振回路两端的电压下降。

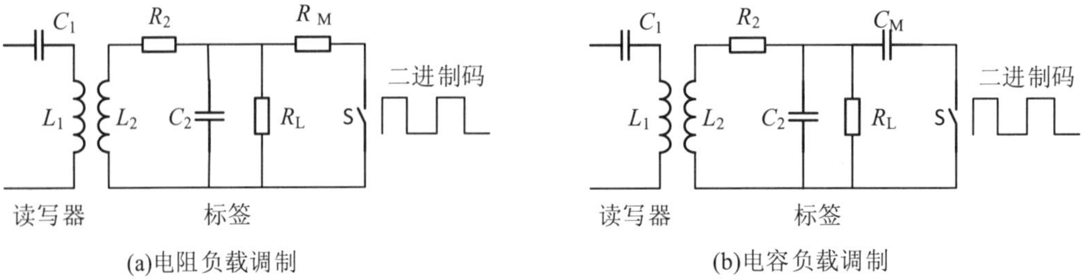

图 2.35 负载调制技术

开关 S 接通或断开，会使电子标签谐振回路两端的电压发生变化。当电子标签谐振回路两端的电压发生变化时，由于线圈电感耦合，这种变化会传递给读写器，表现为读写器线圈两端电压的振幅发生变化，因此产生对读写器电压的调幅。

电阻负载调制的波形变化过程如图 2.36 所示。图 2.36（a）为电子标签数据的二进制数据编码，图 2.36（b）为电子标签线圈两端的电压，图 2.36（c）为读写器线圈两端的电压，图 2.36（d）为读写器线圈解调后的电压。

（2）电容负载调制

在电容负载调制中，负载 R_L 并联一个负载调制电容 C_M，该电容按数据流的时钟接通和断开，开关 S 的通断由二进制数据编码控制。电路原理图如图 2.35（b）所示。

在电容负载调制中，由于接入了电容，电子标签回路失谐，又由于读写器与电子标签的耦合作用，导致读写器也失谐。开关 S 的通断控制电容按数据流的时钟接通和断开，使电子标签的谐振频率在两个频率之间转换。接入电容使电子标签电感线圈上的电压下降，从而导致读写器电感线圈上的电压上升。

电容负载调制的波形变化，与电阻负载调制的波形变化相似，但此时读写器电感线圈上电压不仅发生振幅的变化，也发生相位的变化，相位变化应尽量减小。

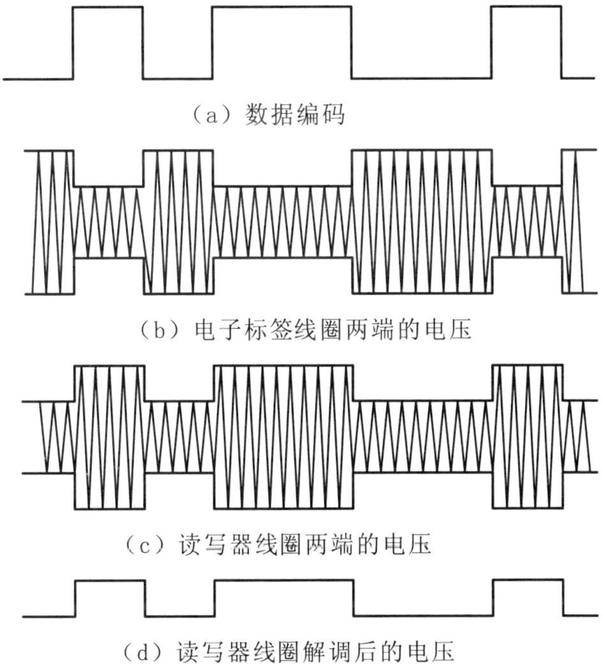

图 2.36　电阻负载调制的波形变化过程

2.4 系统的安全

随着 RFID 的应用逐渐广泛，其安全与隐私问题也日益突出。安全与隐私问题已成为制约 RFID 技术推广应用的主要因素之一。一个基本的 RFID 系统主要由电子标签、读写器和上层系统三部分组成，三个部分的各个环节数据都存在安全隐患。由于读写器和上层系统能够支持复杂的密码学运算，一般认为读写器和上层系统之间的通信是安全的。下面介绍的安全和隐私问题将主要集中在电子标签本身以及标签和读写器之间的通信上。

在 RFID 系统中，数据信息可能受到人为和自然原因的威胁，考虑数据的安全性主要是为了保护信息不被非授权的泄露和非授权的破坏，确保数据信息在存储、处理和传输过程中的安全和有效使用。数据的安全性主要解决消息认证和数据保密的问题，以防止 RFID 系统非授权的访问，或企图跟踪、窃取甚至恶意篡改电子标签信息的行为。为了防止上述问题的出现，必须采取措施保障数据的有效性和隐私性，从而保证数据的安全性。

2.4.1 安全问题

由于 RFID 是通过射频信号来传递信息的，因此存在多数无线通信技术都会遇到的安全威胁，如窃取信息、篡改信息、破坏设备等安全问题。

1. 窃取信息

由于电子标签和读写器之间通过无线广播的方式进行数据传输，攻击者可能偷听到传输的内容。如果这些内容没有受到保护，攻击者就能够得到标签和读写器之间传输的信息及其含义，进而可能使用这些信息进行身份欺骗或者偷窃。价格低廉的超高频 RFID 标签一般通信距离较短，直接窃听不容易实现，但是攻击者可以通过中间人攻击来窃取信息。

中间人攻击是攻击者先伪装成一个读写器靠近标签，被动的 RFID 标签在收到来自读写器的查询信息后会主动响应，发送证明自己身份的信息，从而使得信息能够在标签携带者毫无知觉的情况下被窃取。攻击者将从标签中获取的信息直接或者经过处理后发送给合法的读写器，以达到攻击者的各种目的。在攻击过程中，标签和读写器都以为攻击者是正常通信流程中的另一方。

2. 篡改信息

数据篡改是一种非授权的修改或者擦除 RFID 标签上的数据。攻击者可以让附着在物品上的标签传达他们想要的信息。如在商店内将商品标签上的数据区改写，把 1000 元的剃须刀变成了 10 元奶酪；把 3000 元的手机变成 30 元的收音机。这样手机将亏本销售，而无人参与的自助结算系统很难发现其中的问题。

可以通过欺骗、重放、克隆来篡改信息。欺骗是指攻击者将获取的标签数据发给读写器，以此来骗过读写器。重放是指将标签回复记录下来，然后在读写器询问时播放以欺骗读写器。克隆主要是指将一个 RFID 标签中的内容记录写入另一个标签，以形成原来标签的一个副本。比如攻击者先记录一个牙刷的信息，然后去拿一个 MP4 播放器。在付款时，通过重放或者克隆的方式欺骗读写器，让读写器误以为顾客购买的是牙刷，从而以低价购买高价货品。在此过程中数据库没有受到任何攻击，系统数据库不会发现任何异常，但是却给商家带来很大的损失。

3. 破坏设备

攻击者可以利用物理或者电子的方法，未经授权的破坏标签，此后此标签就无法再为用户提供服务。

由于 RFID 系统通常包含大量的系统内合法标签，攻击者可以很容易的获得系统内标签。廉价标签通常没有防破解机制，容易被攻击者破解，获取其中的安全机制和所有隐私信息。一般在物理破解之后，标签将被破坏，并不能再继续使用。

攻击者可能将物品上附着的标签拆除。这样，他可以带走这个物品而不担心被读写器发现。读写器可能会认为标签所对应的物品仍然存在，没有丢失。

4. 病毒攻击

RFID 标签本身不能检测所存储的数据是否有病毒或者蠕虫。攻击者可以事先把病毒代码写入到标签中，然后让合法的读写器读取其中的数据。这样，病毒就有可能被注入到读写器及上层系统中。当病毒、蠕虫或恶意程序入侵数据库，还有可能迅速传播并摧毁整个系统及重要资料。

由于标签的存储容量十分有限，过去人们认为 RFID 标签不容易受到病毒攻击，但后来研究人员发现：病毒可以通过 RFID 标签从读写器传播到中间件，进而传播到后台数据库和系统中。

5. 拒绝服务攻击

拒绝服务攻击可以通过发送不完整的交互请求来消耗系统资源。比如当系统中多个标签发生通信冲突，或者一个特别设计的用于消耗读写器资源的标签发送数据时，拒绝服务攻击就发生了。另外，如果标签内部数据的状态是有限的，也可能受到拒绝服务攻击影响。一个特别设计的标签可以打乱识别过程，使读写器无法正确识别所有标签。

攻击者还有可能通过干扰或者屏蔽来破坏标签的正常访问。干扰指使用电子设备来破坏读写器的正常访问。屏蔽指用机械的方法阻止标签的读取。这两种手段因为可以影响读写器对标签的访问，也能用来阻止非法读写器对标签的访问。

2.4.2　隐私问题

RFID 标签因具有唯一识别的特性，如果标签被任意读取或是遭受上面提到的各种安全威胁，将会衍生出许多相关的隐私问题，如隐私泄露和跟踪。

1. 隐私泄露

由于标签具有一个能够唯一识别的信息，那么该识别信息将会与标签的持有者产生关联。如果消费者 A 持有某个标签，那么当读写器读取到该标签时，就可以推测出是消费者拥有某种物品。

如果持有者的标签遭窃或丢弃，可能会被不法分子利用以假冒原先持有者的身份，进行违法行为。

在攻击者收集到用户的一些隐私信息后，可以推测用户的喜好信息、把用户的身份与某些标签或者物品关联、推测用户的位置和行为等。攻击者还可以利用这些信息实施进一步的犯罪行为。

美国的研究人员在测试维萨（VISA）、万事达（Master Card）和美国运通（American Express）三家发卡机构所发行的 20 张 RFID 信用卡时发现，持卡者的姓名及其他数据均用明文以文本方式传输。只需要一台计算机和一些无线电零件，即可读取并存储持卡人数据。

在医疗领域，RFID 的应用可以为医生提供完整的医疗信息和有效的物资管理。但是，必须严格规范医疗信息的管理，因为个人的医疗记录极有可能有相当敏感的信息。患者通常不希望泄露病情，以免造成人身安全或道德方面的损失。

2. 跟踪

通过获取 RFID 标签上的信息，攻击者可以标注标签携带人或者物体，进而跟踪标签携带者。利用这种方法，攻击者可能对用户进行监控，掌握用户的行为规律和消费喜好等。

2.4.3 RFID 的安全与隐私策略

RFID 的安全与隐私保护和成本之间是相互制约的。根据自动识别 (Auto-ID) 中心的试验数据，在设计成本价为 5 美分的标签时，集成电路芯片的成本不应该超过 2 美分，这使集成电路门电路数量限制在了 7.5kb ~ 15kb。一个 96 位的 EPC 编码芯片大概需要 5kb ~ 10kb 的门电路，因此，用于安全和隐私保护的门电路数量不能超过 2.5kb ~ 5kb，这使得现有强大的密码技术难以应用。优秀的 RFID 安全技术解决方案应该是平衡安全、隐私保护与成本的最佳方案。由于对低成本 RFID 标签的追求，使得现有的密码技术难以应用。如何根据 RFID 标签有限的计算资源，设计出安全有效的安全技术解决方案，仍然是一个非常具有挑战性的课题。为了有效地保护数据安全和个人隐私，引导 RFID 的合理应用和健康发展，还需要建立和制订完善的 RFID 安全与隐私保护的法规和政策。

现有的 RFID 安全和隐私策略可以分为两大类，一类是通过物理方法阻止标签与读写器之间的通信，另一类是通过逻辑方法增加标签的安全机制。

1. 物理方法

(1) 杀死 (Kill) 标签

“Kill”标签机制由三大 RFID 标准组织之一的自动识别中心（Auto-ID Center）提出。其原理是杀死标签，使标签丧失功能，不能响应攻击者的扫描，进而防止对标签及其携带者的跟踪。例如，在超市买完物品后，可以杀死消费者所购买商品上的标签，以保护消费者的隐私。完全杀死标签可以防止扫描和跟踪，但是这种方法破坏了 RFID 标签的功能，无法让消费者继续享受以 RFID 标签为基础的物联网服务。比如，如果商品卖出后，标签上的信息无法再使用，则售后服务以及跟此商品有关的其他服务都无法进行了。另外，如果“Kill”命令的识别序列号（PIN）一旦泄露，则攻击者可以使用这个 PIN 来杀死超市中该商品的标签，然后把对应的商品偷走而不被察觉。

(2) 休眠 (Sleep) 指令

与杀死标签的概念相似，当支持休眠 (Sleep) 指令的标签接收到读写器发送的休眠指令，标签即会进入休眠状态，不会响应任何读写器的查询。仅当标签接收到相应读写器的唤醒 (Wake Up) 指令后，才会恢复正常。

(3) 法拉第网罩

法拉第网罩由金属网或者金属箱形成，根据电磁场理论，法拉第网罩可以屏蔽电磁波，这样无论是外部信号还是内部信号，都无法穿过法拉第网罩，因此，如果把标签放在法拉第网罩内，则外部的读写器查询信息无法到达标签，而被动标签不能获得查询信号，也无法响应。对应主动标签，它的信号也无法穿过法拉第网罩，因此无法被攻击者接收到。这样，把标签放进法拉第网罩内就可以避免攻击者知道钱包里所装的物品。

这种方法的缺点是，在使用标签时又需要把标签从法拉第网罩中取出，这样就不能方便地使用标签；另外，如果要提供广泛的物联网服务，不能把标签一直屏蔽起来，而更多时候需要让标签能够跟读写器自由地通信。

(4) 主动干扰

主动干扰无线电信号是另一种屏蔽标签的方法。标签用户可以通过一种设备主动发出无线电信号，用于阻止或破坏附近的 RFID 读写器的操作。但这种方法可能导致非法干扰，使附近其他合法的 RFID 系统受到干扰，更严重的是，它可能阻断其他无线系统。

(5) 阻止标签

阻止标签（Blogtag）又称锁定者（Blocker）。这种标签可以通过特殊的标签碰撞算法来阻止非授权的读写器读取那些阻止标签预定保护的标签。通常可以根据需要对标签进行锁定或者解锁，如果需要预防攻击者的读写器进行扫描或者跟踪时，开启阻止标签；反之，可以通过解锁使得标签根据需求进行相应的阅读。

以上这些物理安全机制是通过牺牲标签的部分功能来满足隐私保护的要求。这些方法的优点是能够更好地发挥成本较低标签的作用，不过对于这种物理上的安全机制来说，性能、开销以及法规上的制约还是在其他方面带来了不少的问题。

2. 逻辑方法

(1) 哈希锁 (Hash Lock)

哈希锁是一种可以抵制标签未授权访问的安全与隐私保护技术。整个方案只需要采用 Hash 函数，因此成本很低。其工作机制如图 2.37 所示。

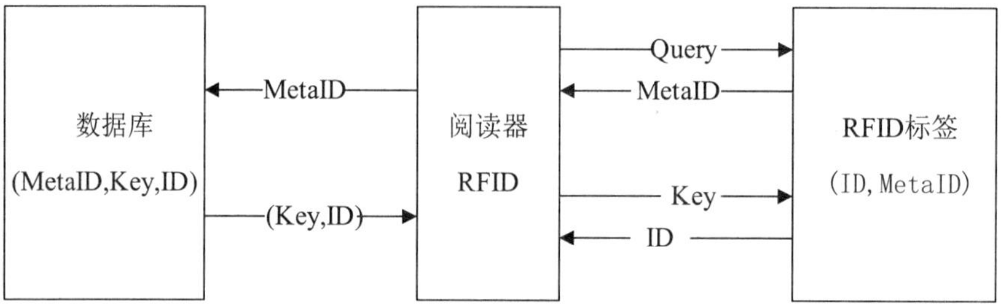

图 2.37 哈希锁工作机制

1）工作机制

① 当电子标签进入读写器的识别范围内，读写器向其发送 Query 消息请求认证。

② 电子标签接收到读写器的请求命令后，将 MetaID 代替真实的标签 ID 发送给读写器，MetaID 是由 Hash 函数映射标签密钥 Key 得来，MetaID=Hash（Key），跟真实的 ID 对应，存储在标签中。

③ 当读写器收到 MetaID 后，通过计算机网络传输给后台应用系统。

④ 后台应用系统的数据库存储有合法标签的 ID、MetaID 和 Key 等信息，其中的 MetaID 也是由 Hash（Key）得来。当后台应用系统收到读写器传输过来的 MetaID，查询数据库有没有与之对应的标签 ID 和 Key，如果有，就将对应的标签 ID 和 Key 发给读写器，如果没有，就发送认证失败的消息给读写器。

⑤ 读写器收到后台应用系统发送过来的标签 ID 与 Key 后，自己保留标签 ID，然后将 Key 发送给电子标签。

⑥ 电子标签收到读写器发送过来的 Key 后计算 Hash（Key）的值，对比是否与自身存储的 MetaID 值相同，如果相同，就将标签 ID 发送给读写器，如果不同，就认证失败。

⑦ 读写器收到标签发送过来的 ID 后，与后台应用系统传输过来的 ID 进行对比，相同则认证成功，否则认证失败。

2）方法的优点

① 解密单向 Hash 函数是较困难的，因此该方法可以阻止未授权的读写器读取标签信息数据，在一定程度上为标签提供隐私保护；

② 该方法只需在标签上实现一个 Hash 函数的计算，以及增加少量存储空间（存放 MetaID 值），因此在低成本的标签上容易实现。

3) 方法的缺点

① 由于每次询问时标签回答的数据是特定的，因此不能防止位置跟踪攻击；

② 读写器和标签间传输的数据是未经加密的，窃听者可以轻易地获得标签 Key

值和 ID 值。

(2) 随机哈希锁 (Randomized Hash Lock)

随机哈希锁是哈希锁的扩展，可以解决标签位置的隐私问题。采用随机哈希锁方案，读写器每次访问标签的输出信息均不相同。随机 Hash 锁的原理是标签包含 Hash 函数和用于产生随机数 R 的随机数发生器，后台数据库存储所有的标签 ID。读写器请求访问标签，标签接收到访问请求后，使用 Hash 函数计算标签 ID 与随机数 R 的 Hash 值。标签发送该 Hash 值给相应的读写器，读写器在后台数据库检索所有标签的 ID 值，并依次计算所有 ID 和 R 的 Hash 值，判断是否为对应的标签 ID。标签接收到读写器发送的 ID 后解锁。其工作机制如图 2.38 所示。

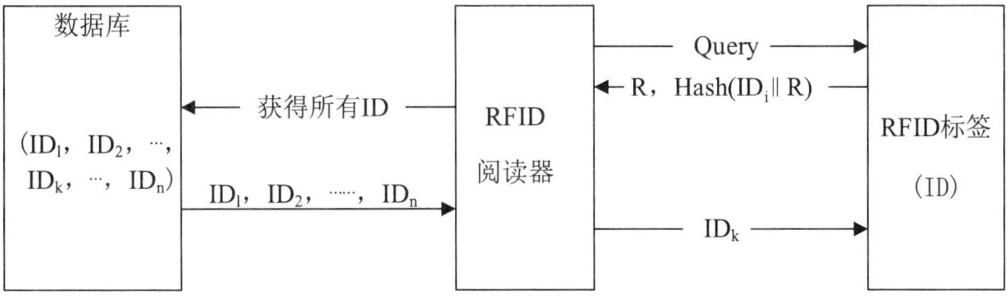

图 2.38　随机哈希锁工作机制

1） 工作机制

① 当电子标签进入读写器的识别范围内时，读写器向其发送 Query 消息，请求认证。

② 电子标签接收到读写器的信息后，利用随机数程序产生一个随机数 R，利用 Hash 函数计算 Hash（ID_i‖R），然后标签将（R，Hash（ID_i‖R））整体发送给读写器。函数中 ID_i 是标签自身存储的标识，“‖”是字符串连接符。

③ 读写器向后台应用系统数据库发送获得存储的所有标签 $ID_{1\sim n}$ 的请求。

④ 后台应用系统接收到读写器的请求后将数据库中存储的所有标签 $ID_{1\sim n}$ 都传输给读写器。

⑤ 至此，读写器收到的数据有电子标签发送过来的（R，Hash（ID_i‖R））与后台应用系统传输过来的（$ID_{1\sim n}$），读写器进计算 $ID_{1\sim n}$ 的 Hash 值，并与 Hash（ID_i‖R）比较，如果某个 ID_k 满足 Hash（ID_i‖R）= Hash（ID_i‖R），则将 ID_k 发送给电子标签，如果未满足，则认证失败。

⑥ 电子标签收到读写器发送过来的 ID_k 是否满足与自身存储的 ID_i 相等，若相等则认证成功，否则认证失败。

2） 方法的优点

在该方案中，电子标签的每次应答是随机的，因此可以防止依据特定输出而进行的位置跟踪攻击。

3）方法的缺陷

① 尽管 Hash 函数可以在低成本的情况下完成，但要在计算能力有限的低成本被动标签中集成随机数发生器却是很困难的。

② 随机 Hash 锁仅解决了标签位置隐私问题，但它不具备前向安全性，一旦标签的秘密信息被事先截获，恶意攻击者可以获得访问控制权，通过信息回溯得到标签历史记录，推断标签持有者隐私。

③ 由于读写器需要在数据库中搜索所有标签的 ID 值，并为每一个 ID 值计算相应的 Hash(ID‖R) 值，因此当标签数目很多时，这样的穷举计算会使得系统延时很长，效率并不高，而且存在拒绝服务攻击问题。

(3) 哈希链 (Hash Chain)

哈希链方法是指使用一个 Hash 函数，在每次读写器访问后自动更新标识符，实现前向安全性。方案的原理是，标签最初在存储器中设置一个随机的初始化标识符 S，同时这个标识符也储存在后台数据库中。标签包含两个 Hash 函数 G 和 H。当读写器请求访问标签时，标签返回当前标识符 $G(S_i)$ 给读写器，同时当标签从读写器电磁场获得能量时，自动更新标识符 $S_{i+1}=H(S_i)$。其工作机制如图 2.39 所示。

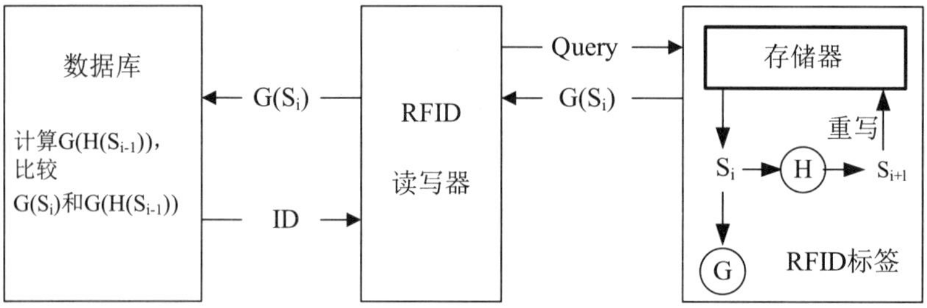

图 2.39 哈希链工作机制

1）工作机理

① 当电子标签进入读写器的识别范围内，读写器向其发送 Query 消息请求认证。

② 电子标签利用 Hash 函数产生 $G(S_i)$，发送给读写器；同时利用 Hash 函数 $H(S_i)=S_{i+1}$ 更新电子标签存储器。

③ 读写器收到电子标签发送来的 $G(S_i)$ 后转发给后台应用系统。

④ 后台应用系统查找数据库中存储的所有标签，并计算 $G(H(S_{i-1}))$，比较 $G(S_i)$ 值和 $G(H(S_{i-1}))$ 值是否相等，若相等，认证通过，并向读写器发送相应的 ID 值，将数据库中对应的数据对更新为 (ID，$H(S_i)$)；

⑤ 若标签接收到的 ID 值与其自身存储的 ID 值相同，则通过认证。

2）方法优点

① 具有不可分辨性。因为 G 是单向 Hash 函数，外人获得 $G(S_i)$ 值后不能推算出 S_i 值。当外人观察标签的输出时，G 输出的是随机数，所以不能将 $G(S_i)$ 和 $G(S_i+1)$ 联系起来。

② 具有前向安全性。因为 H 是单向 Hash 函数，即使外人窃取了 S_{i+1} 值，也无法推算出 S_i 值，所以无法获得标签的历史活动信息。

3）方法缺点

① 该方案并不能阻止重放攻击。

② 该方案每次识别都需要进行穷举搜索，计算每个标签的 G(H(S)) 值，并对每个标签的 ID 进行比较，假设数据库中存储的标签个数为 N，总共要计算 2N 个 Hash 函数、N 个记录搜索和 N 个值比较，一旦标签规模增大，相应的计算负担也将急剧增大。因此 Hash 链存在着所有标签自动更新标识符方案的共同缺点，难以大规模扩展。同时，因为需要穷举搜索，所以存在拒绝服务攻击问题。

近年来，随着技术的发展，出现了一些新的隐私保护认证方法，包括 Key 值更新随机 Hash 锁，基于物理不可克隆函数（Physical Unclonable Function ,PUF）的方法、基于掩码的方法、带方向的标签、基于策略的方法、基于中间件的方法等，在此不赘。

2.5 数据的完整性

数据传输过程中受到各种干扰，如系统内部有噪声干扰，系统外部有电磁干扰，都可能导致信号波形的失真，在接收端可能误判而产生误码，这将导致数据接收发生错误，从而影响数据的完整性。在 RFID 系统中，为防止各种干扰来保证数据的完整性，通常采用差错控制技术。

差错控制是一种保证接收数据完整、准确的方法。在数字通信中，差错控制利用编码方法对传输中产生的差错进行控制，以提高数字消息传输的准确性。差错控制的目的是提高信号传输的可靠性，差错控制最常用的方法是差错控制编码。

差错控制编码可以分为检错码和纠错码。检错码能自动发现差错的编码。而纠错码不仅能发现差错，还能自动纠正错误的编码。

常用的差错控制编码有奇偶校验编码和循环冗余编码（Cyclic Redundancy Check，CRC）等编码方法。

2.5.1 差错控制的方法

差错控制方法主要分为两类：一类称为反馈纠错 (Automatic Repeat-reQuest，ARQ)；另一类称为前向纠错 (Feed-Forward Error Correction，FEC)。这两类方法又派生出混合纠错法（Hybrid Automatic Repeat reQuest，HARQ）。对于不同类型的信道，应该采用不同的差错控制技术。

1. 反馈纠错（ARQ）

反馈纠错方法是在发送端加入少量监督码元，在接收端根据编码规则对收到的信号进行检查，当发现有错码时，立即向发送端发出重发请求信号；发送端收到请求信号后，立即重发，直到信息正确接收为止。

ARQ 方式采用检错码方式，是能发现传输差错的编码方法。在 ARQ 方式中，发现差错是指在若干接收码元中知道有一个或一些码是错误的，但不一定知道错误的准确位置。这种方法只能发现差错，但不能自动纠正差错，因此需要请求重发。

2. 前向纠错（FEC）

前向纠错方法是较复杂的编码方法，它不但能发现传输差错，而且能纠正一定程度的传输差错。采用前向纠错方式时，不需要反馈信道，也无需反复重发而延误传输时间，有益于信息的高速传输，但是纠错设备也比较复杂。

FEC 方式使用纠错码，接收端不但能发现差错，而且能确定二进制码元发生错误的位置，从而加以纠正。

3. 混合纠错（HARQ）

混合纠错的方式是综合采用反馈纠错和前向纠错的方法。当少量纠错时，采用前向纠错的方法，在接收端自动纠正。当差错较严重，超出自行纠正能力时，采用反馈纠错的方法，向发送端发出询问信号，要求重发。

2.5.2 奇偶校验

奇偶校验码是一种最简单的线性分组检错编码方式，分为奇数校验码和偶数校验码两种，两者具有完全相同的工作原理和检错能力，原则上采用任何一种都是可以的。

奇偶校验编码方法首先把信源编码后的信息数据流分成等长的码组，之后在每一信息码组后面加入一位监督码元作为奇偶检验位，使得总码长 n(包括信息位 k 和监督位 1) 中的码重为偶数 (称为偶校验码) 或者奇数 (称为奇校验码)。如果在传输过程中任何一个码组发生一位 (或奇数位) 的错误，则收到的码组必然不再符合奇偶校验的规律，因此可以发现误码。奇偶校验码分组码的结构如图 2.40 所示：

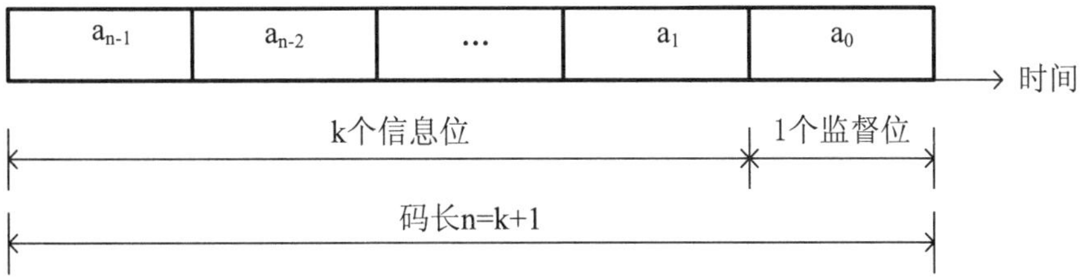

图 2.40　奇偶校验分组码的结构

1. 奇数监督码

奇偶校验码无论信息位有多少，监督码元只有 1 位。在奇数监督码中，它使码组中“1”的数目为奇数，即满足下面的条件：

$$a_n \oplus a_{n-1} \oplus \cdots\cdots \oplus a_1 \oplus a_0 = 1 \tag{2.96}$$

其中，a_0 为监督位，其余为信息位。

2. 偶数监督码

在偶数监督码中，它使码组中“1”的数目为偶数，即满足下面的条件。

$$a_n \oplus a_{n-1} \oplus \cdots\cdots \oplus a_1 \oplus a_0 = 0 \tag{2.97}$$

奇偶校验方法的比较简单，其缺点是检错能力低。奇数位的改变可以检出，而偶数位的错误由于会相互抵消而无法检出。

3. 循环冗余检验

循环冗余校验 (CRC) 是常用的一种差错校验方法，其特征是信息字段和校验字段的长度可以任意选定。

循环码具有循环性，即循环码中任一码组循环一位 (将最右端的码移至左端) 以后，仍为该码中的一个码组。循环码组中任意两个码组之和 (模 2) 必定为该码组集合中的一个码组。

(1) 生成 CRC 码的原则

任意一个由二进制位串组成的代码都可以和一个系数仅为“0”和“1”取值的多项式一一对应，即可以把 1 个长度为 n 的代码表示为：

$$\boldsymbol{T}(\boldsymbol{x}) = \mathrm{a}_{n-1}\boldsymbol{x}^{n-1} + \boldsymbol{a}_{n-2}\boldsymbol{x}^{n-2} + \mathrm{L} \ + \boldsymbol{a}_1\boldsymbol{x} + \boldsymbol{a}_0 \tag{2.98}$$

若设码字长度为 n 位，信息字段为 k 位，校验字段为 r 位，则对于 CRC 码集中的任一码字，有如下关系。

$$\boldsymbol{T}(\boldsymbol{x}) = \boldsymbol{x}^r\boldsymbol{m}(\boldsymbol{x}) + \boldsymbol{r}(\boldsymbol{x}) \tag{2.99}$$

其中，$m(x)$ 为 k-1 次信息多项式，$r(x)$ 为 r-j 次校验多项式。

(2) CRC 码的校验方法

CRC 码是基于多项式的编码技术。在计算 CRC 码时，发送方和接收方必须采用一个共同的、阶数为 r 的生成多项式 $g(x)$，$g(x)$ 的最高、最低项系数必须为 1。CRC 编码过程是将要发送的信息字段看作是信息多项式 $m(x)$ 的系数，$x^r m(x)$ 除以生成多项式，然后把余数作为校验字段，校验字段挂在原信息多项式之后一起发送。发送方通过指定的 $g(x)$ 产生 CRC 码字，接收方则通过该 $g(x)$ 来验证收到的 CRC 码字。CRC 校验方法借助多项式除法，其余数为校验字段。例如：

若信息字段代码为 1011001，对应 $\boldsymbol{m}(\boldsymbol{x}) = \boldsymbol{x}^6 + \boldsymbol{x}^4 + \boldsymbol{x}^3 + 1$；

假设生成多项式为 $g(\boldsymbol{x}) = \boldsymbol{x}^4 + \boldsymbol{x}^3 + 1$，则对应 $g(x)$ 的代码为 11001；

$\boldsymbol{x}^4\boldsymbol{m}(\boldsymbol{x}) = \boldsymbol{x}^{10} + \boldsymbol{x}^8 + \boldsymbol{x}^7 + \boldsymbol{x}^4$，对应的代码为 10110010000；

采用多项式除法 $\boldsymbol{x}^4\boldsymbol{m}(\boldsymbol{x}) / \boldsymbol{g}(\boldsymbol{x})$，得余数为 1010，即校验字段为 1010；

发送方发出的传输字段为 10110011010，前 7 位为信息字段，后 4 位为校验字段；

接收方使用相同的生成码进行校验，接收到的多项式如果能够除尽，则说明接收的信息正确。

(3) 常用的 CRC 生成多项式

使用的生成多项式不同，产生的循环码组也不同。CRC 在数据通信中得到了广泛的应用，目前已经成为国际标准的 CRC 生成多项式，见表 2.1。

表 2.1 国际标准的 CRC 生成多项式

编码编号	生产多项式
CRC-12	$g(\boldsymbol{x}) = \boldsymbol{x}^{12} + \boldsymbol{x}^{11} + \boldsymbol{x}^3 + \boldsymbol{x}^2 + \boldsymbol{x}^1 + 1$
CRC-16	$g(\boldsymbol{x}) = \boldsymbol{x}^{16} + \boldsymbol{x}^{15} + \boldsymbol{x}^2 + 1$
CRC-CCITT	$g(\boldsymbol{x}) = \boldsymbol{x}^{16} + \boldsymbol{x}^{12} + \boldsymbol{x}^5 + 1$
CRC-32	$g(\boldsymbol{x}) = \boldsymbol{x}^{32} + \boldsymbol{x}^{26} + \boldsymbol{x}^{23} + \boldsymbol{x}^{22} + \boldsymbol{x}^{16} + \boldsymbol{x}^{12} + \boldsymbol{x}^{11} + \boldsymbol{x}^{10} + \boldsymbol{x}^8 + \boldsymbol{x}^7 + \boldsymbol{x}^5 + \boldsymbol{x}^4 + \boldsymbol{x}^2 + \boldsymbol{x} + 1$

2.6 防碰撞技术

在射频识别系统工作时，可能会有多个电子标签同时处于读写器的作用范围之内。这样的系统容易导致数据传输过程中发生碰撞，因此需要讨论防碰撞问题。

2.6.1 数据传输方式

读写器与电子标签之间的工作方式主要有三种：无线电广播、多路存取、多个读写器给多个电子标签同时发送数据的工作方式。

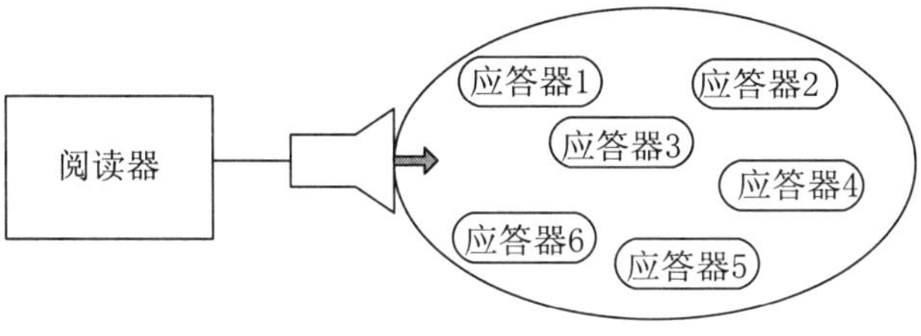

图 2.41　无线电广播方式

1. 无线电广播方式

无线电广播方式是一种从读写器到多个电子标签的工作方式，读写器发出的信号同时被多个电子标签接收。类似于一个广播电台发射同样信号，多个接收机可以同时接收，所以被称为无线电广播工作方式。该工作方式如图 2.41 所示。

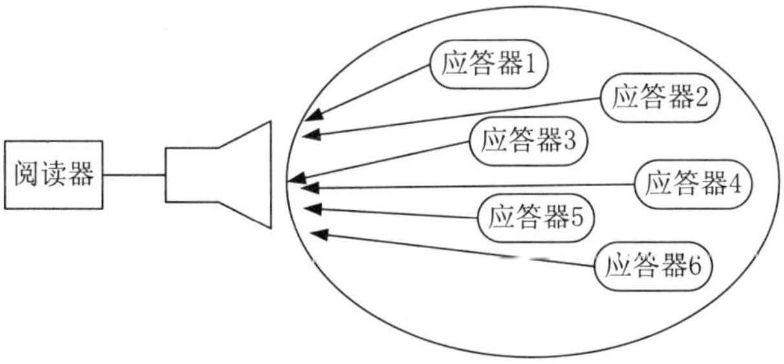

图 2.42　多路存取方式

2. 多路存取方式

多路存取方式也是在读写器的工作范围内同时有多个电子标签，且多个电子标签可以同时将数据传送给读写器。多路存取的工作方式如图 2.42 所示。

3. 多个读写器给多个电子标签同时发送数据

这是一种由多个相邻的读写器试图同时与多个电子标签通信而引起的干扰。

2.6.2　多路存取方式

在无线通信中，多路存取方式主要有：空分多路法、时分多路法、频分多路法和码分多路法，如图 2.43 所示。在 RFID 系统中，根据读写器与电子标签之间的通信特点，主要采用时分多路法。空分多路法、频分多路法和码分多路法在应用中都受到一定程度的限制，只能用到一些特定的场合。

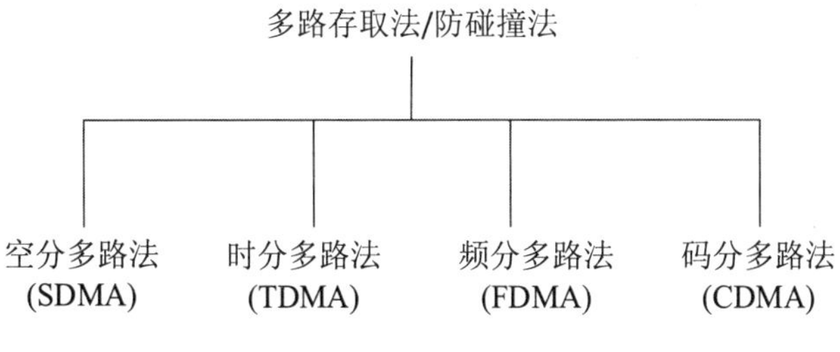

图 2.43　多路存取方式

1. 空分多路法

空分多路法 (Space Division Multiple Access，SDMA) 是 RFID 系统利用天线空间分离的技术分别读取电子标签的数据。如可以减少单个读写器的覆盖范围，而将多个读写器和天线按一定方式组成阵列，相邻的读写器通道容量可以被重复使用来实现空分多路方法。或采用相控阵天线实现天线方向图的可调来实现一个读写器可以区分不同的电子标签。

SDMA 技术的缺点是天线系统比较复杂，造价较高，因此，这种选择限制在一些特殊的应用上。

2. 频分多路法

频分多路法 (Frequency Division Multiple Access，FDMA) 把不同载波频率的传输通道分别提供给电子标签用户。电子标签的应答可使用若干个可供选用的应答频率 f_1，f_2，⋯ f_N。因此，电子标签的数据传输可以使用完全不同的频率。如图 2.44 所示。

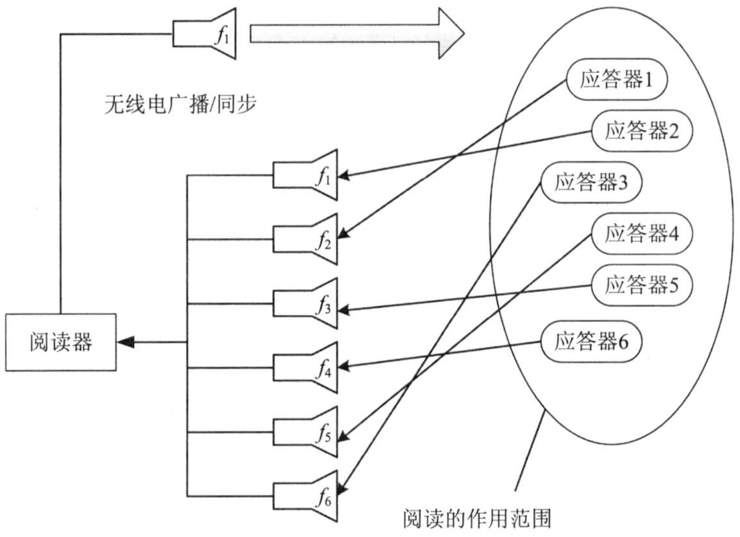

图 2.44 频分多路法

FDMA 的缺点是读写器的成本较高，因为每个接收通路必须有单独的接收器供使用。因此，这种防碰撞方法也限制在少数几种特殊的应用上。

3. 时分多路法

时分多路法 (Time Division Multiple Access，TDMA) 是 RFID 系统把整个可供使用的通路容量按时间不同分配给多个用户分别提取数据。对射频识别系统多数采用 TDMA 实现防碰撞，这种方法又可分为电子标签控制(应答器驱动)法和读写器控制(询问驱动)法。

电子标签控制法的工作是非同步的，因为这里对阅读端的数据传输没有控制，例如 ALOHA 法。按照电子标签成功地完成数据传输后是否通过读写器的信号而断开，又可区分为开关断开法和非开关断开法。

电子标签控制法速度慢且不灵活。

大多数应用采取由读写器作为主控制器的控制方法。读写器控制法可以同步观察，因为此时所有的电子标签都是由读写器进行控制和检查。采用这种算法，读写器首先和很多的电子标签中的一个进行通信，要和另外一个电子标签进行通信需要结束前一个通信，也就是说同一个时间只能建立一组通信关系。当然，可以快速地按时间顺序和各个电子标签之间建立通信。读写器控制法也成为定时双工传输法。

读写器控制的方法可以再划分为轮询法和二进制搜索算法。所有这些方法都以一个独特的序列号来区别电子标签作为基础。

轮询法需要有所有可能用到的电子标签序列号清单。所有的序列号依次被读写器询问，直到某一个有相同序列号的电子标签响应为止，不过这种方法的快慢和电子标签的数量有关，数量多速度会比较慢。因此，此方法只适合于电子标签不多的场合。

应用最广泛也是最灵活的方法是二进制搜索算法。为了从一组电子标签中选择出一个，读写器发出一个请求，命令有意识地将电子标签序列号传输时的冲突引导到读写器中。采用合适的编码算法来确定冲突的比特位是二进制搜索算法成功与否的关键所在。

4. 码分多路法

码分多路法 (Code Division Multiple Access，CDMA) 是在扩频通信技术的基础上发展起来的一种无线通信技术。扩频技术包含扩频 (Spread Spectrum) 与多址 (Multiple Access) 两个基本的概念。在扩频过程中，用一个带宽远大于其信号带宽的伪随机码对需要发送的信息数据进行调制，这样使原来的信息数据的带宽被扩展，最后通过载波调制发送出去。解扩时，在接收端采用与扩频过程中完全一致的伪随机码将接收到的宽带信号作相关处理，把宽带信号转换成原来的信息数据。码分多路法具有抗干扰性好，保密安全性高，信道利用率高的优点。但是该技术也存在频带利用率低、信道容量小，伪随机码的产生和选择较难，接收时地址码捕获时间长等缺点，所以该方法很难应用于实际的 RFID 系统中。

2.6.3 防碰撞算法

常用的防碰撞算法有纯 ALOHA 算法、时隙 ALOHA 算法、二进制树搜索算法、动态二进制树搜索算法等，每种算法都有各自的特点。防碰撞算法可以提高系统的吞吐率及信道的利用率，使得需要的时隙更少，数据的准确率更高，能够更好地解决 RFID 系统的碰撞问题。

1. 纯 ALOHA 算法

纯 ALOHA 算法具有简单易实现等优点而成为应用最广的算法之一。纯 ALOHA 算法的本质是分离电子标签的应答时间，使标签在不同的时隙发送应答。一旦发生碰撞，通常采取退避原则，等待下一个循环周期再发送应答。

纯 ALOHA 算法是一种标签先发言的算法，标签进入阅读器作用范围获得能量，将自己的编码信息发给阅读器，在此过程中，如果有其他标签同时发送信息，就发生信号重叠导致信息的完全碰撞或部分碰撞，如图 2.45 所示。

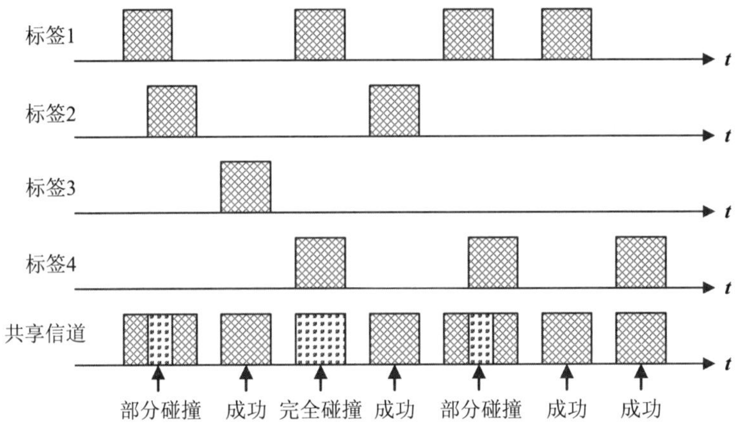

图 2.45 ALOHA 算法模型

纯 ALOHA 算法标签读取过程如下：

(1) 各标签随机选择某个时间点发送数据信息。

(2) 读写器对接收的数据信息进行检测，判断是否有碰撞发生。

(3) 标签发送完数据信息被检测到碰撞，随机避让一段时间再重新发送。

读写器在接收标签信息前先进行冲突检测，判断有无碰撞，如果发生碰撞，则命令标签停止发送，随机避让一段时间再重新发送信息，由于避让时间是随机的，所以会在一定程度上减少碰撞的发生。

纯 ALOHA 算法面临较严重的问题就是误判，即一个标签多次遇到碰撞，多次避让后重新发送，阅读器将以为该标签不属于自己的作用范围，导致对标签的误判。这种算法的另一个问题是当多个标签存在于同一个作用范围内时，标签发送数据过程中碰撞发生的机率特别大，信道利用率不高。

纯 ALOHA 算法信道利用率不高，信道吞吐率 S 与帧产生率 G 之间的关系为：

$$S = Ge^{-2G} \tag{2.100}$$

当 G=0.5 时，吞吐率最大，但仅为 18.4%。对较小的交换的数据包量来说，传输通路的大部分时间没有被利用；扩大交换的数据包量时，电子标签之间的冲突会明显增加，但是 80% 以上的通路容量无法被利用。

2. 时隙 ALOHA 法

时隙 ALOHA（Slot-ALOHA，SA）法是在纯 ALOHA 算法基础上的改进，考虑到纯 ALOHA 算法标签随机选择发送时间，不但造成了标签的完全碰撞，也导致了大量标签的部分碰撞。时隙 ALOHA 算法将时间分为多个离散的时隙，且每个时隙长大于标签回复数据信息长，标签只在时隙的起始发送数据，如图 2.46 所示。

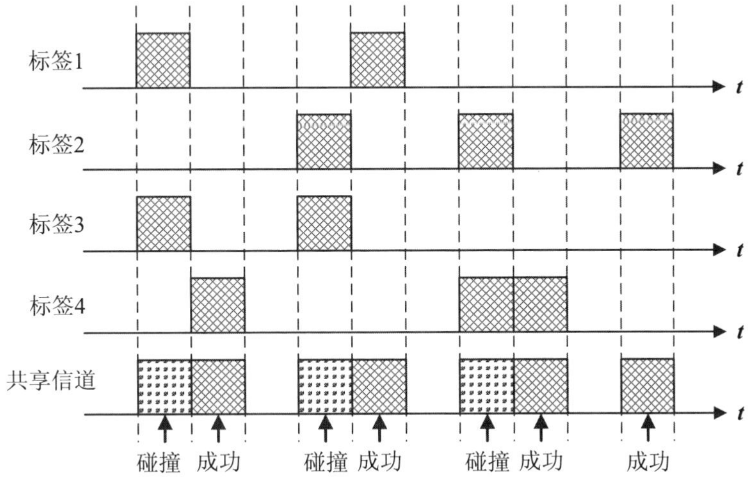

图 2.46 时隙 ALOHA 的工作原理

每个时隙存在下面 3 种情况：

(1) 无标签响应：在此时隙内没有标签发送；

(2) 一个标签响应：在此时隙内只有一个标签发送，标签能够被正确识别；

(3) 多个标签响应：在此时隙内多个标签发送，产生碰撞。

当一个标签在某个时隙到达后，等待传输直到下一个时隙开始，并期望不与其他站点发生碰撞。如果一个时隙内只有一个标签到达，则该分组会传输成功；如果有多于一个的标签到达，将会发生碰撞。这样标签或成功发送或者完全碰撞，避免了纯 ALOHA 算法的部分碰撞，使碰撞几率减小。但它的缺点是需要同步时钟，且标签能够计算时隙。

时隙 ALOHA 的吞吐量公式为：

$$S = Ge^{-G} \tag{2.101}$$

此公式为 Roberts 在 1972 推导出来的。当 $G=1$ 时，$S=S_{max}=e^{-1}\approx 0.368$。

3. 二进制树搜索算法

二进制树搜索算法的基本思想是将处于冲突的标签分成左右两个子集 0 和 1，先查询子集 0，若没有冲突，则正确识别标签；若仍有冲突，则再分裂，把子集 0 分成 00 和 01 两个子集，依次类推，直到识别出子集 0 中的所有标签，再按此步骤查询子集 1。如图 2.47 所示。

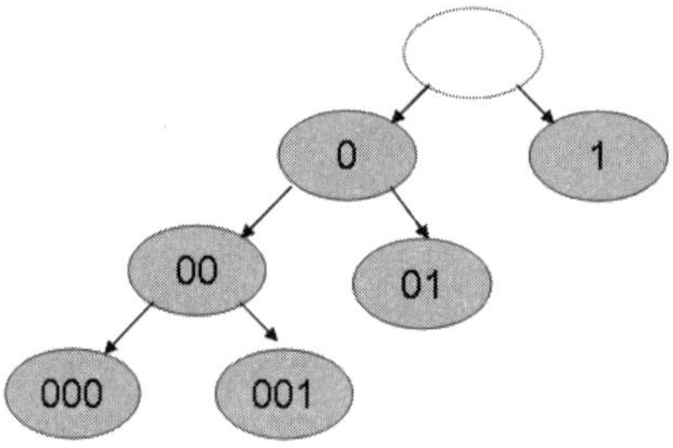

图 2.47　二进制树搜索算法模型

二进制树搜索算法的实现步骤如下：

（1）读写器广播发送全 1 的查询序列 Q（假设数据位为 8 位，11111111），使其作用范围内的标签响应，接到命令的标签将序列号传送到读写器。

（2）读写器对比 Q 和标签回传上的序列号，并检测有无碰撞位，若无碰撞位则有唯一标签被识别，若有碰撞位，则有多个标签发生碰撞，阅读器根据碰撞位修正 Q，将碰撞位的最高位置“0”，最高位到最高碰撞位不变，最高碰撞位到最低位全置“1”，得到新的查询序列 Q。

（3）重新发送 Q，循环执行 (2)，直到有标签被正确识别，读写器读取其数据，并使其进入休眠状态。算法再从 (1) 开始执行搜索，直到标签被全部识别为止。

假设有 4 个标签其序列号分别为 10110010、10100011、10110011、11100011，其二进制树搜索算法实现流程如表 2.2 所示：

表 2.2　二进制树搜索算法实现

查询次数	第一次查询	第二次查询	第三次查询
查询序列 Q	11111111	10111111	10101111
标签 A	10110010	10110010	——
标签 B	10100011	10100011	10100011
标签 C	10110011	10110011	——
标签 D	11100011	——	——
标签响应	1X1X001X	101X001X	10100011
识别标签	无	无	B

在二进制树搜索识别过程中，读写器每次发送的查询序列 Q 数据位较多，电子标签也要完整的传送序列号，当序列号较长时，就明显能看出冗余，阅读器和电子标签有较多重复位，不但增加了搜索时间，也会使错误率提高。

4. 动态二进制树搜索算法

二进制树搜索算法的一个改进是动态二进制树搜索算法。动态搜索主要是为减少数据冗余位的发送而产生的。

动态二进制搜索算法与二进制搜索执行的过程相似，不同的是在执行第 (2) 步时，读写器的查询序列 Q 每次只发送从最高位到最高碰撞位的数据，并将碰撞位设置为“0”，在非动态搜索中最高碰撞位到末位全部都置“1”的位将不再发送，得到新的 Q。而标签则不需要发送与阅读器查询命令相同的高位。我们仍以上面的四个标签为例。表 2.3 给出了动态二进制树搜索算法实现流程。从表中可以看出：当标签 ID 与查询前缀相符时，标签只发送其余的比特位，这样可以减少每次传送的位数，也可缩短传送的时间，从而缩短防碰撞执行时间。

表 2.3　动态二进制树搜索算法实现

查询次数	第一次查询	第二次查询	第三次查询
查询序列 Q	11111111	10	1010
标签 A	10110010	110010	——
查询次数	第一次查询	第二次查询	第三次查询
标签 B	10100011	100011	0011
标签 C	10110011	110011	——
标签 D	11100011	——	——
标签响应	1X1X001X	1X001X	10100011
识别标签	无	无	B

对比表 2.2 和表 2.3 可以看出，动态二进制搜索需要的搜索次数与二进制搜索相等，但减少了阅读器查询命令尤其是标签序列号多余数位的发送，明显缩短了识别时间。当标签数量较多的时候优势更为明显。

本章小结

1. 多数的低频和高频的 RFID 系统是按电感耦合式原理工作的。系统读写器的天线用于产生磁通，电子标签的天线用于耦合读写器的磁通；该磁通向电子标签提供电源，并在读写器与电子标签之间传递信息。

2. 传输线理论是分析微波射频识别系统的基本理论。阻抗匹配是微波 RFID 系统能量有效传输的基本要求，Smith 圆图是设计阻抗匹配网络的主要图形工具。射频微波器件的特性可以用散射参量（S 参量）来表征。

3. RFID 常用的编码方式有反向不归零 (NRZ) 编码、曼彻斯特 (Manchester) 编码、单极性归零 (Unipolar RZ) 编码、差动双相 (DBP) 编码、米勒 (Miller) 编码，改进米勒编码，差动编码等。RFID 主要采用振幅键控 (ASK)、频移键控 (FSK) 和相移键控 (PSK)3 种基本数字调制的方式。

4. RFID 通过电磁波来传递信息，系统存在如窃取信息、篡改信息、破坏设备等安全问题，也存在许多如隐私泄露和跟踪等隐私问题。现有的 RFID 安全和隐私策略可以分为两大类，一类是通过物理方法阻止标签与读写器之间的通信，另一类是通过逻辑方法增加标签的安全机制。

5. 在 RFID 系统中数据传输过程会受到各种干扰，为防止各种干扰来保证数据的完整性通常采用差错控制技术。

6. 射频识别系统工作时会发生碰撞问题。常用的防碰撞算法有 ALOHA 算法、时隙 ALOHA 算法、二进制树搜索等算法。

思考和习题

1. 半径为 5cm 的线圈上流过电流 1A，线圈的匝数是 5，求离轴心 1cm 位置的磁场强度 H 。同样的这样两个线圈靠近，求距离 5cm 时的互感。

2. 用于射频识别的串联和并联谐振电路各有哪些异同点。

3. 什么是电波的极化？有哪些极化方式？

4. 什么是菲涅耳区和第一菲涅耳区？第一菲涅耳区半径是多少？

5. 频率是 925MHz 的射频信号，发射功率 100mW，假定发射天线的增益是 5.5dB，接收天线的增益是 2.15dB，在只考虑扩散损耗的情况下，距离发射点 5m 处接收到的场强是多少？

6. 读写器天线的阻抗是 $Z_L=75+j100\,\Omega$，工作频率是 900MHz，天线前接一天阻抗是 $Z_c=50\,\Omega$ 的传输线。求：①传输线的驻波系数；②离终端 10cm 处反射系数和输入阻抗。

7. 阻抗匹配的作用是什么？阻抗匹配有哪些方法？

8. RFID 系统常用的编码方式和调制方式分别有哪些？

9. RFID 系统存在哪些安全威胁和隐私问题？通常采用什么安全和隐私策略加以规避？

10. 为了数据传输的完整，RFID 系统有哪些差错控制方法？什么是循环冗余编码？

11. 什么是 RFID 系统的碰撞问题，可以采用哪些方法解决碰撞问题？

第 3 章 RFID 的读写器

本章要点：

1. 简要介绍读写器的作用、发展趋势和系统构成。
2. 介绍电磁反射式射频前端内各器件，如功率放大器、信号源、滤波器和混频器等器件的基本工作原理和参数。

读写器是 RFID 系统的最重要部件之一，是读取或写入电子标签信息的设备，具有读取、显示和数据处理等功能。读写器可以单独存在，也可以以部件的形式嵌入到其他系统中。读写器与计算机网络一起，完成对电子标签的操作。读写器的工作频率由系统的频率决定，读写器的发射功率直接影响射频识别的距离。

3.1 读写器的作用及设计要求

读写器在不同的文献和书籍中说法不同，有阅读器或读头（Reader）、读写器（Reader and writer）、读出设备（Reading Device）、扫描器（Scanner）、便携读出器（Portable Readout Device）等。本书采用读写器。

3.1.1 读写器的作用

在射频识别系统中，需要通过计算机软件对电子标签写入或读取其所携带的数据信息，由于标签的非接触性，需要借助于应用系统和电子标签之间的读写器来实现数据的读写。所以读写器应具备以下功能：

(1) 完成与电子标签之间的通信。

(2) 完成与计算机直接通过标准接口之间进行通信，如通过 RS232、USB、网络等数据或通信接口与计算机相连，并提供单个读写器的识别码、读出标签的时间和信息等内容为多读写器在系统网络中的应用。

(3) 可实现覆盖区范围内多标签同时识读，具备防碰撞功能。

(4) 适用于固定和移动标签的识读。

(5) 可以校验出读写过程中的错误信息。

(6) 对于有源标签，可标识电池的相关信息

读写器和电子标签的所有行为都由应用系统软件控制完成。在系统结构中，应用系统软件作为主动方对读写器发出读写指令，读写器作为被动设备只对应用软件的读写指令做出回应。读写器接收到应用系统软件的动作指令后，回应的结果就是对电子标签做出的相应的动作。电子标签响应读写器的指令，所以相对于电子标签，读写器是主动方。

在 RFID 系统的工作程序中，应用软件向读写器发出读取命令。作为响应，读写器和电子标签之间就会建立起特定的通信。读写器会触发标签并对触发的标签进行身份验证，然后标签才开始传递所要求的数据。

读写器的基本任务是触发作为信息载体的电子标签，建立双方的通信联系，在应用软件和非接触数据载体之间传输数据。通信的任务包括通信的建立、身份验证和防碰撞等，均有读写进行处理。

3.1.2 读写器的设计要求

读写器在设计时需要考虑许多因素，包括基本功能、应用环境、电气性能和电路设计等。在设计读写器时需要考虑的主要因素如下。

(1) 基本功能：是支持一种还是多种类型的电子标签的读写，读取和写入的距离等。

(2) 应用环境：是便携的还是固定式的，周边的温度、湿度、电磁环境等。

(3) 电气性能：接口形式、防碰撞算法、加密、供电方式、电磁兼容等。

(4) 电路设计考虑：选用什么样的集成芯片，收发通信的调制方式、天线形式和阻抗匹配等。

3.1.3 读写器的发展趋势

随着射频识别技术的发展，应用的增加，射频识别系统的结构和性能也会随着用户的要求而不断更新。读写器主要会向着多功能、多制式、多接口、智能天线，以及小型化、便携、低成本等方向发展。

(1) 多功能

为了适应市场对于射频识别系统多样性和多功能性的要求，读写器将集成更多的功能。如读写器不仅具有条形码识别、二维码识别功能，还可识别无源、有源电子标签，除了通用计算机接口之外还具备无线传输如 WiFi、蓝牙等空中接口功能，并具备一定的数据存储和处理功能，可以脱机工作等。

(2) 多频段多制式

由于目前没有全球统一的 RFID 频率标准，不同国家用于射频识别的频率不同，如欧洲采用 869MHz，而美国采用 902-928MHz 频率，为适应不同地区不同频率的需要，读写器应具有多频段的特性，朝着多频段的方向发展。

同样，目前全球 RFID 系统的标准不统一，各个厂家系统之间互不兼容，随着射频识别系统的应用不断扩大，统一标准将是大势所趋。如果标准逐渐统一，或各个厂家公布自己的系统协议，为了提高产品的竞争力，读写器将具备识别不同系统不同制式的电子标签。

(3) 多数据接口

由于 RFID 系统的应用不断扩展和使用领域的增加，需要读写器提供多种不同形式的接口，如 RS232、RS485、USB、以太网接口、蓝牙、红外、WiFi 接口，以及其他自定义的接口。

(4) 智能天线的使用

为了适应市场需求和降低系统成本，读写器需要感知不同天线覆盖区域的电子标签，判定目标标签的方位、速度和方向信息，使射频识别系统具有空间感知能力，智能天线的使用是 RFID 系统发展对读写器提出的另外一个发展要求。

和其他系统一样，RFID 系统也需要读写器具备小型化、便携、模块化、低成本等特性，这些都是 RFID 对读写器设计和发展提出的要求。

3.2 读写器系统构成

各种读写器虽然在工作频率、耦合方式、通信流程和数据传输方式等方面有很大的不同，但在系统组成和功能方面基本相似。读写器的主要功能是将数据加密后发送给电子标签，并将电子标签返回的数据解密，然后传送给计算机网络。

3.2.1 读写器的系统框图

图 3.1 是读写器的系统框图。实际上完整的读写器应该包括软件和硬件两部分。

1. 读写器的软件

读写器的所有行为均由软件来控制完成。软件向读写器发出读写命令，作为响应，读写器与电子标签之间就会建立起特定的通信。读写器的软件已经由生产厂家在产品出厂时固化在读写器中。软件负责对读写器接收到的指令进行响应，并对电子标签发出相应的动作指令。软件负责系统的控制和通信，包括控制天线发射的开关、控制读写器的工作模式、控制数据传输和控制命令交换。

2. 读写器的硬件

读写器的硬件一般由天线、射频模块、控制模块和接口组成。控制模块是读写器的核心，一般由 ASIC 组件和微处理器组成。控制模块处理的信号通过射频模块传送给读写器天线，由读写器天线发射出去。控制模块与应用软件之间的数据交换，主要通过读写器的接口来完成。

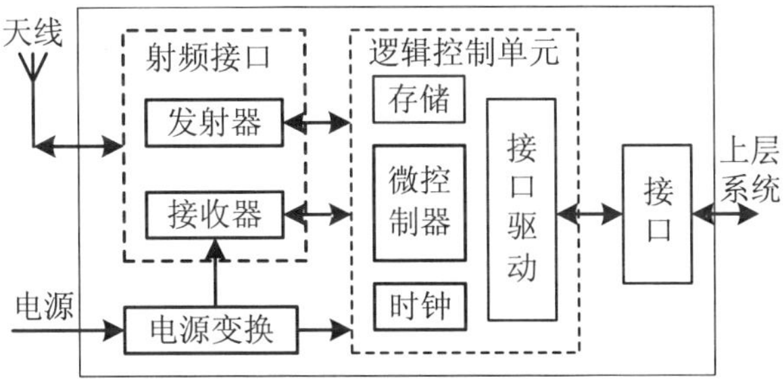

图 3.1 读写器的系统框图

3.2.2 读写器的功能模块

所有系统的读写器都可以简化为两个基本的功能模块：控制模块，由发射和接收器组成的射频模块。

1. 控制模块

控制模块由专用集成电路（Application-specific integrated circuit, ASIC）组件和微处理器组成。微处理器是控制模块的核心部件。ASIC 组件主要用来完成逻辑加密的过程，如对读写器与电子标签之间的数据流进行加密，以减轻微处理器计算过于密集的负担。对 ASIC 的存取，是通过面向寄存器的微处理器总线来实现的。控制模块的系统框图如图 3.2 所示。

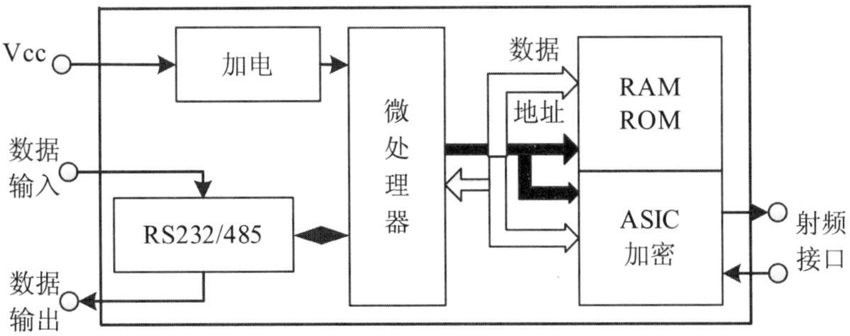

图 3.2 读写器控制模块系统框图

读写器的控制模块主要具备以下功能：

(1) 与应用软件进行通信，并执行应用软件发来的命令。

(2) 控制与电子标签的通信过程。

(3) 完成信号的编码与解码。

对于复杂系统，控制模块还应该具备的功能有：

(1) 执行防碰撞算法。

(2) 对电子标签与读写器之间传送的数据进行加密和解密。

(3) 进行电子标签与读写器之间的身份验证。

2. 射频模块

（1）射频模块的功能

读写器的射频模块应具备以下功能：

1) 产生高频或射频的发射功率，以启动电子标签并为之提供能源。

2) 对发射信号进行调制，用于将数据传送给电子标签。

3) 接收并解调来自电子标签的射频信号。

（2）不同系统的射频模块框图

射频模块中通常有两个相互隔离的信号通道，分别用于来自电子标签的双方向的数据流。发送给电子标签的数据通过发射通道来发射，来自于电子标签的数据由接收通道来接收。下面考虑不同的系统讨论各自的射频模块框图。

1) 电感耦合 RFID 系统

电感耦合 RFID 系统的射频模块框图如图 3.3 所示。系统包括了两个通道：发射通道和接收通道。

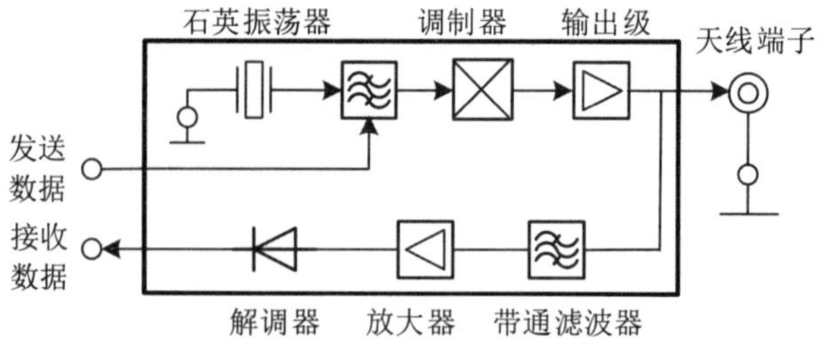

图 3.3 电感耦合 RFID 系统的射频模块框图

①发射通道：首先由频率稳定的石英晶振产生具有所需工作频率的信号（如 125kHz 或 13.56MHz）。为了不影响电子标签非常微弱的接收信号的信噪比，对振荡器的相位稳定性和边带噪声提出了很高的要求。

振荡器产生的信号被传输到由信号编码的基带信号控制的调制器。此基带信号一般是用于键控的恒压信号（如 TTL 电平），在此将二进制数据以串行码的形式

(Manchester，Miller，NRZ 等) 表示出来。根据调制器的类型会执行对振荡器信号的 ASK、FSK 或 PSK 调制。通过功率输出级放大使得调制后的信号达到所需要的电平，然后就可以将它输出到天线端口。

②接收通道：接收部分开始于天线端口。前端的第一个组件是具有陡峭边沿的带通滤波器或陷波滤波器。对于 FDX/HDX 系统，此滤波器的任务是最大程度地屏蔽发射通道末级放大器输出的强信号，并且只把来自于电子标签的应答信号滤出。对于分谐波系统，这一点还可能比较容易实现，因为此时发送与接收频率通常相差有完整的倍频程。对于采用副载波进行负载调制的系统，设计合适的滤波器的任务比较困难，因为此时发射与接收信号之间的差值只是副载波的频率。

2）微波 RFID 系统

微波 RFID 系统的射频模块框图如图 3.4 所示。微波 RFID 系统和低频电感式 RFID 系统在频率合成的方式上是不同的。由于频率较高，如 2.45GHz 系统无法由石英晶振直接产生，而通常是通过倍频的方式来达到所需要的频率。调制可以在倍频之前也可以在倍频之后进行。微波 RFID 系统也不能像低频系统那样直接把发射和接收两个通道连接在一起，而需要将发射和接收通道隔离开来。在微波 RFID 系统中可以采用双工器、环形器、定向耦合器、甚至是射频开关来实现。

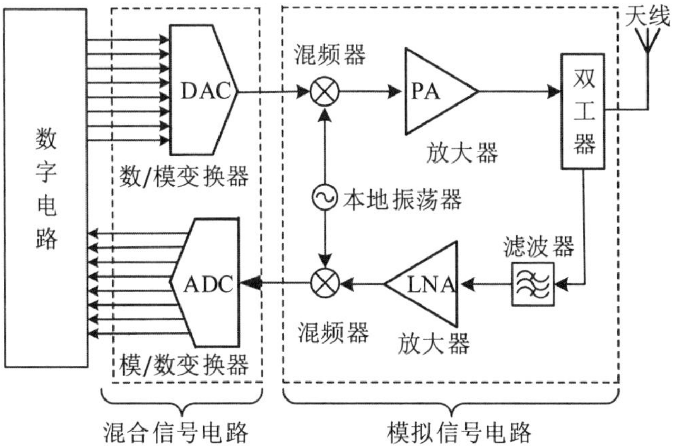

图 3.4　微波 RFID 系统的射频模块框图

微波 RFID 系统的射频前端也包含发送通道和接收通道。

发送通道的主要功能是对由控制模块处理好的数字基带信号进行调制、放大，然后通过读写器的天线将信息发送给电子标签。发送通道主要由调制电路、上变频器或混频器、带通滤波器和功率放大器构成。

接收通道的主要功能是对天线接收到的已调信号进行解调，恢复出数字基带信号，然后发给读写器的控制部分。接收电路主要包括滤波器、放大器和混频器等器件构成。

3）接口

读写器控制模块与应用软件之间的数据交换，主要通过读写器的接口来实现，接口可以采用 RS-232、RS-485、RJ-45 或 WLAN 接口等。

4）天线

天线是用来发射或接收无线电波的装置。读写器与电子标签利用无线电波来传递信息，当信息通过电磁波在空间传播时，电磁波的产生和接收要通过天线来完成。后续章节将详细介绍天线的相关知识。

3.3 电磁反向散射式射频前端

相对于低频 RFID 系统，微波 RFID 系统的电路组成和设计方法复杂，涉及滤波器、振荡器、放大器等射频无源和有源器件的设计。本节主要介绍这方面的内容。

微波 RFID 系统属于远距离 RFID 系统，通常利用雷达原理，采用电磁反向散射方式进行工作，读写器发射出去的电磁波碰到目标后反射，返回的信号同时携带有目标信息。

微波 RFID 的射频前端的系统框图如图 3.4 所示。系统主要包括发射机电路、接收机电路和天线，需要处理收、发两个过程。天线接收到的信号通过双工器进入接收通道，然后通过带通滤波器进入低噪声放大器，这时信号的频率还比较高，此信号在混频器中与本振信号混频，生成中频信号，中频信号的频率为射频与本振信号频率的差值，混频后中频信号的频率比射频信号的频率大幅度降低。发射的过程与接收的过程相反，在发射的通道中首先利用混频器将中频信号与本振信号混频，生成射频信号：然后将射频信号放大，并经过双工器由天线发射出去。

3.3.1 信号的放大

在射频系统中，发射机需要将小信号的射频信号经过放大后输出给天线，以发射到覆盖区；而接收机需要放大接收来的微弱信号供给混频器进行混频。所以一个射频前端通常需要有低噪声放大器和功率放大器来放大信号。

1. 放大器的主要技术指标

用于衡量放大器性能好坏的主要指标包括稳定性、增益、噪声、效率、非线性等。下面对这些参数分别进行讨论。

2. 放大器的稳定性

设计射频放大器的方法与低频放大器的方法完全不同，在设计过程中至关重要的是需要分析放大器的稳定性。由于反射波的存在，射频放大器在某些工作频率或终端条件下有产生振荡的倾向，可能达不到放大的作用，因此必须分析射频放大器的稳定性。

稳定性是指放大器抑制如信号频率、温度、源和负载等环境的变化时，维持正常工作特性的能力。

(1) 稳定性定义

放大器的框图如图 3.5 所示，图中传输线上有反射波传输，源的反射系数为 Γ_S，负载的反射系数为 Γ_L，二端口网络输入端的反射系数为 Γ_{in}，二端口网络输出端的反射系数为 Γ_{out}。如果反射系数的模大于 1，传输线上反射波的振幅将比入射波的振幅大，这将出现不稳定。因此，放大器要稳定工作要求各反射系数的模小于 1，即：

$$|\Gamma_S|<1;\quad |\Gamma_L|<1;\quad |\Gamma_{in}|<1;\quad |\Gamma_{out}|<1 \tag{3.1}$$

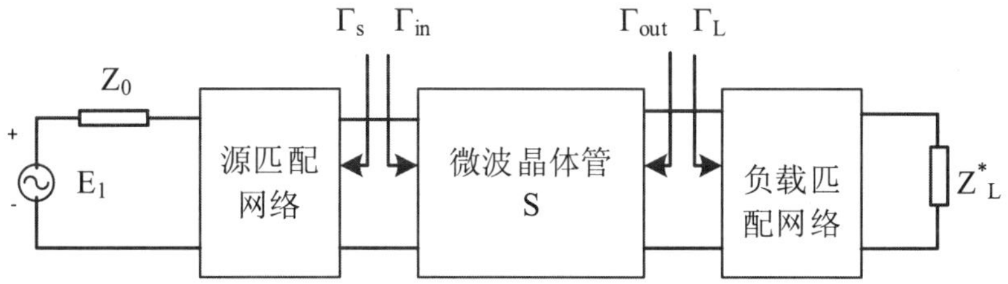

图 3.5　放大器框图

(2) 稳定性的判定

放大器的稳定性与放大管的 S 参数、负载反射系数 Γ_L 和源反射系数 Γ_S 有关，存在有条件稳定和无条件稳定 (绝对稳定) 两种可能。绝对稳定是指在频率等特定的条件下，放大器在源阻抗和负载阻抗在整个史密斯圆图内都处于稳定状态。绝对稳定是稳定的一个特例。判断方法有解析法和图解法。

1) 解析法

解析法用于判断放大器是否绝对稳定，有 k-Δ 法和 μ 法两个判断方法。

① k-Δ 双参量法：

定义晶体管 S 参数行列式和稳定性系数 k 为：

$$\Delta=\boldsymbol{S}_{11}\boldsymbol{S}_{22}-\boldsymbol{S}_{12}\boldsymbol{S}_{21} \tag{3.2}$$

$$\boldsymbol{k}=\frac{1-|\boldsymbol{S}_{11}|^2-|\boldsymbol{S}_{22}|^2+|\Delta|^2}{2|\boldsymbol{S}_{12}\boldsymbol{S}_{21}|} \tag{3.3}$$

若：

$$|\Delta|<1 \tag{3.4}$$

$$\boldsymbol{k}>1 \tag{3.5}$$

则放大器是绝对稳定的。

k-Δ 双参量法为绝对稳定的判别提供了数学条件，但该方法只能判别器件稳定与否，并不能比较一种器件相对于同类器件的稳定程度。

② 单参量 μ 法：

为了确定一个设备的绝对稳定性及它相对于其他器件的稳定程度，可以结合 k-Δ 两个参数后形成的新的单参量判定法：μ 法。参数 μ 的定义为：

$$\mu = \frac{1-|\boldsymbol{S}_{11}|^2}{|\boldsymbol{S}_{22}-\boldsymbol{S}_{11}^*\Delta|+|\boldsymbol{S}_{12}\boldsymbol{S}_{21}|} \tag{3.6}$$

若：

$$\mu > 1 \tag{3.7}$$

则放大器绝对稳定。另外，如果放大器 A 和放大器 B 相比满足 $\mu_A > \mu_B$，则 A 比 B 稳定。也就是说 μ 值越大，器件的稳定性越高。

2）图解法

接有信号源和负载阻抗的一般二端口网络的绝对稳定条件由方程（3.1）给出。若将方程（3.1）中的不等号用等号替换，则可获得负载反射系数 Γ_L 和源反射系数 Γ_S 在网络介于稳定与不稳定时的临界值所满足的方程：

$$|\Gamma_{in}| = \left|\boldsymbol{S}_{11} + \frac{\boldsymbol{S}_{12}\boldsymbol{S}_{21}\Gamma_L}{1-\boldsymbol{S}_{22}\Gamma_L}\right| = 1 \tag{3.8}$$

$$|\Gamma_{out}| = \left|\boldsymbol{S}_{22} + \frac{\boldsymbol{S}_{12}\boldsymbol{S}_{21}\Gamma_S}{1-\boldsymbol{S}_{11}\Gamma_S}\right| = 1 \tag{3.9}$$

其中 $|\Gamma_S|<1$， $|\Gamma_L|<1$ 。

在 Γ_S 和 Γ_L 的复平面上，$|\Gamma_{out}|=1$ 和 $|\Gamma_{in}|=1$ 的点的轨迹所形成的两个圆分别称为输入稳定判别圆和输出稳定判别圆。

这两个稳定判别圆定义了放大器在不同的 Γ_S 或 Γ_L 值下“稳定”与“不稳定”的边界。对于无源匹配网络，这些值位于标准 Smith 图内 ($|\Gamma_S|\le 1$， $|\Gamma_L|\le 1$)。因此，两个稳定判别圆与标准 Smith 图相交的部分便是稳定与不稳定的边界。

① 输入稳定性判别圆

在 Γ_S 复平面上画出的输入稳定判别圆 ($|\Gamma_{out}|=1$) 的方程：

$$|\Gamma_S - \boldsymbol{C}_S| = \boldsymbol{R}_S \tag{3.10}$$

其中，C_S 是圆心，R_S 是半径，且：

$$\boldsymbol{C}_S = \frac{(\boldsymbol{S}_{11}-\Delta\boldsymbol{S}_{22}^*)^*}{|\boldsymbol{S}_{11}|^2-|\Delta|^2} \tag{3.11}$$

$$R_S = \frac{|S_{12}S_{21}|}{|S_{11}|^2 - |\Delta|^2} \tag{3.12}$$

图 3.6 画出了输入稳定判别圆，从图中可见，稳定判别圆 $|\Gamma_{out}|=1$ 将 Γ_S 复平面划分为两部分：

第一部分为稳定区。在 Γ_S 复平面上即为输入稳定判别圆中具有 $|\Gamma_{out}|<1$ 特性的区域。

第二部分为不稳定区。在 Γ_S 复平面上即为输入稳定判别圆中具有 $|\Gamma_{out}|>1$ 特性的区域。

我们令 $\Gamma_S=0$($Z_S=Z_0$ 即位于 Γ_S 复平面的中心处)，此时 $|\Gamma_{out}|=|S_{22}|$。

若器件的 $|S_{22}|<1$，则输入稳定判别圆中包含 Smith 圆图中心点的那部分区域为稳定区，其余部分为不稳定区。若器件的 $|S_{22}|>1$，则输入稳定判别圆中包含 Smith 圆图中心点的那部分区域为不稳定区，其余部分为稳定区。

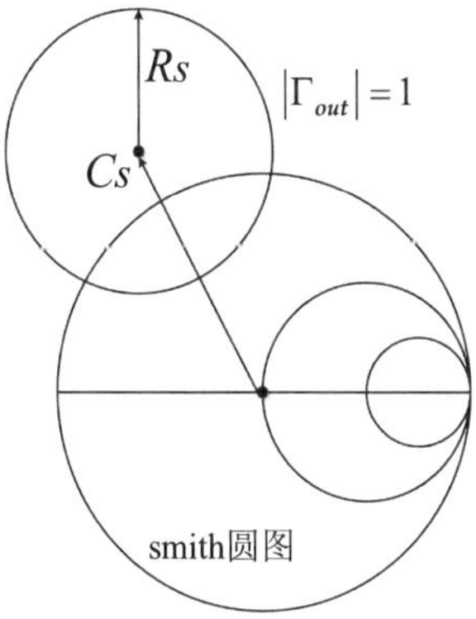

图 3.6 Γ_S 复平面上的输入稳定判别圆图

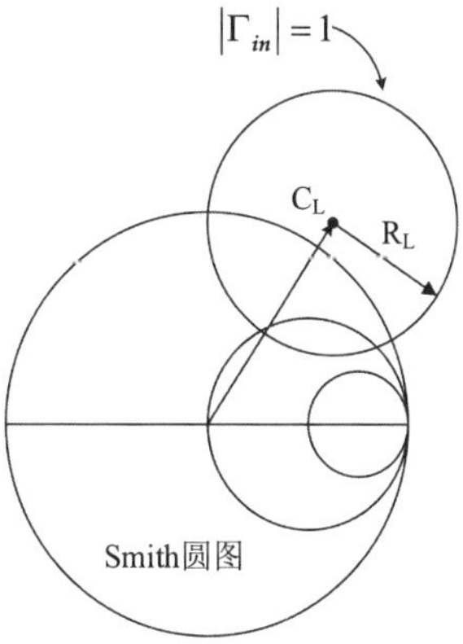

图 3.7 Γ_L 复平面上的输出稳定判别圆图

② 输出稳定性判别圆

在 Γ_L 复平面上画出的输出稳定判别圆 ($|\Gamma_{in}|=1$) 的方程：

$$|\Gamma_L - C_L| = R_L \tag{3.13}$$

其中，C_L 是圆心，R_L 是半径，且：

$$C_L = \frac{(S_{22} - \Delta S_{11}^*)^*}{|S_{22}|^2 - |\Delta|^2} \tag{3.14}$$

$$R_L = \frac{|S_{12}S_{21}|}{|S_{22}|^2 - |\Delta|^2} \tag{3.15}$$

图 3.7 画出了输出稳定判别圆，从图中可见，稳定判别圆将 Γ_L 复平面划分为两部分：

第一部分为稳定区。在 Γ_L 复平面上即为输出稳定判别圆中具有 $|\Gamma_{in}|<1$ 特性的区域。

第二部分为不稳定区。在 Γ_L 复平面上即为输出稳定判别圆中具有$|\Gamma_{in}|>1$特性的区域。

令 $\Gamma_L=0$(即 $Z_L=Z_0$ 位于 Γ_L 复平面的中心处)，此时$|\Gamma_{in}|=|\boldsymbol{S}_{11}|$ 。

若器件$|\boldsymbol{S}_{11}|<1$的，则输出稳定判别圆中包含 Smith 圆图中心点的那部分区域为稳定区，其余部分为不稳定区。若器件的$|\boldsymbol{S}_{11}|>1$，则输出稳定判别圆中包含 Smith 圆图中心点的那部分区域为不稳定区，其余部分为稳定区。

③ 绝对稳定

若$|\boldsymbol{S}_{11}|<1$，且$|\boldsymbol{S}_{22}|<1$，则满足下列两条件之一的放大器电路是绝对稳定的：

(A) 两个稳定判别圆均完全位于 Smith 圆圈之外

(B) 两个稳定判别圆均完全包含 Smith 圆圈

绝对稳定的准则可以简洁地用数学方式表示为：

$$\left||\boldsymbol{C}_L|-\boldsymbol{R}_L\right|>1;\quad |\boldsymbol{S}_{11}|<1 \tag{3.16}$$

$$\left||\boldsymbol{C}_S|-\boldsymbol{R}_S\right|>1;\quad |\boldsymbol{S}_{22}|<1 \tag{3.17}$$

方程说明了 Smith 圆图的中心与稳定判别圆的圆心之间的距离减去稳定判别圆的半径后所得到的绝对值必须大于 Smith 圆圆的半径。图 3.8 画出了 Γ_L 复平面上输入稳定判别圆的绝对稳定的一个例子。

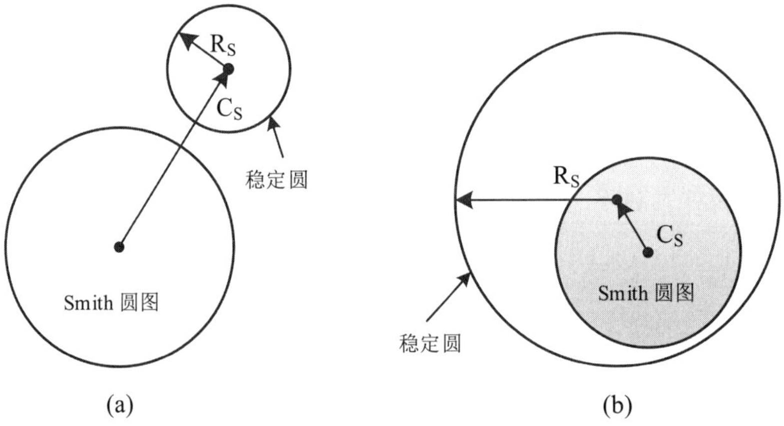

(a) 完全位于Smith圆图之外($|\boldsymbol{S}_{22}|<1$)， (b)完全包含Smith圆图($|\boldsymbol{S}_{22}|<1$)

图 3.8 输入稳定判别圆与 Smith 圆图的两种相对位置

需要说明的是：若$|\boldsymbol{S}_{11}|>1$或$|\boldsymbol{S}_{22}|>1$，则放大器不可能为绝对稳定。因为在 Smith 圆图的中心（即 $\Gamma_S=0$，$\Gamma_L=0$）处，有$|\Gamma_{in}|=|\boldsymbol{S}_{11}|>1$和$|\Gamma_{out}|=|\boldsymbol{S}_{22}|>1$，显然，这是一个不稳定点。

3. 放大器增益

(1) 增益的定义

在放大器的设计过程中经常会用到一些功率增益概念，其中，每个功率增益都有其特殊定义下的特殊的名称。现参见图 3.9 分别给予定义：

P_{in}：晶体管输入功率或匹配网络输入功率。

P_{avs}：匹配状况下的源资用功率。它是当 $\Gamma_{in}=\Gamma_S^*$ 时的 P_{in} 的特例。

P_L：负载功率或匹配网络输出功率。

P_{AVN}：匹配状态下的晶体管资用功率。它是当 $\Gamma_{out}=\Gamma_L^*$ 时 P_L 的特例。

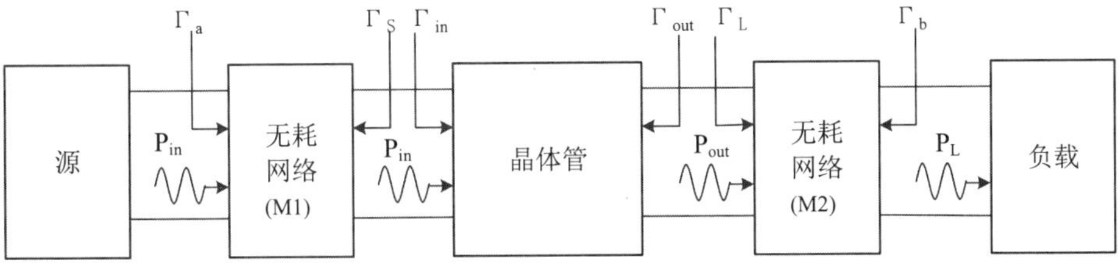

图 3.9　晶体管放大器的功率定义

基于以上功率的定义，我们可定义以下几个增益的表达式：

1）转换功率增益

$$G_T=\frac{P_L}{P_{avs}}=G_SG_0G_L=\frac{1-|\Gamma_s|^2}{|1-\Gamma_s\Gamma_{in}|^2}|S_{21}|^2\frac{1-|\Gamma_L|^2}{|1-S_{22}\Gamma_L|^2} \tag{3.18}$$

其中：

$$G_0=|S_{21}|^2 \tag{3.19}$$

$$G_S=\frac{1-|\Gamma_s|^2}{|1-\Gamma_s\Gamma_{in}|^2} \tag{3.20}$$

$$G_L=\frac{1-|\Gamma_L|^2}{|1-S_{22}\Gamma_L|^2} \tag{3.21}$$

G_0 视为晶体管的增益，而将 G_S 和 G_L 归为匹配网络的输入有效增益和输出有效增益。G_S 和 G_L 两项分别代表了输入、输出匹配网络与晶体管的输入、输出端之间的匹配程度。由于匹配网络由无源器件构成，无内部增益，因此，他们也不可能产生功率。然而，由于输入、输出匹配网络改善了信号流通时电路的匹配程度，因此相对来说可以认为它们获得了一个正增益。

2）实际功率增益（又称功率增益）

$$G_P = \frac{P_L}{P_{in}} = \frac{1}{(1-|\Gamma_{in}|^2)}|S_{21}|^2 \frac{(1-|\Gamma_L|^2)}{|1-S_{22}\Gamma_L|^2} \tag{3.22}$$

3）资用功率增益

$$G_A = \frac{P_{avn}}{P_{avs}} = \frac{1-|\Gamma_s|^2}{|1-S_{11}\Gamma_s|^2}|S_{21}|^2 \frac{1}{1-|\Gamma_{out}|^2} \tag{3.23}$$

(2) 等增益圆

如果要求增益 G_S 为某个特定的取值，则 Γ_S 也需要在一定范围之内选取；同样，如果要求增益 G_L 为某个特定的取值，则 Γ_L 也需要在一定范围之内选取。可以在 Γ_S 复平面上找出等增益 G_S 的曲线，在 Γ_L 复平面上找出等增益 G_L 的曲线，这两条曲线都为圆，图 3.10 所示为一组单向晶体管等增益圆。

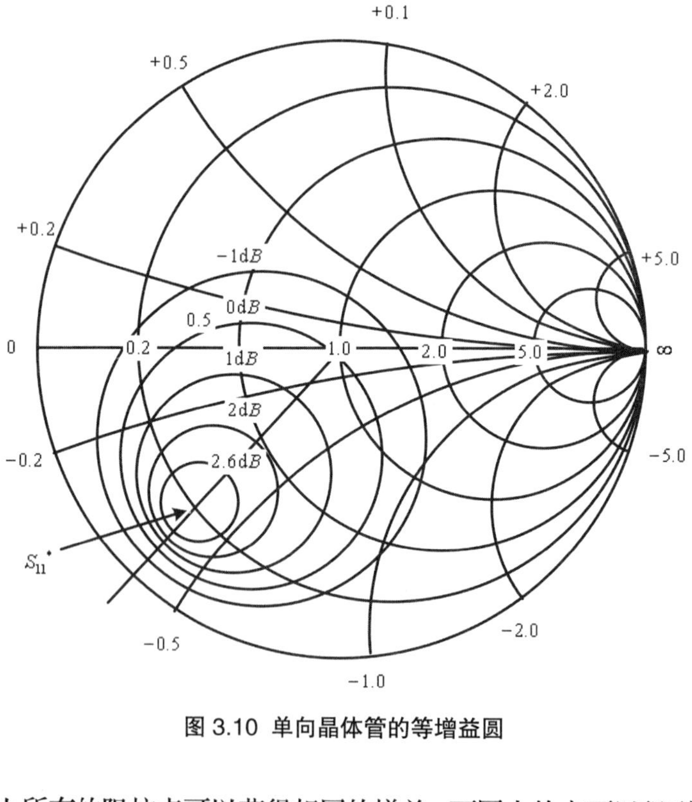

图 3.10 单向晶体管的等增益圆

等增益圆上所有的阻抗点可以获得相同的增益，而圆内的点可以得到更高的增益。为了获得最小失配损耗和最大带宽，最好选择靠近 Smith 圆图中心的点。当然，这一种选择只适用于对噪声指标要求并不高的场合。事实上，在低噪声放大器设计中为了获得最小噪声放大器，我们需要使匹配网络输入端失配。

4. 放大器噪声

在射频 / 微波放大器中，噪声信号的存在对整个设计过程有着重要的影响。在低噪声的前提下对信号进行放大是对放大器的基本要求，因此在放大器的设计时，需要考虑噪声特性。

(1) 噪声系数

噪声系数有两个定义。

定义一：在标准室温 (T_0=290K) 下，设仅由输入电阻 R 在输出端产生的热噪声功率为 $(P_O)_i$，则放大器的噪声系数便是指输出端的总额定噪声功率 $(P_O)_{tot}$ 和 $(P_O)_i$ 的比值。即噪声系数：

$$F = \frac{(P_O)_{tot}}{(P_O)_i} \tag{3.24}$$

定义二：噪声系数也可以用输入端的额定信噪比与输出端的额定信噪比的比值来表示。即：

$$F = \frac{P_{Si}/P_{Ni}}{P_{So}/P_{No}} \tag{3.25}$$

其中 P_{Si} 为输入信号功率，P_{Ni} 为输入噪声功率，P_{So} 为输出信号功率，P_{No} 为输出噪声功率。

(2) 二端口放大器的噪声系数

对于一个二端口网络，噪声系数还可以表示为：

$$F = F_{\min} + \frac{R_n}{G_S}\left|Y_S - Y_{opt}\right|^2 \tag{3.26}$$

其中：

$F_{\min}$ 表示的是 Y_S=Y_{opt} 时，晶体管的最小噪声系数；

R_n 表示晶体管的等效噪声电阻；

$Y_S = G_S + jB_S = \frac{1}{Z_0}\frac{1-\Gamma_S}{1+\Gamma_S}$ 表示晶体管的源导纳；

$Y_{opt} = G_{opt} + jB_{opt}$ 表示得出最小噪声系数的最佳源导纳。

(3) 等噪声圆

可以在 Γ_S 复平面上推导等噪声系数 F 曲线，在 Γ_S 复平面上相等噪声的源阻抗的轨迹是一个圆，该圆称为等噪声系数圆。所有等噪声系数圆的圆心都落在史密斯圆图原点与 Γ_{opt} 的连线上，噪声系数越大，圆心距原点越近，圆的半径越大。当 Γ_S=Γ_{opt} 时，噪声系数在史密斯圆图上缩为一个点，且 F=$F_{\min}$。等噪声系数圆如图 3.11 所示。

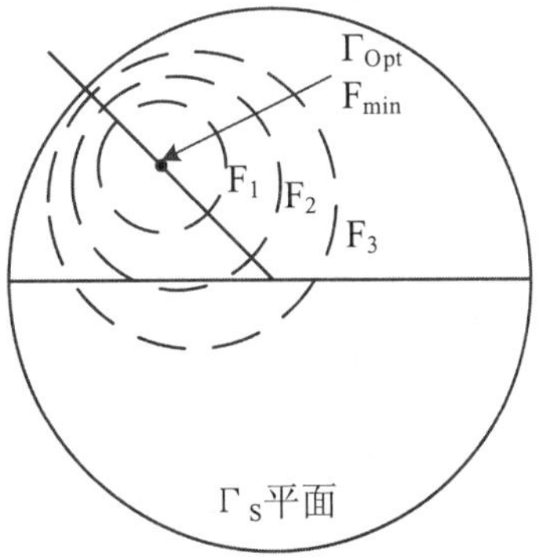

图 3.11　等噪声系数圆

(4) 级联网络的噪声系数

n 个放大器的级联，噪声系数的表达式为：

$$F = F_1 + \frac{F_2 - 1}{G_{A1}} + \frac{F_3 - 1}{G_{A1}G_{A2}} + \cdots + \frac{F_n - 1}{G_{A1}G_{A2}\cdots G_{An-1}} \tag{3.27}$$

其中 F_i $\left(i=1,2,\mathrm{L}\ ,n\right)$ 是第 i 级放大器的噪声系数，G_{Aj} $\left(j=1,2,\mathrm{L}\ ,n\right)$ 是第 j 级放大器的增益。从上式可知，对于多级级联的高增益放大器，第一级对总噪声有较大影响，而其他级对总噪声的影响较小。

5. 放大器非线性

微波 RFID 读写器内发射通道的最后一级通常需要射频的功率放大器，放大器工作在大信号状态，输出功率和输入功率之间存在非线性关系。通常可以用 1dB 压缩点功率 P_{1dB}、三阶互调 (3rd order Intermodulation product, IM_3)、三阶互调截获点功率 (3rd order Intercept Point, IP_3)、邻频抑制比 (Adjacent Channel Power Ratio, ACPR) 等参数来衡量功率放大器的非线性特性。

(1) 1dB 压缩点功率 P_{1dB}

当晶体管的输入功率达到饱和状态时，其增益开始下降，或者称为压缩。典型的功率放大器输入输出功率关系曲线如图 3.12 所示。当输入功率较低时，输出与输入功率为线性关系，当输入功率超过一定的值之后，输出与输入功率为非线性关系，晶体管的增益开始下降。

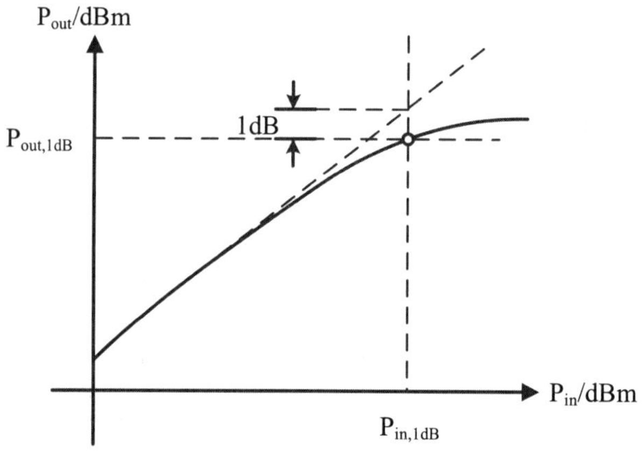

图 3.12　功率放大器输入输出功率关系曲线

当晶体管的功率增益从其小信号线性功率增益下降 1dB 时，对应的点称为 1dB 增益压缩点。小信号线性功率增益记为 G_0，1dB 增益压缩点相应的增益记为 G_{1dB}；即 $G_{1dB} = G_0 - 1$。

在 1dB 增益压缩点，输入功率记为 P_{in1dB}，输出功率记为 P_{out1dB}。

(2) 三阶互调截获点功率

在非线性放大器的输入端加两个或两个以上频率的正弦信号时，在输出端会产生附加频率分量，这会引起输出信号的失真。假设输入信号的频率为 f_1 和 f_2，输出信号中除有频率成分 f_1 和 f_2 外，还会产生新的频率分量 $2f_1$、$2f_2$、$3f_1$、$f_1 \pm f_2$、$2f_1 \pm f_2$、$2f_2 \pm f_1$ 等。这些新的频率分量是非线性系统失真的产物，称为谐波失真和互调失真。新的频率分量中，由于三阶互调分量 $2f_1 - f_2$、$2f_2 - f_1$ 离 f_1 和 f_2 较近，容易落在放大器的工作频带内，不易滤除，可能导致信号失真。

三阶互调输出功率和线性产物输出功率随输入功率的变化曲线如图 3.13 所示。三阶互调输出功率随输入功率变化的斜率为 3；线性产物输出功率随输入功率变化的斜率为 1；说明输入功率增大时，三阶互调输出功率比线性产物输出功率增长得快。图 3.13 中延伸三阶互调与线性产物的线性区，可以得到两条曲线的交叉点，这个假想的交叉点称为三阶截获点 IP_3，IP_3 点的输出功率值为 OIP_3。OIP_3 点的功率值越大，放大器的动态范围越大，功率放大器希望有高的 OIP_3 点。

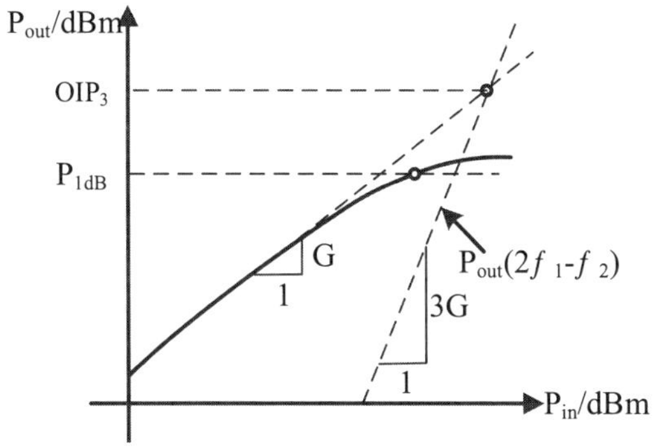

图 3.13 三阶互调截获点

6. 放大器的设计方法

射频 / 微波放大器的设计步骤如下：

步骤 1：根据微波放大器的特定要求，选择合适的器件。例如，若给定增益 G，则需选择在要求的频率范围内满足 $\left|S_{21}/S_{12}\right| > G$ 的晶体管；如若给定噪声系数 F_0，则需选择噪声系数为 F_{min} 的晶体管，使得 $F_{min} < F_0$。

步骤 2：根据效率和线性度要求选择合适的晶体管的静态工作点 Q。

步骤 3：测定晶体管在所选工作点 Q 处的 S 参数。

步骤 4：检验晶体管在工作频率的稳定性条件，如若条件不满足，则画出输入和输出稳定判别圆，并确定其稳定区域。

步骤 5：若 $S_{12}=0$，可使用单向化设计公式，若 $S_{12} \neq 0$，则计算优化比 U 的值，并求出误差范围，若误差在可允许范围内，则仍可使用单向化假设。否则，使用双向分析和设计公式。

步骤 6：根据要求设计输入、输出匹配网络。

3.3.2 本振信号的产生

本振信号是 RFID 系统中混频所必备的信号，本振信号由振荡器产生。

振荡器是所有射频系统中最基本的部件之一，它可以将直流功率转化成射频功率，在特定的频率点建立起稳定的正弦振荡，成为所需的射频信号源。早期的振荡器在低频下使用，可以使用考毕兹 (Colpitts)、哈特莱 (Hartley) 等结构构成低频振荡器，并可以使用晶体谐振器来提高低频振荡器的频率稳定性。较高频率如微波频段，可以使用负阻状态的二极管和晶体管，并利用腔体、传输线或介质谐振器来构成振荡器。

1. 振荡器模型

从最一般的意义上看，振荡器是一个非线性电路，它将直流 (DC) 电源转换为交流 (AC) 波形。其核心是一个能够在特定频率上实现正反馈的环路。正弦波振荡器的基本工作原理如图 3.14 所示，电压增益为 A 的放大器输出电压为 $\boldsymbol{V_o}(\omega)$，该输出通过传递函数为 $\boldsymbol{H}(\omega)$ 的反馈网络，加到电路的输入电压 $V_i(\omega)$ 上，于是输出电压可以表示为：

$$\boldsymbol{V_o}(\omega)=\frac{\boldsymbol{A}}{1-\boldsymbol{AH}(\omega)}\boldsymbol{V_i}(\omega) \tag{3.28}$$

振荡器没有输入信号，即 $\boldsymbol{V_i}(\omega)=0$，所以要使有信号输出，也就是 $\boldsymbol{V_o}(\omega)\neq 0$，因此要求 $1-\boldsymbol{AH}(\omega)=0$。

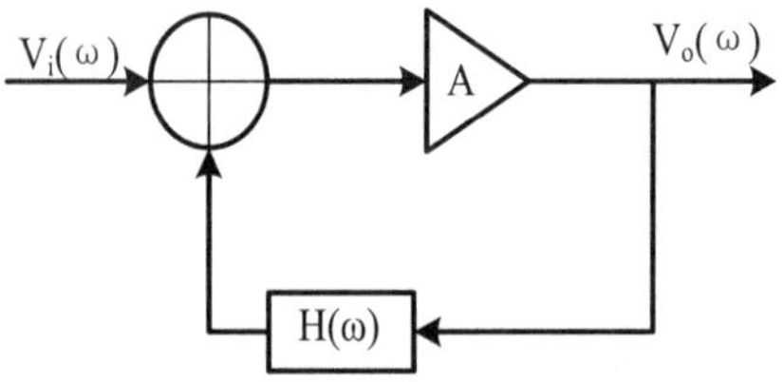

图 3.14　正弦波振荡器的工作原理图

高频振荡器和低频振荡器的基本工作原理相同，但是如果电路的尺寸可以和振荡器输出的信号波长相比拟时，电压和电流的波动特性不能被忽略，所以二者的分析方法不同，下面分别讨论。

2. 振荡器的主要技术指标

振荡器的输出信号基本上是一个正弦信号。工作的振荡频率是主要的参数之一，频率越高，产生的误差可能越大。衡量振荡器工作频率的主要指标如下：

频率精度　频率精度有绝对精度（Hz）和相对精度（ppm）两种表示方式。相对精度是最大频偏和中心频率的比值。绝对精度是给定环境条件下的最大频偏。

频率温漂　随着温度的变化，物质材料的热胀冷缩引起的尺寸变化会导致振荡器的频率偏移，这种频偏是不可避免的，只能采取恰当的方法降低。常用的方法有：温度补偿（数字或模拟微调）、恒温措施等，用指标 MHz/℃或 ppm/℃描述。

年老化率　随着时间的推移，振荡器的输出频率也会偏移，用 ppm/ 年描述。

电源牵引　电源的纹波或上电瞬间会影响振荡器的频率精度，也可看作电源的频率调谐，用 Hz/V 表示。在振荡器内部增加稳压电路和滤波电容能改善这一指标。

负载牵引　在振荡器与负载紧耦合的情况下，振荡频率会受到负载的影响，使负载与振荡器匹配，增加隔离器或隔离放大器，减小负载的牵引作用。

振动牵引　振荡器内谐振腔或晶振等频率敏感元件随机械振动的形变，会影响振荡器的输出频率。振动敏感性与元件的安装和固定有关，用 Hz/g 表示。

相位噪声　相位噪声是近代振荡器和微波频率合成器的关键指标之一。它是输出信号的时域抖动的频域等效。相位噪声、调频噪声和抖动是同一问题的不同表达方式，因为振荡器含有饱和增益放大器和正反馈环路，故幅度噪声增益和相位噪声增益都有限。幅度和相位变化与平均振荡频率有关。

3. 低频振荡器

低频振荡电路的形式很多，可以使用双极结型晶体管 (BJT) 或场效应晶体管 (FET) 构成共发射极 / 源极、共基极 / 栅极或共集电极 / 漏极结构，并采用多种形式的反馈网络；为了提高频率稳定性，也可采用晶体振荡器。

(1) 共发射极双极结型晶体管振荡电路

比较常用的共发射极双极结型晶体管振荡器有电容三点式 (考毕兹，Colpitts) 振荡器和电感三点式（哈特莱，Hartley）振荡器两种。它们的电路如图 3.15 所示。

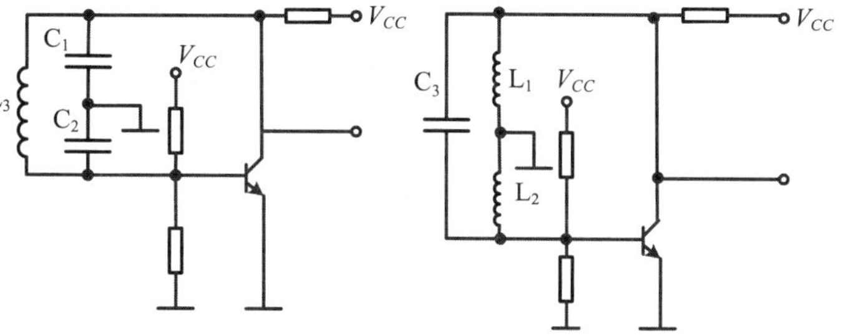

(a)考毕兹振荡器　　(b)哈特莱振荡器

图 3.15　共发射极双极结型晶体管振荡电路

1) 考毕兹振荡器

考毕兹振荡器振荡的必要条件为：

$$\frac{C_2}{C_1}=\frac{g_m}{G_i} \tag{3.29}$$

其中 g_m 是晶体管的跨导，G_i 是晶体管的输入导纳。

考毕兹电路振荡的频率为：

$$\omega_0=\sqrt{\frac{1}{L_3}\left(\frac{C_1+C_2}{C_1C_2}\right)} \tag{3.30}$$

2) 哈特莱振荡器

哈特莱振荡器振荡的必要条件为：

$$\frac{L_1}{L_2}=\frac{g_m}{G_i} \tag{3.31}$$

其中 g_m 是晶体管的跨导，G_i 是晶体管的输入导纳。

哈特莱电路振荡的频率为：

$$\omega_0=\sqrt{\frac{1}{C_3(L_1+L_2)}} \tag{3.32}$$

(2) 晶体振荡器

石英晶体振荡器是常用的频率稳定性好的振荡源。石英晶体谐振器具有极高的品质因数 (可以高达 100000)、良好的频率稳定性和良好的温度稳定性等优点而得到广泛应用。不过石英晶体谐振器属于机械系统，其谐振频率通常不超过 250MHz。

典型的石英晶体等效电路如图 3.16 所示，这一电路的串联和并联谐振频率分别是 ω_s 和 ω_p，通常 ω_p 比 ω_s 大不足 1%。设计振荡器时，其振荡频率应落在频率 ω_s 和 ω_p 之间。从输入电抗的曲线可以看出，在一定的频率范围内，晶体的作用相当于一个电感，这也是晶体使用的工作点。在晶体的工作点，晶体可以代替哈特莱或考毕兹振荡器中的电感，典型的晶体振荡器是皮尔斯 (Pierce) 振荡器，其电路如图 3.17 所示。

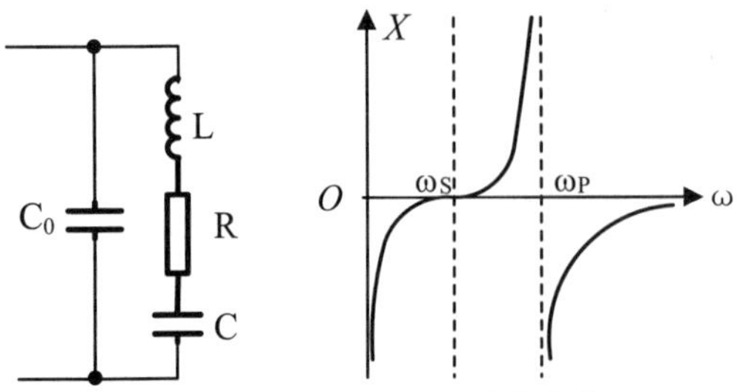

(a) 等效电路　　(b) 输入阻抗

图 3.16 石英晶体等效电路

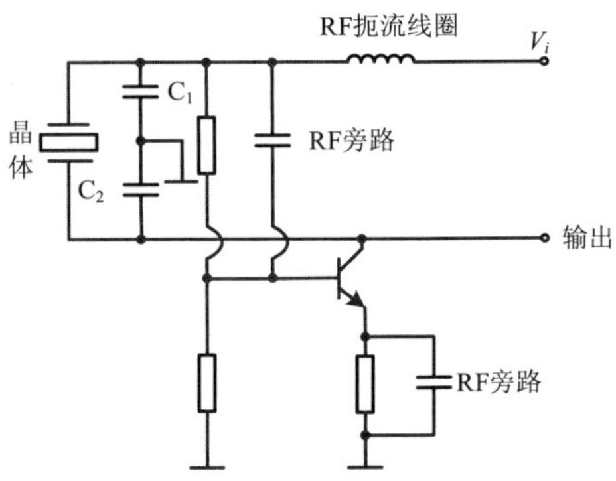

图 3.17 皮尔斯晶体振荡器电路

4. 微波振荡器

当工作频率较高时，电压和电流的波动特性将不能被忽略，需要采用传输线理论来描述和分析电路的特性，因此需要基于反射系数 Γ 和 S 参量来讨论微波振荡器。

若一个器件的端电压与流过该器件的电流之间相位相差 180°，该器件称为负阻器件。利用二端口负阻器件可以设计出微波单端口振荡器，利用三端口负阻器件可以设计出微波双端口振荡器。微波二端口负阻器件包括隧道二极管、雪崩渡越二极管和耿氏二极管等，微波三端口负阻器件包括双极结型晶体管、场效应晶体管等。

(1) 振荡条件

1) 单端口振荡器振荡条件

单端口振荡器如图 3.18 所示，其中 $\boldsymbol{Z}_{in}=\boldsymbol{R}_{in}+j\boldsymbol{X}_{in}$ 是有源器件的输入阻抗，$\boldsymbol{Z}_s=\boldsymbol{R}_s+j\boldsymbol{X}_s$ 是无源负载阻抗。

若使单端口振荡器产生振荡，需要满足的条件是：

$$\boldsymbol{Z}_{in}+\boldsymbol{Z}_s=0 \tag{3.33}$$

即同时满足条件：

$$\begin{cases}\boldsymbol{R}_{in}+\boldsymbol{R}_s=0\\ \boldsymbol{X}_{in}+\boldsymbol{X}_s=0\end{cases} \tag{3.34}$$

由于负载是无源负载 $R_S>0$，由上式可得 $R_{in}<0$。这里正电阻 R_S 消耗能量，负电阻 R_{in} 提供能量，即负电阻是源。

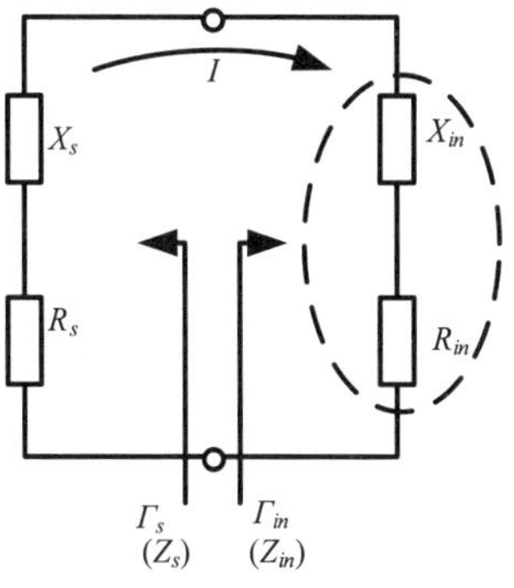

图 3.18　单端口振荡器电路

2) 双端口振荡器振荡条件

双端口振荡器如图 3.19 所示，由晶体管、调谐网络和终端网络三部分组成。

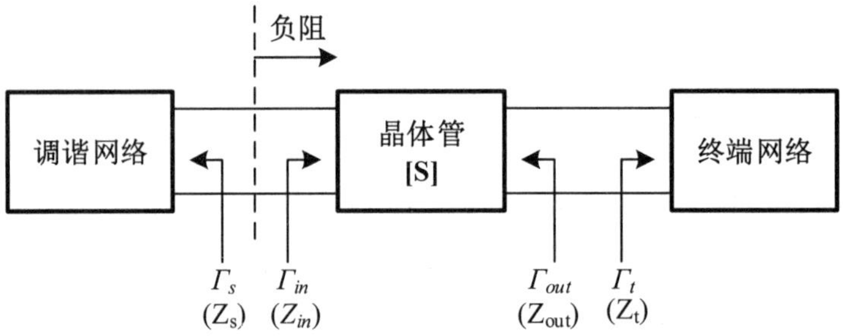

3.19 双端口振荡器电路

双端口振荡器产生振荡，需要满足如下条件：

① 有源器件的稳定性系数 $K < 1$，稳定性系数和有源器件的 S 参数有关。

② 输入端反射系数乘积 $\Gamma_{in}\Gamma_s=1$，由于调谐网络是无源网络 $\Gamma_s < 1$，则要求 $\Gamma_{in} > 1$。

③ 输出端反射系数乘积 $\Gamma_{out}\Gamma_L=1$，由于调谐网络是无源网络 $\Gamma_L < 1$，则要求 $\Gamma_{out} > 1$。

(2) 稳定振荡条件

由于振荡器在起振时要求其电路在某一频率 ω 下是不稳定的，因此，振荡的过程与 Z_{in} 的非线性特性有关。当网络的总电阻 R_T 在某一频率 ω 下为负时，网络是不稳定的，即有：

$$\boldsymbol{R}_T = \boldsymbol{R}_{in}(\boldsymbol{I},\omega) + \boldsymbol{R}_S < 0 \tag{3.35}$$

当在某一频率 ω 网络的总电抗为零时，即：

$$\boldsymbol{X}_T = \boldsymbol{X}_{in}(\boldsymbol{I},\omega) + \boldsymbol{X}_S = 0 \tag{3.36}$$

电路中任一噪声的瞬态激励都有可能引起该频率 ω 的振荡。

所以，振荡器一旦起振后，只要方程（3.35）始终被满足，即电路总电阻始终为负，则振荡器中必将有对应频率下的持续增长的正弦电流 I 流过。起振后，所对应的某一频率的电流振幅逐渐上升，直至回路阻抗满足方程（3.35）、（3.36）时电流达到稳定 I_0，此时：

$$\boldsymbol{R}_{in}(\boldsymbol{I}_0,\omega_0) + \boldsymbol{R}_S = 0 \tag{3.37}$$

$$\boldsymbol{X}_{in}(\boldsymbol{I}_0,\omega_0) + \boldsymbol{X}_S = 0 \tag{3.38}$$

上式所确定的条件不足以保证振荡的稳定，要保证稳定振荡，其充要条件是：

$$\left.\frac{\partial R_{in}(I,\omega)}{\partial I}\right|_{I=I_0} \cdot \left.\frac{dX_S(\omega)}{d\omega}\right|_{\omega=\omega_0} - \left.\frac{\partial X_{in}(I,\omega)}{\partial I}\right|_{I=I_0} \cdot \left.\frac{dR_S(\omega)}{d\omega}\right|_{\omega=\omega_0} > 0 \tag{3.39}$$

对一个振荡器的全面设计，除上述对稳定性的考虑外，还需对相位噪声、最大功率输出及稳态工作点的选择等因素作综合考虑。

(3) 晶体管振荡器设计步骤

一个晶体管振荡器实际上是工作于不稳定区域的晶体管二端口网络，而一个二端口振荡器，又可等效为一个终端接以潜在不稳定晶体管的单端口振荡器。

晶体管振荡器的设计步骤：

步骤 1：选择一个在期望振荡频率处潜在不稳定的晶体管。

步骤 2：选择一个合适的晶体管电路结构，对于 BJT 可以选择共基或共射组态，而对于对 FET 可以选择共栅或共源组态。

步骤 3：在 Γ_L 平面中画出输出稳定圆；在不稳定区域中选择一个合适的反射系数值 Γ_L，使其在晶体管的输入端产生一个适当的负电阻，满足 $|\Gamma_{in}|>1$，即 $Z_{in}<0$。

步骤 4：将电路看作单端口振荡器，选择发生器调谐网络的阻抗 Z_S，使其实部满足 $R_S+R_{in}<0$，以保证振荡器成功起振，实际上可取的典型值为：$R_S=|R_{in}|/3$，$R_{in}<0$；虚部可以选择 $X_S=-X_{in}$，以保证电路谐振。

步骤 5：采用集总参数或分布参数元件设计发生器调谐网络和终端匹配网络。

(4) 介质振荡器

晶体管介质振荡器 (DRO 或 TDRO) 是一种高 Q 的谐振电路，可应用于固定频率或窄带 (0.1%—2%) 可调的高品质因数谐振器中。目前，介质谐振器常用于低噪声和低温度系数的固定频率振荡器中。

由于介质的相对介电常数很高，其典型值为 20 ~ 80 之间，所以介质谐振器振荡电路的优点之一是其体积小于同频率下的谐振腔体。介质谐振器还有高品质因数、高温度稳定性及高集成度等优点，故可用作微波集成电路 (MIC) 中的稳态源。常见的介质振荡器电路如图 3.20 所示。

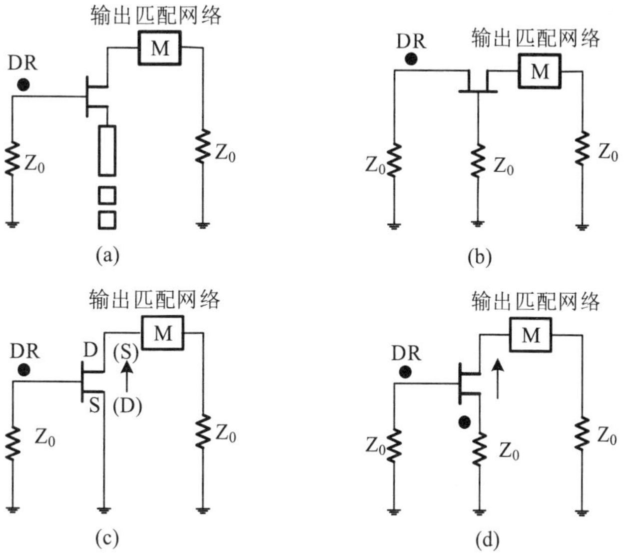

图 3.20　几种常见的介质振荡器电路

3.3.3　混频器设计

混频器是射频系统中用于频率变换的部件，它可以将输入信号的频率升高或降低而不改变原信号的特性。混频器的典型应用是在射频的接收系统中，混频器可以将较高频率的射频输入信号变换为频率较低的中频输出信号，以便更容易对信号进行后续的调整和处理；或在射频的发送系统中，混频器可以将较低频率的中频输入信号变换为频率较高的射频输出信号，以利于信号从天线发射出去。

混频器是一个三端口器件，其中两个输入端口，一个输出端口。混频器采用非线性或时变参量元件将两个不同频率的输入信号变为一系列不同频率的输出信号，输出频率分别为两个输入频率的和频、差频及谐波。

1. 混频器原理

混频器可以用于上变频或下变频。图 3.21 示出了两种变频器的符号和功能。

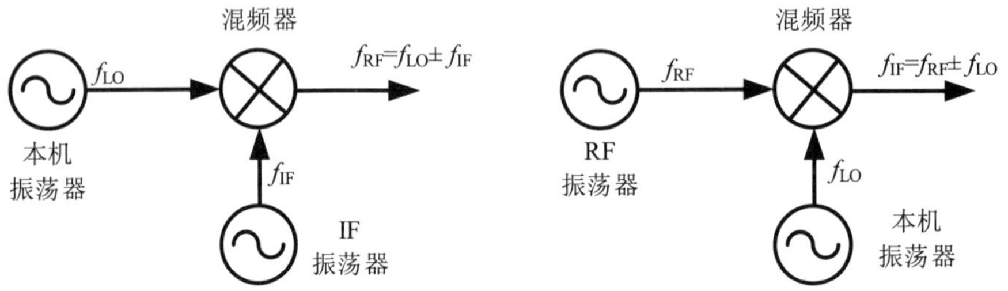

(a) 上变频器　　(b) 下变频器

图 3.21 变频器的符号和功能

当一个混频器被用作上变频器时，则取和频弃差频，如图 3.21(a) 所示。在上变频器中，IF 振荡器被信息信号所调制，与 LO 信号混频的过程中必将产生所需的上变频信号。反之，当将混频器作为下变频器使用时，则取差频弃和频，如图 3.21(b) 所示。混频器的输出频谱如图 3.22 所示。

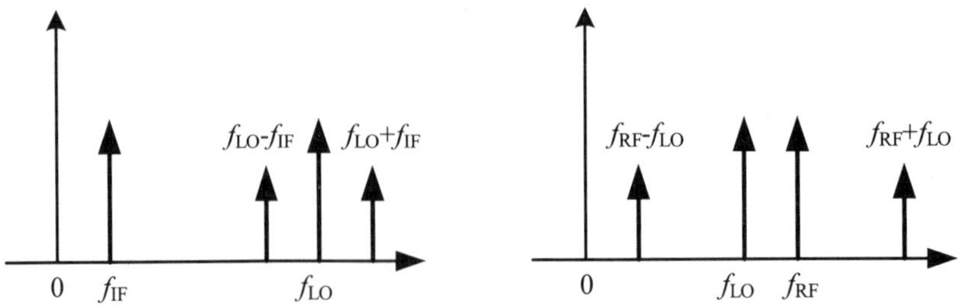

(a) 上变频　　(b) 下变频

图 3.22 混频器的输出频谱

(1) 上变频器

对于上变频器，本振 LO 信号连接混频器的一个输入端口，可以表示为：

$v_{LO}(t)=\cos(2\pi f_{LO}t)$；中频 IF 信号连接混频器的另一个输入端口，可以表示为：$v_{IF}(t)=\cos(2\pi f_{IF}t)$。混频器的输出是 LO 信号与 IF 信号的乘积，可以表示为：

$$v_{RF}(t)=k\left[\cos(2\pi(f_{LO}-f_{IF})t)+\cos(2\pi(f_{LO}+f_{IF})t)\right] \tag{3.40}$$

其中 k 是考虑混频器的损耗而引入的常量。混频器输出的信号包含输入 LO 与 IF 信号的和频和差频：$f_{LO}\pm f_{IF}$。

本振频率通常比中频频率要高许多，输出信号的频谱如图 3.22(a) 所示。可以看出，混频器具有用 IF 信号调制 LO 信号的作用，其中 $f_{LO}+f_{IF}$ 是上边带 (USB)，$f_{LO}-f_{IF}$ 是下边带 (LSB)。可以利用滤波器选择上边带或下边带，即选择和频或差频。上变频采用和频，即：

$$f_{RF}=f_{LO}+f_{IF} \tag{3.41}$$

(2) 下变频器

对于下变频器，本振 LO 信号连接混频器的一个输入端口，可以表示为：$v_{LO}(t)=\cos(2\pi f_{LO}t)$；射频 RF 信号连接混频器的另一个输入端口，可以表示为：$v_{RF}(t)=\cos(2\pi f_{RF}t)$。混频器的输出是 LO 信号与 RF 信号的乘积，可以表示为：

$$v_{IF}(t)=k\left[\cos(2\pi(f_{RF}-f_{LO})t)+\cos(2\pi(f_{RF}+f_{LO})t)\right] \tag{3.42}$$

其中 k 是考虑混频器的损耗而引入的常量。输出的信号包含输入 LO 与 RF 信号的和频和差频：$f_{RF}\pm f_{LO}$。

RF 频率与 LO 频率非常接近，和频几乎是 f_{RF} 的 2 倍，差频远小于 f_{RF}。所以希望输出差频，即：

$$f_{IF}=f_{RF}-f_{LO} \tag{3.43}$$

实际混频器通常是以二极管或晶体管的非线性为基础。非线性元件能产生丰富的其他频率分量，然后通过滤波来选取所需的频率分量，在混频器中希望得到的是和频或差频。

2. 混频器的主要技术指标

混频器用于不同的场合时，通常对其性能指标要求的侧重点是不同的。根据工程应用实践，常用以下指标来衡量混频器的主要性能：

(1) 变频损耗

混频器的变频损耗定义为混频器射频输入端口的微波信号功率与中频输出端信号功率之比。主要由电路失配损耗，二极管的固有结损耗及非线性电导净变频损耗等引起。

(2) 噪声系数

混频器的噪声定义为：$NF=P_{no}/P_{so}$；P_{no} 是当输入端口噪声温度在所有频率上都是标准温度即 T_0=290K 时，传输到输出端口的总噪声资用功率。P_{no} 主要包括信号源热噪声，内部损耗电阻热噪声，混频器件电流散弹噪声及本振相位噪声。P_{so} 为仅有有用信号输入在输出端产生的噪声资用功率。

(3) 端口隔离度

混频器隔离度是指各频率端口间的相互隔离，包括本振与射频，本振与中频，及射频与中频之间的隔离。隔离度定义为本振或射频信号泄漏到其他端口的功率与输入功率之比，单位 dB。

(4) 驻波比

端口驻波直接影响混频器在系统中的使用，它是一个随频率变化的参数。

(5) 动态范围

动态范围是指混频器正常工作时的微波输入功率范围。其下限因混频器的应用环境不同而不同，其上限受射频输入功率饱和所限，通常对应混频器的 1dB 压缩点。

(6) 互调系数

如果有两个频率相近的微波信号 f_{s1} 和 f_{s2} 和本振 f_{LO} 一起输入到混频器，由于混频器的非线性作用，将产生互调，其中三阶互调可能出现在输出中频附近的地方而造成干扰，通常用三阶互调抑制比来描述，即有用信号功率与三阶互调信号功率比值，常表示为 dBc。

(7) 本振功率

混频器的本振功率是指最佳工作状态时所需的本振功率。原则上本振功率增大，动态范围增大，线性度改善（1dB 压缩点上升，三阶互调系数改善）。

3. 二极管混频器

在射频微波电路中通常利用二极管的非线性来实现混频。二极管混频器有单端二极管混频和平衡二极管混频等电路形式。

（1）单端二极管混频器

单端二极管混频器包含有一个二极管，如图 3.23 所示，RF 和 LO 输入到同相耦合器中，2 个输入信号合为一体通过二极管，由于二极管的非线性，从二极管输出的信号存在多个频率，经过一个低通滤波器，可以获得中频 IF 信号。二极管用 DC 电压偏置，在二极管与偏置电压源之间采用射频扼流圈 RFC 来通直流隔交流。

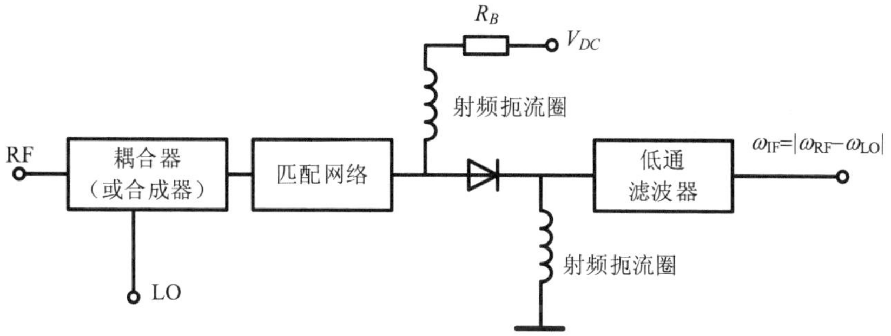

图 3.23 单端二极管混频器

（2）单平衡混频器

单端二极管混频器容易实现，但在宽带应用中不易保持输入匹配以及本振信号与射频信号之间相互隔离，采用单平衡混频器可以改善这些特性。图 3.24 所示为单平衡二极管混频器的构成，两个单端混频器与一个 3dB 耦合器组成单平衡混频器，图中略去了二极管的偏置电路。

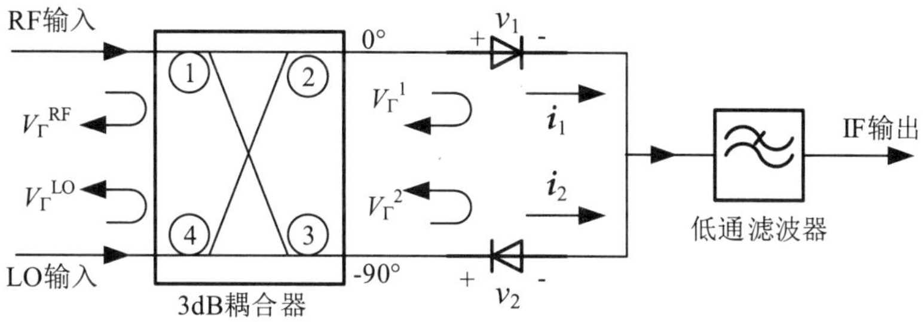

图 3.24 单平衡二极管混频器

3.3.4 滤波器设计

滤波器是射频微波系统中常用的一个器件，它允许所需要频率的信号以较小的衰减通过，同时大幅度衰减不需要频率的信号。当频率不高时，滤波器可以由集总元件的电感和电容构成，但当频率较高时电路寄生参数的影响不可忽略，滤波器通常由分布参数元件构成。

1. 滤波器分类

滤波器有低通滤波器、高通滤波器、带通滤波器和带阻滤波器 4 种基本类型。理想滤波器的输出在通带内与它的输入相同，在阻带内为零。图 3.25 是 4 种滤波器的频率响应：图 3.25(a) 所示为理想低通滤波器，它允许低频信号无损耗地通过滤波器，当信号频率超过截止频率后，信号的衰减为无穷大。图 3.25(b) 所示为理想高通滤波器，它与理想低通滤波器正好相反，允许高频信号无损耗地通过滤波器，当信号频率低于截止频率后，信号的衰减为无穷大。图 3.25(c) 所示为理想带通滤波器，它允许某一频带内的信号无损耗地通过滤波器，频带外的信号衰减为无穷大。图 3.25(d) 所示为理想带阻滤波器，它让某一频带内的信号衰减为无穷大，频带外的信号无损耗地通过滤波器。

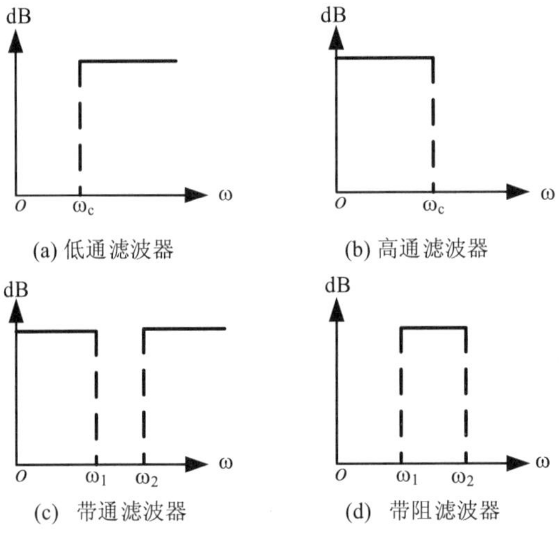

图 3.25 4 种滤波器的频率响应

2. 滤波器的主要技术指标

(1) 插入损耗

理想情况下，插入到射频电路中的滤波器，其通带内不会引入功率损耗。在现实中，滤波器存在固有的功率损耗。插入损耗定量地描述了功率响应幅度与 0dB 基准的差值，其数学表达为：

$$IL = 10\lg\frac{P_{in}}{P_L}dB \tag{3.44}$$

其中 P_{in} 为滤波器从信号源得到的输入功率，P_L 为滤波器向负载输出的功率。

(2) 波纹

通带内信号响应的平坦度可以采用波纹系数来衡量，纹波系数表示响应幅度的最大值与最小值之差，单位是 dB 或奈贝（Neper）。

(3) 频率

中心频率：滤波器通带的中心频率 f_0，一般取 $f_0=(f_1+f_2)/2$，f_1、f_2 为带通或带阻滤波器左、右相对下降 1dB 或 3dB 的边频点。窄带滤波器常以插损最小点为中心频率计算通带带宽。

截止频率：指低通滤波器的通带右边频点及高通滤波器的通带左边频点。

(4) 带宽

对于带通滤波器，带宽定义为对应于 3dB 衰减量的上边频 f_U^{3dB} 和下边频 f_L^{3dB} 的频率差。

$$BW^{3dB} = f_U^{3dB} - f_L^{3dB} \tag{3.45}$$

(5) 反射系数和驻波比

反射系数和驻波比是衡量滤波器通带内信号是否良好匹配的重要指标。

和反射系数相对应的是回波损耗，定义为端口信号输入功率与反射功率之比的分贝（dB）数，也等于 $|20\log_{10}\Gamma|$。输入功率被端口全部吸收时回波损耗为无穷大。

带内驻波比：是衡量滤波器通带内信号是否良好匹配传输的一项重要指标。理想匹配时 VSWR=1∶1，失配时 VSWR＞1。

(6) 阻带抑制度

阻带抑制度是衡量滤波器选择性能好坏的重要指标。该指标越高，说明对带外干扰信号抑制越好。理想的滤波器是矩形的，通带内的信号全部通过，通道外的信号全部过滤掉，但实际情况是，只能过滤掉一部分能量，阻带抑制度反映了滤波器对带外信号的衰减幅度，通常也称为通道外抑制。

通常有两种提法：一种为要求对某一给定带外频率 f_s 处抑制多少 dB，计算方法为 f_s 处衰减量 A_s-IL；另一种为提出表征滤波器幅频响应与理想矩形接近程度的指标——矩形系数（K_{XdB}>1），$K_{XdB}=BW_{xdB}/BW_{3dB}$（X 可为 40dB、30dB、20dB 等）。滤波器阶数越多，矩形度越高——即 K 越接近理想值 1，制作难度当然也就越大。

(7) 时延和群时延

滤波器的输出信号相对于输入信号有一相移，输出信号相对于输入信号也会有一时间延迟，相移和时间延迟都是频率的函数。不论是传输相移，还是介入相移，对于正弦信如果滤波器的时延值为恒量，则滤波器不会引起相位失真。群延时定义为相位对于频率的变化率。

3. 低通滤波器原型

低通滤波器原型是设计滤波器的基础，集总元件低通、高通、带通、带阻滤波器以及分布参数滤波器，可以根据低通滤波器原型变换而来。一般插入损耗作为考察滤波器的指标，用来讨论低通滤波器原型的设计方法。在插入损耗法中，滤波器的响应是用插入损耗来表征的。插入损耗定义为来自源的可用功率与传送到负载功率的比值，用 dB 表示为：

$$IL = 10\lg\frac{1}{1-\left|\Gamma_{in}(\omega)\right|^2}(dB) \tag{3.46}$$

其中，$\left|\Gamma_{in}(\omega)\right|^2$ 可以用 ω^2 的多项式来描述，ω 为角频率。插入损耗可以选特定的函数，常用的有通带内最平坦、通带内有等幅波纹起伏、通带和阻带内都有等幅波纹起伏和通带内有线性相位四种响应的情形，对应这四种响应的滤波器称为巴特沃斯滤波器、切比雪夫滤波器、椭圆函数滤波器、线性相位滤波器。

(1) 巴特沃斯低通滤波器原型

如果滤波器在通带内的插入损耗随频率的变化是最平坦的，这种滤波器称为巴特沃斯滤波器，也称为最平坦滤波器。对于低通滤波器，最平坦响应的数学表示式为：

$$IL = 10\lg\left[1 + k^2\left(\Omega\right)^{2N}\right] \tag{3.47}$$

式中 N 是滤波器的阶数，归一化角频率 $\Omega = \omega/\omega_C$，ω_C 是截止角频率。一般选 k=l，这样当 $\omega = \omega_C$ 时，IL=101g2，插入损耗等于 3dB。图 3.26 所示为低通滤波器的最平坦响应，在通带内巴特沃斯滤波器没有任何波纹，在阻带内巴特沃斯滤波器的衰减随着频率的升高单调急剧上升。

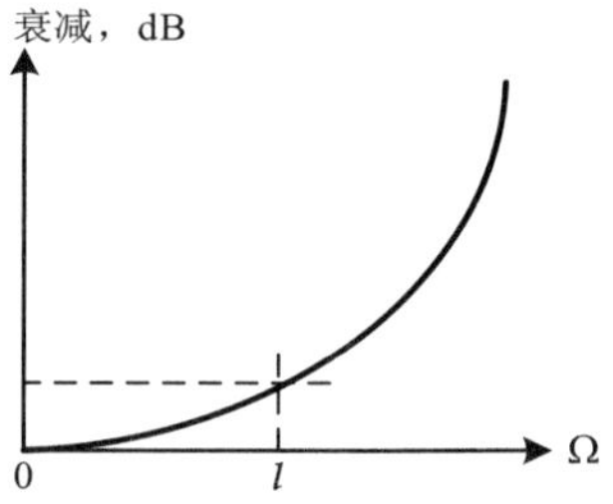

图 3.26 低通滤波器的最平坦响应

阻带的衰减的大小由滤波器的阶数 N 决定。设计低通滤波器时，首先需要根据阻带内衰减的要求，计算出 N 值。通常将衰减随着频率的变化情况制成图表，如图 3.27 所示，由图可以查出所需滤波器的阶数 N。

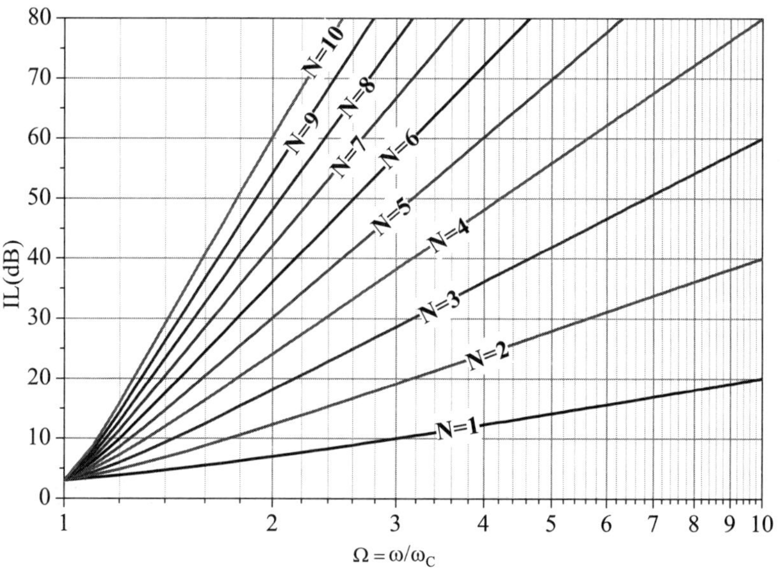

图 3.27 巴特沃斯滤波器衰减随频率变化的对应关系

低通滤波器原型可以由集总元件电感和电容构成，采用低通滤波器原型，假定源阻抗为 1，截止频率为 $\omega_c = 1$，实际滤波器 N 的取值不会太大，表 3.1 给出了 N=1 到 N=10 低通滤波器原型的元件取值，表中 g_0 为源阻抗，g_{N+1} 为负载阻抗。图 3.28 是与表 3.1 相对应的滤波器电路，图 3.28(a) 与图 3.28(b) 互为对偶的电路形式，两者具有同样的响应。

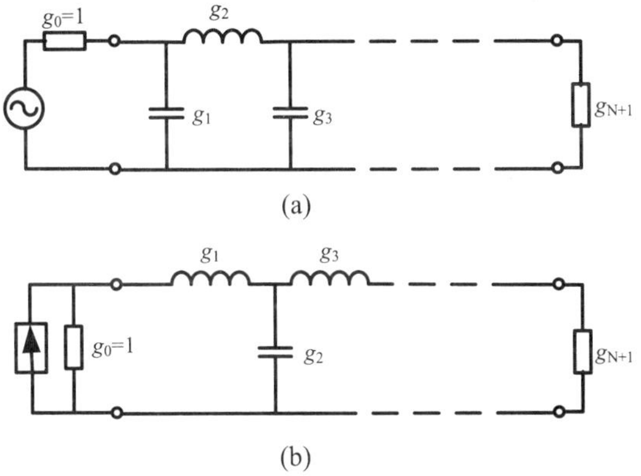

图 3.28　低通滤波器原型电路

表 3.1　最平坦低通滤波器原型的元件取值 (g_0=1，N=1 至 10)

n	g_1	g_2	g_3	g_4	g_5	g_6	g_7	g_8	g_9	g_{10}	g_{11}
1	2.0000	1.0000									
2	1.4142	1.4142	1.0000								
3	1.0000	2.0000	1.0000	1.0000							
4	0.7654	1.8478	1.8478	0.7654	1.0000						
5	0.6180	1.6180	2.0000	1.6180	0.6180	1.0000					
6	0.5176	1.4142	1.9318	1.9318	1.4142	0.5176	1.0000				
7	0.4450	1.2470	1.8019	2.0000	1.8019	1.2470	0.4450	1.0000			
8	0.3902	1.1111	1.6629	1.9616	1.9616	1.6629	1.1111	0.3902	1.0000		
9	0.3473	1.0000	1.5321	1.8794	2.0000	1.8794	1.5321	1.0000	0.3473	1.0000	
10	0.3129	0.9080	1.4142	1.7820	1.9754	1.9754	1.7820	1.4142	0.9080	0.3129	1.0000

(2) 切比雪夫低通滤波器原型

如果滤波器在通带内有等波纹的响应，这种滤波器称为切比雪夫滤波器，也称为等波纹滤波器。低通等波纹响应的数学表示式为：

$$IL = 10\lg\left[1 + k^2 T_N^2\left(\Omega\right)\right] \tag{3.48}$$

式中 $T_N(x)$ 是切比雪夫多项式。图 3.29 是等波纹低通滤波器的响应。

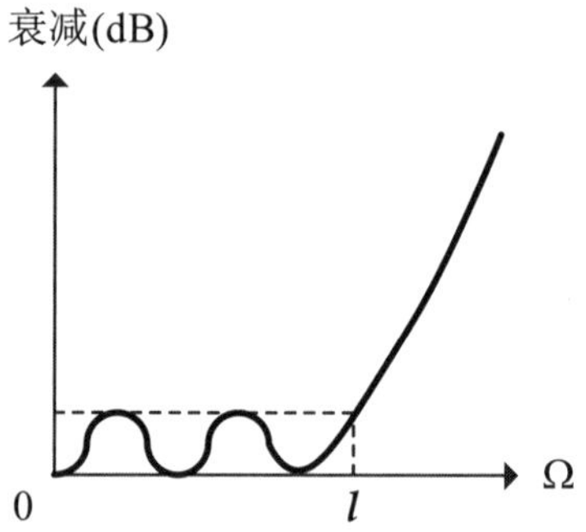

图 3.29 等波纹低通滤波器的响应

切比雪夫多项式 $T_N(x)$ 有如下特点：

1) 当 $|x|\le 1$ 时，$|T_N(x)|\le 1$，$T_N(x)$ 在 ±1 之间振荡，这是等幅波纹起伏的特性。

2) 当 $|x|>1$ 时，$T_N(x)$ 随 x 和 N 的增加而迅速增加。

图 3.30 给出了切比雪夫滤波器衰减随频率变化的对应关系，由图可以查出所需滤波器的阶数 N。图 3.30(a) 给出了波纹为 0.5dB 切比雪夫滤波器衰减随频率变化的对应关系；由 3.30(b) 给出了波纹为 3dB 切比雪夫滤波器衰减随频率变化的对应关系。

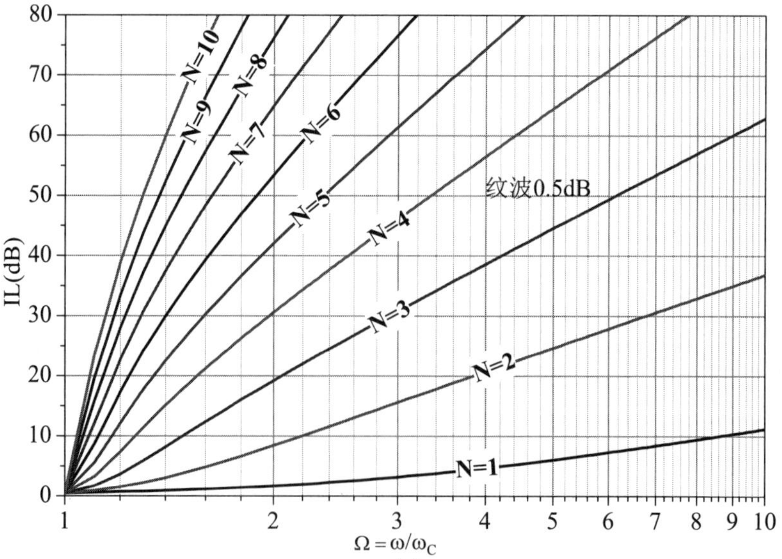

(a)

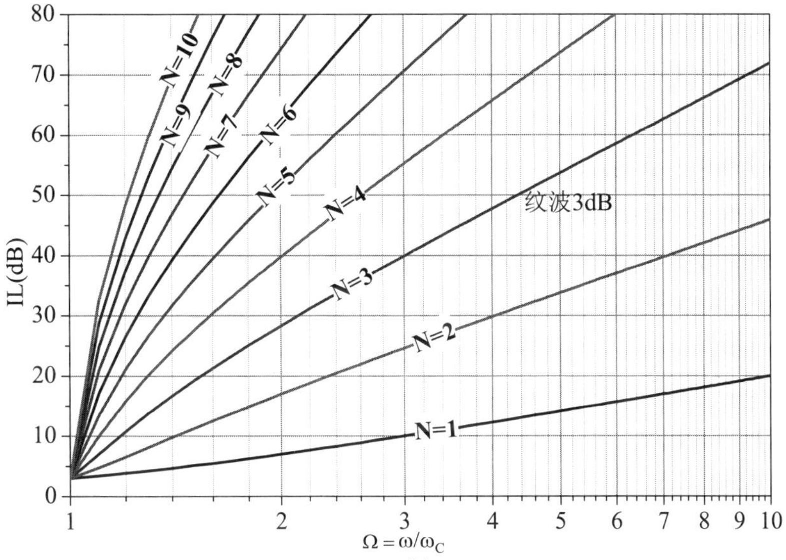

(b)

图 3.30　切比雪夫滤波器衰减随频率变化的对应关系

切比雪夫低通滤波器原型采用与图 3.28 相同的电路，表 3.2 给出了波纹为 0.5dB 及 3dB 时 N=1 至 N=10 电路中元件的取值。

表 3.2 (a) 等波纹低通滤波器原型的元件取值 (g_0=1，N=1 至 10，0.5dB 波纹)

n	g_1	g_2	g_3	g_4	g_5	g_6	g_7	g_8	g_9	g_{10}	g_{11}
1	0.6986	1.0000									
2	1.4029	0.7071	1.9841								
3	1.5963	1.0967	1.5963	1.0000							
4	1.6703	1.1926	2.3661	0.8419	1.9841						
5	1.7058	1.2296	2.5408	1.2296	1.7058	1.0000					
6	1.7254	1.2479	2.6064	1.3137	2.4758	0.8696	1.9841				
7	1.7372	1.2583	2.6381	1.3444	2.6381	1.2583	1.7372	1.0000			
8	1.7451	1.2647	2.6564	1.3590	2.6964	1.3389	2.5093	0.8796	1.9841		
9	1.7504	1.2690	2.6678	1.3673	2.7239	1.3673	2.6678	1.2690	1.7504	1.0000	
10	1.7543	1.2721	2.6754	1.3725	2.7392	1.3806	2.7231	1.3485	2.5239	0.8842	1.0000

表 3.2 (b) 等波纹低通滤波器原型的元件取值 (g_0=1，N=1 至 10，3dB 波纹)

	g_1	g_2	g_3	g_4	g_5	g_6	g_7	g_8	g_9	g_{10}	g_{11}
1	1.9953	1.0000									
2	3.1013	0.5339	5.8095								
3	3.3487	0.7117	3.3487	1.0000							
4	3.3489	0.7483	4.3471	0.5920	5.8095						
5	3.4817	0.7618	4.5381	0.7618	3.4817	1.0000					
6	3.5045	0.7685	4.6061	0.7929	4.4641	0.6033	5.8095				
7	3.5182	0.7723	4.6386	0.8039	4.6386	0.7723	3.5182	1.0000			
8	3.5277	0.7745	4.6575	0.8089	4.6990	0.8018	4.4990	0.6073	5.8095		
9	3.5340	0.7760	4.6692	0.8118	4.7272	0.8118	4.6692	0.7760	3.5340	1.0000	
10	3.5384	0.7771	4.6768	0.8136	4.7425	0.8164	4.7260	0.8051	4.5142	0.6091	5.8095

4. 滤波器变换

低通滤波器原型是假定源阻抗为 1 和截止频率为 $\omega_c = 1$ 的归一化设计，为了得到实际的滤波器，可以将低通原型滤波器进行反归一化设计，把低通滤波器原型变换到任意源阻抗和任意频率的低通滤波器、高通滤波器、带通滤波器和带阻滤波器。

(1) 滤波器的变换

滤波器的变换包括阻抗变换和频率变换两个过程，以便满足实际源阻抗和实际工作频率的要求。

1) 阻抗变换

在低通滤波器原型设计中，除偶数阶切比雪夫滤波器外，其余原型滤波器的源阻抗和负载阻抗均为 1。如果源阻抗和负载阻抗不为 1，就必须对所有阻抗的表达式做比例变换，这需要用实际源阻抗乘低通滤波器原型中的阻抗值。若源电阻为 R_S，令变换后滤波器的元件值用带撇号的符号表示，则：

$$R_S' = R_S \tag{3.49}$$

$$L_S' = R_S L \tag{3.50}$$

$$C_S' = \frac{C}{R_S} \tag{3.51}$$

$$R_L' = R_S R_L \tag{3.52}$$

L、C、R_L 为低通滤波器原型的元件值。

2) 频率变换

将归一化频率变换为实际频率，相当于变换原型中的电感和电容值。通过频率变换，不仅可以将低通滤波器原型变换为低通滤波器，而且可以将低通滤波器原型变换为低通滤波器、带通滤波器和带阻滤波器。

(2) 低通滤波器原型变换为低通滤波器

将低通滤波器原型的截止频率由 1 改变为 $\omega_c\left(\omega_c \neq 1\right)$，在低通滤波器中需要用 ω/ω_c 代替低通滤波器原型中的 Ω，即：

$$\frac{\omega}{\omega_c} \to \Omega \tag{3.53}$$

图 3.31 为低通滤波器原型到低通滤波器的频率变换，其中图 3.31(a) 为低通滤波器原型的响应，图 3.31(b) 为低通滤波器的响应。图 3.31 引入了负值频率，是为了更清楚地表明衰减曲线在频域上的对称性。

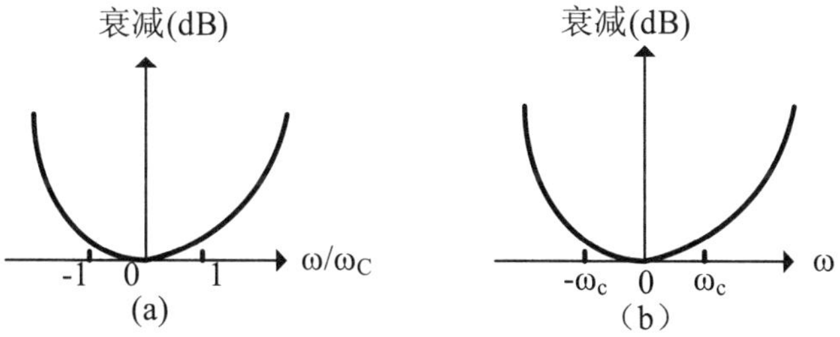

图 3.31 低通滤波器原型到低通滤波器的频率变换

阻抗变换公式为：

$$L' = \frac{R_s L}{\omega_c} \tag{3.54}$$

$$C' = \frac{C}{\omega_c R_s} \tag{3.55}$$

(3) 低通滤波器原型变换为高通滤波器

将低通滤波器原型变换为高通滤波器，在高通滤波器中需要用代替低通滤波器原型为高通滤波器的截止频率。即：

$$-\frac{\omega_C}{\omega} \to \Omega \tag{3.56}$$

这种频率变换可以将低通滤波器原型的 Ω=0 变换为高通滤波器的 $\omega = \pm\infty$，截止频率发生在 $\omega = \omega_c$，负号可以实现电感转换为电容，电容转换为电感。图 3.32 所示为低通滤波器原型到高通滤波器的频率变换，其中图 3.32(a) 为低通滤波器原型的响应，

图 3.32(b) 为高通滤波器的响应。

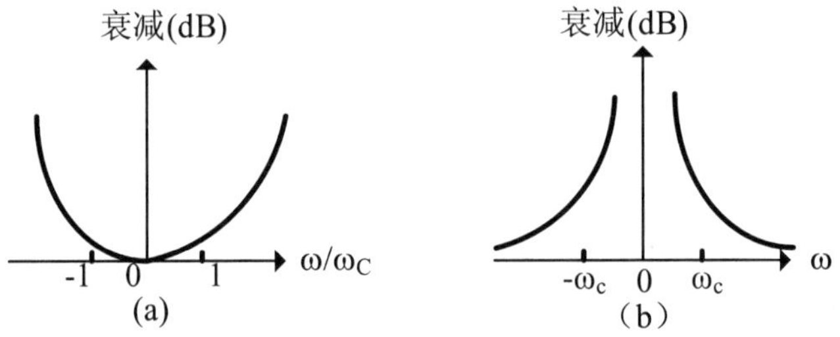

图 3.32 低通滤波器原型到高通滤波器的频率变换

阻抗变换公式为：

$$L' = \frac{R_S}{\omega_C C} \tag{3.57}$$

$$C' = \frac{1}{\omega_C R_S L} \tag{3.58}$$

(4) 低通滤波器原型变换为带通滤波器

将低通滤波器原型变换为带通滤波器的频率变换式为：

$$\frac{1}{\Delta}\left(\frac{\omega}{\omega_0} - \frac{\omega_0}{\omega}\right) \to \Omega \tag{3.59}$$

其中 $\Delta = \dfrac{\omega_1 - \omega_2}{\omega_0}$ 是通带宽度，$\omega_0 = \sqrt{\omega_1 \omega_2}$，$\omega_1$ 和 ω_2 是通带的边界。

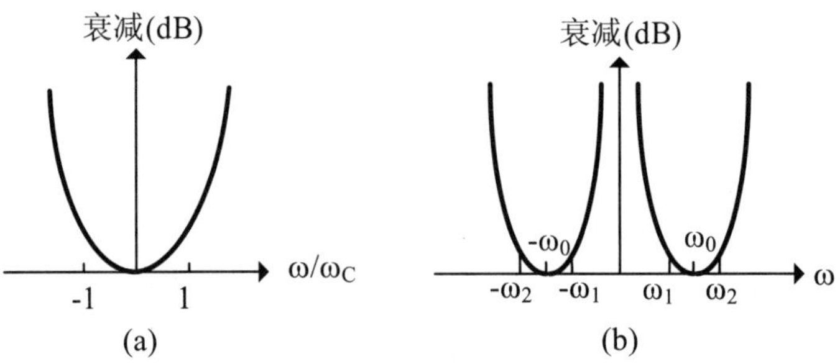

图 3.33 低通滤波器原型到带通滤波器的频率变换

图 3.33 所示为低通滤波器原型到带通滤波器的频率变换，其中图 3.33(a) 为低通滤波器原型的响应，图 3.33(b) 为带通滤波器的响应。

在进行低通滤波器原型到带通滤波器的阻抗变换时，低通原型滤波器中的串联电感转换为带通滤波器中的串联谐振电路；阻抗变换公式为：

$$L_k' = \frac{L_k}{\Delta\omega_0} \tag{3.60}$$

$$C_k' = \frac{\Delta}{\omega_0 L_k} \tag{3.61}$$

并联电容转变为并联谐振电路，阻抗变换公式为：

$$C_i' = \frac{C_i}{\Delta\omega_0} \tag{3.62}$$

$$L_i' = \frac{\Delta}{\omega_0 C_i} \tag{3.63}$$

(5) 低通滤波器原型变换为带阻滤波器

将低通滤波器原型变换为带阻滤波器的频率变换式为：

$$\Delta\left(\frac{\omega}{\omega_0} - \frac{\omega_0}{\omega}\right)^{-1} \to \Omega \tag{3.64}$$

其中 $\Delta = \dfrac{\omega_1 - \omega_2}{\omega_0}$ 是通带宽度，$\omega_0 = \sqrt{\omega_1\omega_2}$，$\omega_1$ 和 ω_2 是通带的边界。

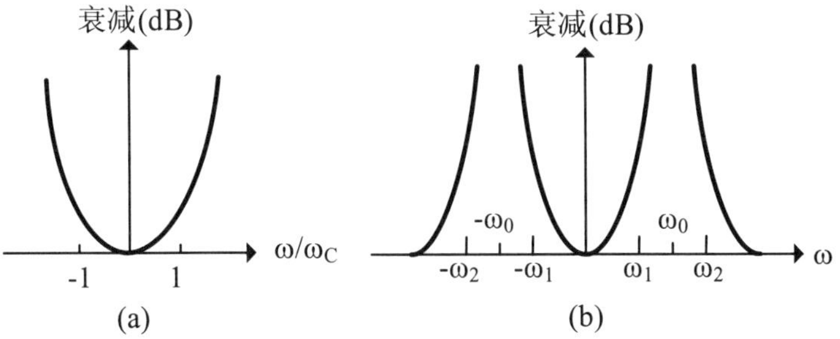

图 3.34 低通滤波器原型到带阻滤波器的频率变换

图 3.34 所示为低通滤波器原型到带阻滤波器的频率变换，其中图 3.34(a) 为低通滤波器原型的响应，图 3.34(b) 为带阻滤波器的响应。

在进行低通滤波器原型到带阻滤波器的阻抗变换时，低通原型滤波器中的串联电感转换为带阻滤波器中的并联谐振电路；阻抗变换公式为：

$$L_k' = \frac{\Delta L_k}{\omega_0} \tag{3.65}$$

$$C_k' = \frac{1}{\omega_0 \Delta L_k} \tag{3.66}$$

并联电容转变为串联谐振电路，阻抗变换公式为：

$$C_i' = \frac{\Delta C_i}{\omega_0} \tag{3.67}$$

$$L_i' = \frac{1}{\omega_0 \Delta C_i} \tag{3.68}$$

从低通滤波器原型到低通滤波器、高通滤波器、带通滤波器和带阻滤波器的变换，如表 3.3 所示，表中只包括频率变换过程，不包括阻抗变换过程。

表 3.3 滤波器变换一览表（$BW = \omega_2 - \omega_1$）

低通原型	低 通	高 通	带　　通	带　　　阻
 $L=g_k$	 $\frac{L}{\omega_c}$	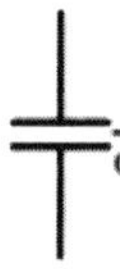 $\frac{1}{\omega_c L}$	 $\frac{L}{BW}$ $\frac{BW}{\omega_0^2 L}$	$\frac{1}{(BW)L}$ 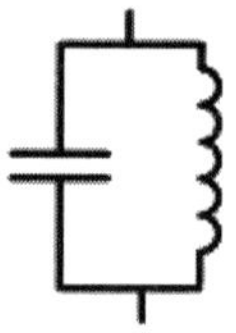 $\frac{(BW)L}{\omega_0^2}$
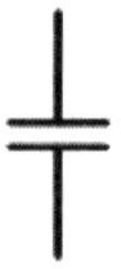 $C=g_k$	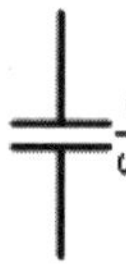 $\frac{C}{\omega_c}$	 $\frac{1}{\omega_c^2 C}$	$\frac{C}{BW}$ 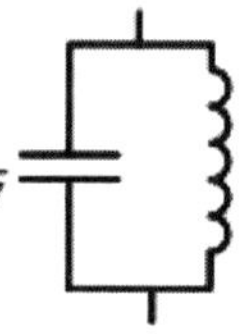 $\frac{BW}{\omega_0^2 C}$	 $\frac{1}{(BW)C}$ $\frac{(BW)C}{\omega_0^2}$

5. 分布参数滤波器

分布参数低通滤波器可以采用微带短截线实现，理查德 (Richards) 变换用于将集总元件变换为传输线段，科洛达 (Kuroda) 规则可以将各滤波器元件分隔开。

(1) 理查德变换

理查德 (Richards) 变换是将集总元件的电感和电容用一段终端短路或终端开路的传输线来等效。终端短路和终端开路传输线的输入阻抗具有纯电抗性，利用传输线的这一特性，可以实现集总元件到分布参数元件的变换。可以令长度为 l 的终端短路的传输线和集总元件的电感 L 的电抗相等，即：

$$jX_L = j\omega L = jZ_0 \tan(\beta l) \tag{3.69}$$

其中 Z_0=L，$\omega = \tan(\beta l)$，这说明集总元件电感 L 可以用特性阻抗为 L 电长度为 βl 的短路短截线代替。

同样，对于一个集总元件电容 C 可以与长度为 l 的终端开路的传输线相等，即

$$jB_C = j\omega C = jY_0 \tan(\beta l) \tag{3.70}$$

其中 $Z_0=1/C$，$\omega=\tan(\beta l)$，这说明集总元件电感 C 可以用特性阻抗为 $1/C$ 电长度为 βl 的开路短截线代替。

通常传输线的长度选择为 $l=\lambda_0/8$，此时等效关系为：

$$\omega=\tan\left(\frac{\pi}{4}\Omega\right) \tag{3.71}$$

其中：$\Omega=\frac{f}{f_0}$。

理查德变换可以用图 3.35 来说明。

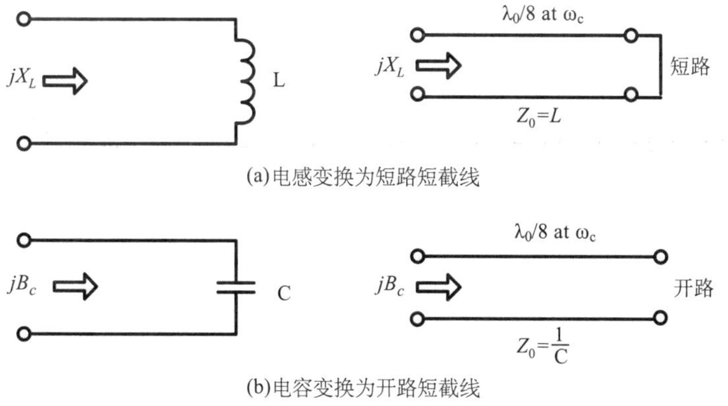

图 3.35　理查德变换

(2) Kuroda 规则

Kuroda(科洛达)规则是利用附加的传输线段，得到在实际上更容易实现的滤波器。例如，利用 Kuroda(科洛达)变换即可以将串联短截线变换为并联短截线，又可以将短截线在物理上分开。

Kuroda(科洛达)规则包含 4 个恒等关系，这 4 个恒等关系如图 3.36 所示，图中的电感和电容分别代表短路和开路短截线。在 Kuroda(科洛达)规则中附加的传输线段称为单位元件，单位元件是一段传输线，当 $f=f_0$ 时这段传输线长为 $\lambda_0/8$。

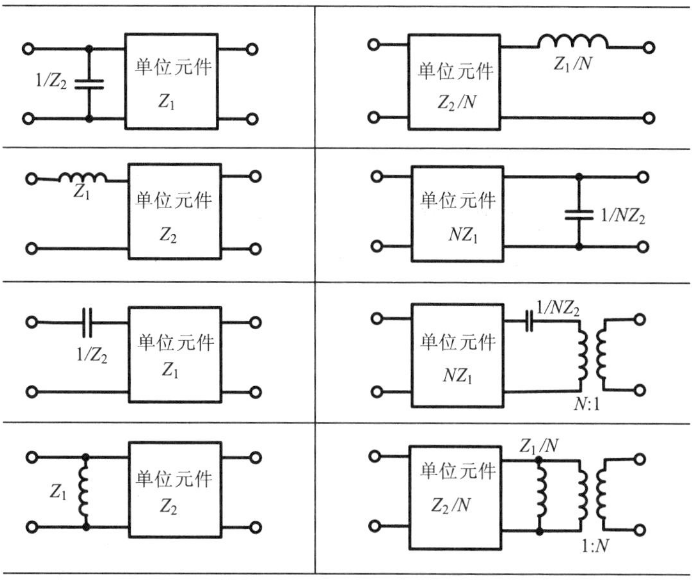

图 3.36　四个 Kuroda 规则（$N=1+Z_2/Z_1$）

(3) 分布参数滤波器

低频时滤波器是由集总元件电感和电容构成。此时由于频率不高，集总元件滤波器工作良好。但当频率较高时，滤波器通常由分布参数元件构成。原因在于：一是频率高时电感和电容应选的元件值过小，集中元件的寄生参数的影响不可忽略；二是此时工作波长与滤波器元件的物理尺寸相近，滤波器元件之间的距离不可忽视，需要考虑分布参数效应。

分布参数滤波器的种类很多，下面讨论常见的微带阶梯阻抗低通滤波器和平行耦合微带线带通滤波器。

1) 阶梯阻抗低通滤波器

阶梯阻抗低通滤波器也称高低阻抗低通滤波器，它由很高和很低特性阻抗的传输线段交替排列而成，结构简单紧凑，便于设计和实现。

串联电感可以用一段特性阻抗很高的传输线来等效，传输线的特性阻抗越高，所需的传输线长度越短；而并联电容可以用一段特性阻抗很低的传输线来等效为并联电容，传输线的特性阻抗越低，所需的传输线长度也越短。因此，对于一个由电感电容交替排列的低通滤波器，可以用阻抗大小变化的传输线段来等效。等效为电感的传输线通常选择实际能做到的特性阻抗的最大值，等效为电容的传输线通常选择实际能做到的特性阻抗的最小值。

设传输线的高阻和低阻的特性阻抗分别为Z_H和Z_L，则等效串联电感和并联电容所需传输线的长度为：

$$\beta l_H = \frac{LR_S}{Z_H} \tag{3.72}$$

$$\beta l_L = \frac{CZ_L}{R_S} \tag{3.73}$$

图 3.37 画出了一个 5 阶集总低通滤波器和阶梯阻抗低通滤波器的对应关系。其中图 3.37(a) 为由低通滤波器原型元件值构成的低通滤波器，图 3.37(b) 为微带线阶梯阻抗低通滤波器。

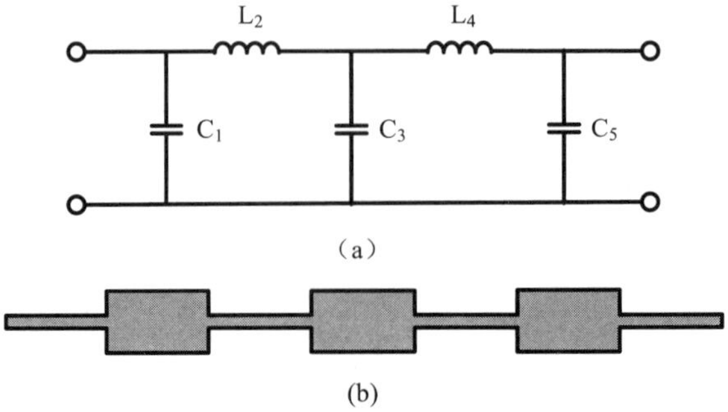

图 3.37 集总低通滤波器和阶梯阻抗低通滤波器的对应关系

2) 耦合微带线带通滤波器

平行耦合微带传输线由两个无屏蔽的平行微带传输线紧靠在一起构成，由于两个传输线之间电磁场的相互作用，在两个传输线之间会有功率耦合，这种传输线也因此称为耦合传输线。多段 $\lambda_0/4$ 的平行耦合微带线级联可以构成带通滤波器，它是一种常用的分布参数带通滤波器。

平行耦合微带线是指带地的介质板上平行放置两个宽度为 W、相距为 S 的中心导体带。可以把平行耦合微带传输线看为四端口网络，平行耦合微带在偶模激励和奇模激励时有不同的特性阻抗，偶模特性阻抗为 $\boldsymbol{Z}_{0\mathbf{e}}$，奇模特性阻抗为 $\boldsymbol{Z}_{0\mathbf{o}}$，奇偶模的特性阻抗与微带平行线的尺寸和材料有关。

当平行耦合微带线的长度为 $\lambda_0/4$ 时，有带通滤波的特性。单 $\lambda_0/4$ 长平行耦合微带线单元不能提供陡峭的通带到阻带过渡，如果将多个耦合微带线单元级连，就可以得到良好的滤波特性。N 阶平行耦合带线带通滤波器如图 3.38 所示。

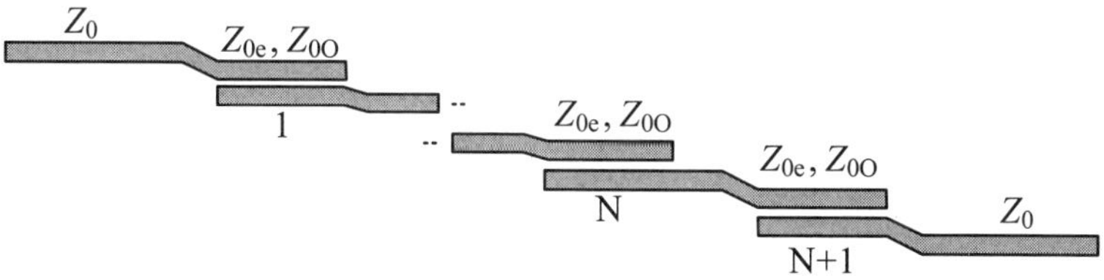

图 3.38 N 阶平行耦合带线带通滤波器

设计这种滤波器的步骤和公式如下：

根据需要的滤波器通带和阻带衰减，选择低通滤波器原型，由此确定滤波器的阶数 N，然后选取低通滤波器原型参数。

确定上、下边频和归一化带宽。假设下边频为 ω_1，上边频为 ω_2，中心频率为 ω_0，归一化带宽为：

$$BW = \frac{\omega_2 - \omega_1}{\omega_0} \tag{3.74}$$

计算耦合器的耦合系数：

$$J_{0,1} = \frac{1}{Z_0}\sqrt{\frac{\pi BW}{2g_0 g_1}} \tag{3.75}$$

$$J_{i,i+1} = \frac{1}{Z_0}\frac{\pi BW}{2\sqrt{g_i g_{i+1}}} \tag{3.76}$$

$$J_{n,n+1} = \frac{1}{Z_0}\sqrt{\frac{\pi BW}{2g_n g_{n+1}}} \tag{3.77}$$

平行耦合微带线各节偶模特性阻抗 Z_{0e} 和奇模特性阻抗为 Z_{0o} 分别为：

$$Z_{0e}\big|_{i,i+1} = Z_0\left[1 + Z_0 J_{i,i+1} + \left(Z_0 J_{i,i+1}\right)^2\right] \tag{3.78}$$

$$Z_{0o}\big|_{i,i+1} = Z_0\left[1 - Z_0 J_{i,i+1} + \left(Z_0 J_{i,i+1}\right)^2\right] \tag{3.79}$$

根据上面公式得到奇偶模阻抗后，就可以确定微带线的结构。

本章小结

1. 读写器是 RFID 系统的最重要部件之一，是读取或写入电子标签信息的设备，包括软件和硬件部分。读写器的硬件一般由天线、射频模块、控制模块和接口组成。控制模块是读写器的核心，一般由 ASIC 组件和微处理器组成。控制模块处理的信号通过射频模块传送给读写器天线，由读写器天线发射出去。控制模块与应用软件之间的数据交换，主要通过读写器的接口来完成。

2. 微波 RFID 系统利用雷达原理，采用电磁反向散射方式进行工作，读写器发射出去的电磁波碰到目标后反射，返回的信号同时携带有目标信息。微波 RFID 系统，包含处理信号发射的电路和处理信号接收的电路，用于信号的产生、滤波、变换和放大。

3. 射频和微波信号放大器的设计使用需要考虑放大器的稳定性、增益、噪声，非线性等特性。

4. 混频器可以将较高频率的射频输入信号变换为频率较低的中频输出信号，以便更容易对信号进行后续的调整和处理；或在射频的发送系统中，混频器可以将较低频率的中频输入信号变换为频率较高的射频输出信号，以利于信号从天线发射出去。

思考和习题

1. RFID 系统中读写器由哪几个部分构成，各部分的作用分别是什么？

2. 试述微波 RFID 系统射频前端的构成和基本工作原理。

3. 射频放大器有哪些主要指标？非线性指标可以用什么参数表示？

4. 一个 GaAsFET 在 1GHz 时 S 参数为：$S_{11}=0.89\angle -60°$，$S_{21}=3.1\angle 123°$，$S_{12}=0.02\angle -62°$，$S_{22}=0.78\angle -27°$，判定该管是否稳定。

5. 图 3.5 的放大电路中 $\Gamma_S=0.5\angle 120°$，$\Gamma_L=0.4\angle 90°$，$S_{11}=0.6\angle -160°$，$S_{12}=0.045\angle -16°$，$S_{21}=2.5\angle 30°$，$S_{22}=0.5\angle -90°$，求：(1) Γ_{IN} 和 Γ_{out}；（2）G_T，G_A 和 G_P；(3) 判断稳定性。

6. RFID 接收系统中各器件的增益和噪声如题图 3.39 所示，计算系统的总增益和总噪声。

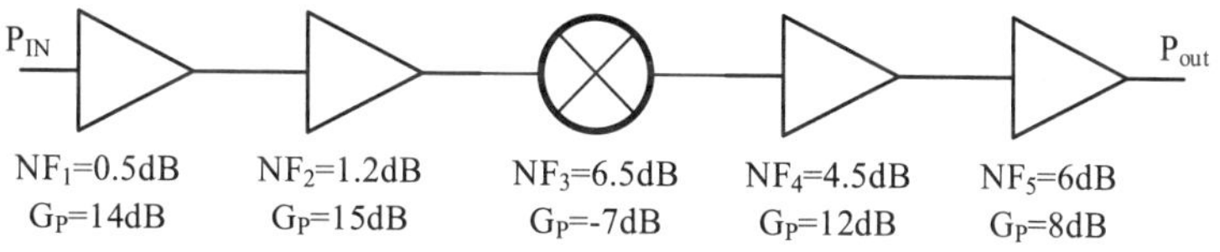

图 3.39 多级系统噪声

7. 振荡器有哪些技术指标？微波振荡器的振荡和稳定的条件是什么？

8. 微波滤波器有哪些技术指标？

9. 设计一个等波纹的带通滤波器，纹波 0.5dB，中心频率 900MHz，带宽 10%，N=3，阻抗 50，计算电路的元件值。

10. 说明 Richards 变换和 Kuroda 规则的作用。

第 4 章 电子标签

本章要点：

1. 主要介绍 RFID 射频系统中携带被识别物信息的数据载体 - 电子标签。
2. 介绍电子标签的应用范围和技术分类，重点介绍不同种类电子标签的工作原理、电路组成结构，和各电路单元所实现的功能及相应的技术特点。
3. 电子标签有待解决和完善的关键问题及未来的发展方向。

过去的几年中，自动识别系统中的传统标签即条形码技术由于其低廉的价格和简单的工作原理一度获得业内的极大认可，同时也比其他识别技术占据了更大的市场份额。而伴随着信息与存储技术的快速发展，条形码技术也因其不具备存储能力以及无法完成读写功能，在越来越多的应用场合下无法满足人们的需求。取而代之的便是 RFID 电子标签技术，该技术将所需信息存储在硅芯片上，通过射频能量的传输与读写器配合存储或读取信息。与传统标签相比，电子标签作用距离更远、适合高速移动物体的识别、智能性和加密特性更优，从而更适应未来自动识别系统的发展需求。

4.1 电子标签概述

电子标签又称射频标签，是携带被识别物信息的数据载体，能起到标识识别、物品跟踪、信息采集等作用。近年来，电子标签已被广泛应用于诸如商品分配与销售、工业自动化、物品流通等众多领域，电子标签的任务和目的是提供关于个人、动物、货物和商品等被识别对象的信息，每一个被识别对象可以被准确地跟踪，并对其实施全面的信息管理，包括实时数据的采集，安全的数据存取等。目前电子标签的主要应用范围包括：

1. 防伪：电子标签中携带详尽的物流记录，通过扫描可以辨认物品的真伪。

2. 生产流水线管理：电子标签在生产流水线上可以方便准确地记录工序信息（如工人工号、时间、操作工序、质检结果等），通过扫描可追溯整个生产流程，还可避免传统生产环境中手写、眼看信息造成的失误。

3. 仓储管理：在大型仓储管理系统中，电子标签携带产品名称、物品位置、货物配额等信息，对于提高仓储效率、反馈产品信息、指导生产都有很重要的意义。

4. 销售渠道管理：产品在生产过程中嵌入电子标签，携带产品号，产品流向等信息，使得批发商和零售商可以识别产品的合法性，以建立严格而有序的产品销售渠道。

5. 贵重物品管理：电子标签可用于照相机、摄像机、便携电脑、CD 随身听、珠宝等贵重物品的防盗、结算和售后保障。

6. 图书、租赁产品管理：在图书或租赁物品中使用电子标签，可方便地接收图书或租赁物品信息，整理图书或租赁物品时不用对其进行移动，可提高工作效率，避免工作失误。

7. 其他如物流、汽车防盗、航空包裹管理等。

电子标签根据用途和工作环境的不同，其构造形式也是丰富多样的，包括标签型、硬币型、手表型、卡片型、钥匙扣型等多种外形结构，如图 4.1 所示。其中卡片型应用较为广泛，如公交卡、电话卡、饭卡等小型塑料卡；标签型是一种薄膜型构造，往往与一层纸胶合在一起有黏性，这种标签很薄且易于弯曲，通常将其粘合在行李、包裹和各种商品上用于物品的识别；钥匙扣型一般用于自动停车系统或安全要求很高的门锁系统中。

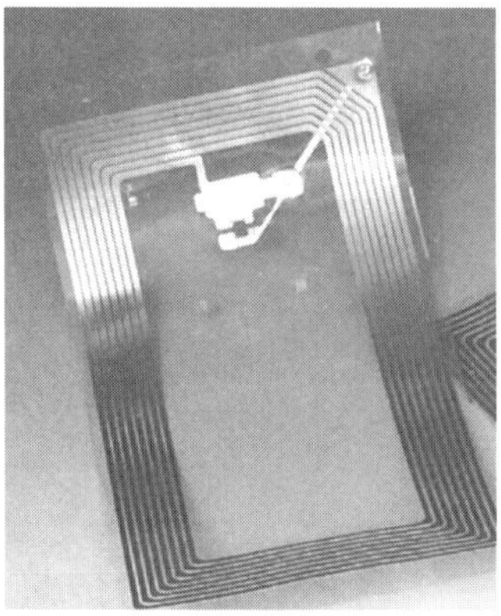

（a）标签型

（b）硬币型

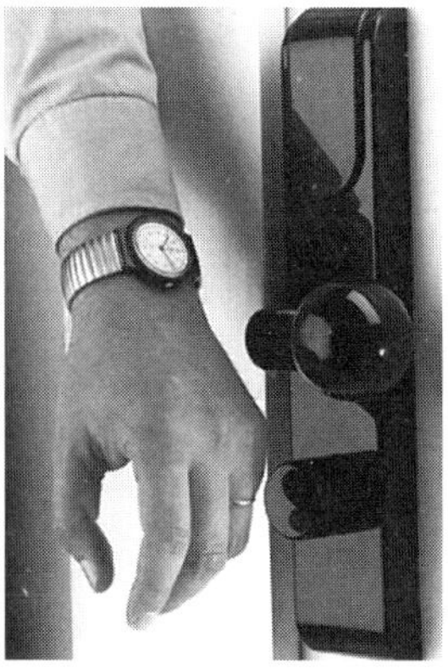

（c）手表型

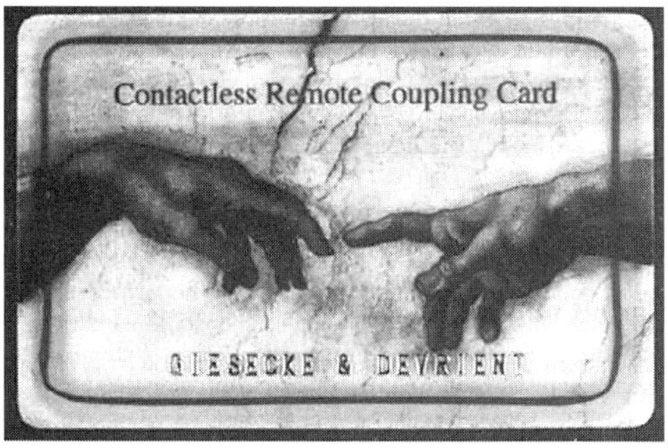

（d）卡片型

（e）钥匙扣型

图 4.1 电子标签的外形结构

电子标签根据工作原理的不同可划分为两大类，一类是利用物理效应进行工作的电子标签，一类是含有芯片的电子标签。第一类利用物理效应进行工作的电子标签也属于无芯片的电子标签系统，这种类型的电子标签主要有 1 比特电子标签和表面声波电子标签两种工作方式。第二类含有芯片的电子标签主要由射频前端电路和控制电路构成，根据其控制电路结构的不同，可区分为两种基本类型：具有存储功能的电子标签和含有微处理器的电子标签。

4.2 利用物理效应的电子标签

利用物理效应的电子标签的特点是标签内部不含芯片，利用物理效应进行工作，主要有 1 比特电子标签和表面声波电子标签两种工作方式。

4.2.1 1 比特电子标签

1 比特电子标签也称为一位电子标签，1 比特是可表示的最小信息单位，代表电子标签只有 1 或 0 两种状态。对于使用 1 比特电子标签的系统而言，只有两种可表示的状态："在读写器的响应范围内有电子标签"或"在读写器的响应范围内无电子标签"。1 比特电子标签的功能虽然简单，但早在 20 世纪 60 年代就被应用在商场的电子防盗系统中，该系统由读写器或检测器、电子标签以及一种使标签失效的去活化器组成，读写器通常放在商场的门口，电子标签附在商品上，去活化器在收银台，被购买商品的标签在登录价码的同时就被去活化了，但没有经过去活化的商品，其标签仍然有效，当商品通过商场门口时系统就会报警。

1 比特电子标签不含芯片，可以采用射频法、微波法和分频法等多种方式进行工作，下面分别介绍 1 比特电子标签基于这三种方法的工作原理。

1. 射频法

射频法的电子标签是采用 L-C 振荡回路进行工作的，该振荡回路将频率调谐到某一规定的谐振频率 f_R 上。射频法工作系统主要由读写器和电子标签两部分组成，由读写器发出某一频率 f_G 的交变磁场，当电子标签移入交变磁场附近，振荡回路将会感应出磁场能量，当交变磁场的频率 f_G 与振荡回路的谐振频率 f_R 相同时，电子标签的振荡回路便会产生谐振，根据法拉第电磁感应定律，振荡回路感应形成的电流会对外部的交变磁场产生反作用，导致交变磁场减小，当读写器检测到交变磁场减小时，说明电子标签存在于读写器的响应范围内，于是产生报警。射频法工作原理如图 4.2 所示。

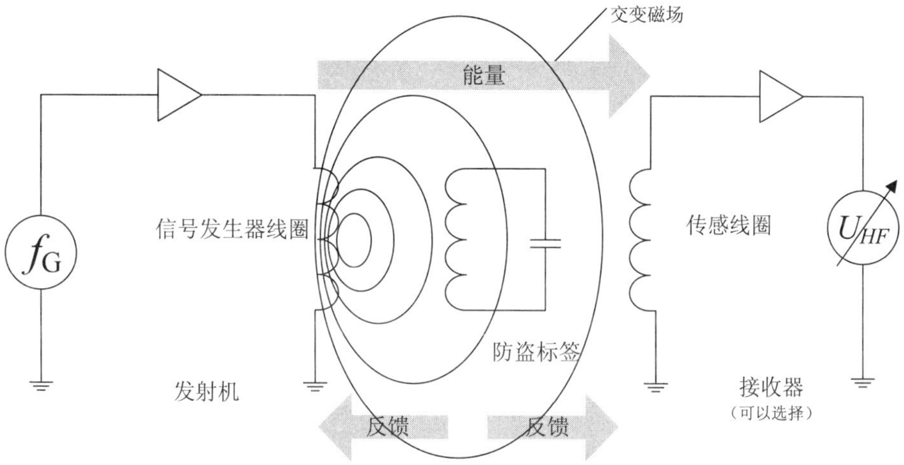

图 4.2 1 比特电子标签射频法工作原理

如果电子标签没有被揭下，在通过防盗系统时就会启动报警装置。通常不用揭下标签也不会驱动警报的方法是去活化，收银员将被保护的产品放到去活化器上，该设备会产生足够强的磁场，其感应电压能够破坏电子标签上的薄膜电容，该电容的击穿是不可逆的，以至于振荡回路被破坏，此时靠近读写器的工作区域不会产生谐振，也不会启动报警装置。

2. 微波法

微波法用于微波范围内的电子防盗系统，该系统通过在电子标签上加入非线性元件（如二极管）来产生谐波。在无线电工程中，把给定频率的 N 倍称作 N 次谐波，该给定频率称为载波或第一谐波。原则上只要是非线性元件都可以产生谐波，但实际应用中考虑到减少能量的消耗以便最大程度地提高系统工作效率，微波电子标签多选用非线性储能元件。电容二极管便非常适合作为产生谐波的非线性储能元件，谐波的次数和强度取决于电容二极管的掺杂分布和电容 - 电压特性曲线的斜率变化。

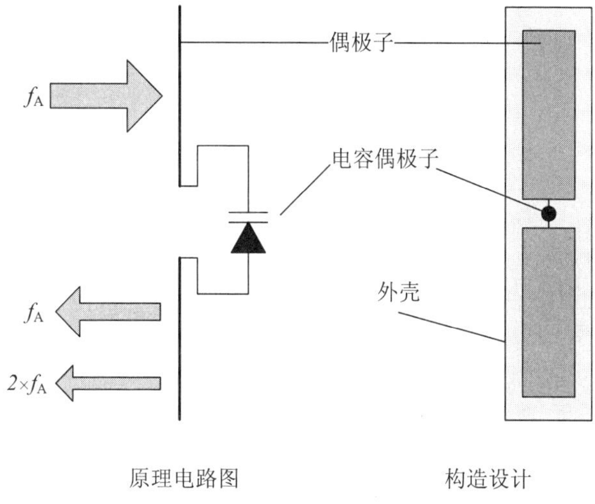

图 4.3 微波电子标签的电路结构

图 4.3 给出了加入电容二极管的微波电子标签的电路结构。从图

中可知电容二极管连接在偶极子天线的终端，通常使用的载波频率标准有 915MHz、2.45GHz 和 5.6GHz，假设选用单臂长约为 3cm 的偶极子天线，其谐振频率为 2.45GHz，若此时电子标签进入发射器的工作范围，电容二极管内被激发的电流将会产生谐波信号并通过偶极子天线反射到周围空间，根据选用电容二极管的不同，可在周围空间激发出二次谐波（4.9GHz）或三次谐波（7.35GHz）信号。

图 4.4 给出了微波电子标签的工作原理图，整个工作系统由发射器、电子标签和接收器三部分组成，当电子标签进入发射器工作范围，电子标签将感应到来自发射器频率为 2.45GHz 的载波信号，电子标签又通过电容二极管的作用产生频率为 4.9GHz 的二次谐波信号并反射到周围空间，被精确调谐到 4.9GHz 的接收器检测到该信号，从而驱动接收器所连接的报警系统。通常为了避免接收到同一频率的干扰信号而产生误判，采用振幅键控或频移键控等调制方法对载波的幅度或频率进行调制。图 4.4 是使用振幅键控调制载波信号的一个例子，在发射器和接收器内分别加入了 1KHz 的振荡器和检波器，那么即使有同一频率的干扰信号，由于没有被调制，通过检波之后也不会触发错误报警。

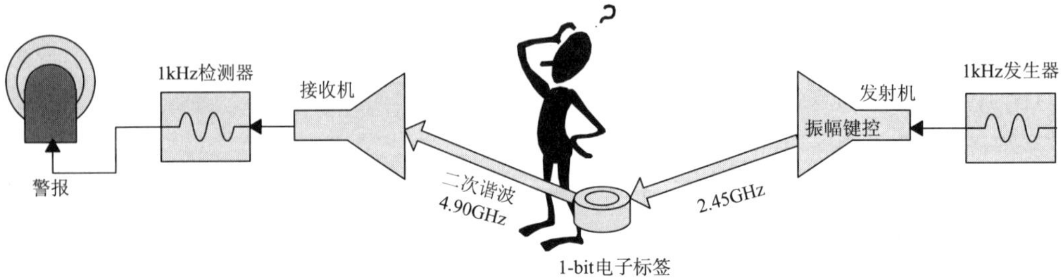

图 4.4 微波电子标签的工作原理

3. 分频法

使用分频法的电子标签通常工作在 100-135.5KHz 的长波范围，电子标签内部主要由分频器和振荡回路组成，外部为塑料硬标签的形式。图 4.5 给出了其工作原理示意图，由图可知当电子标签置于安全检测装置（读写器）的磁场范围内，电子标签中的分频器通过自感线圈感应到能量便开始工作，振荡回路上的载波频率被分频器一分为二再发送回安全检测装置，检测装置中的带通滤波器可以把非半频信号滤除掉，以避免接收到干扰信号而发生误判。与微波法类似，为了提高检测率减少错误报警，分频法通常也会采用振幅键控或频移键控等调制方法，使载波的调制保持在原频率的半频波或分谐波中，检测装置端再通过解调的方式把经正确调制的有用信号还原。

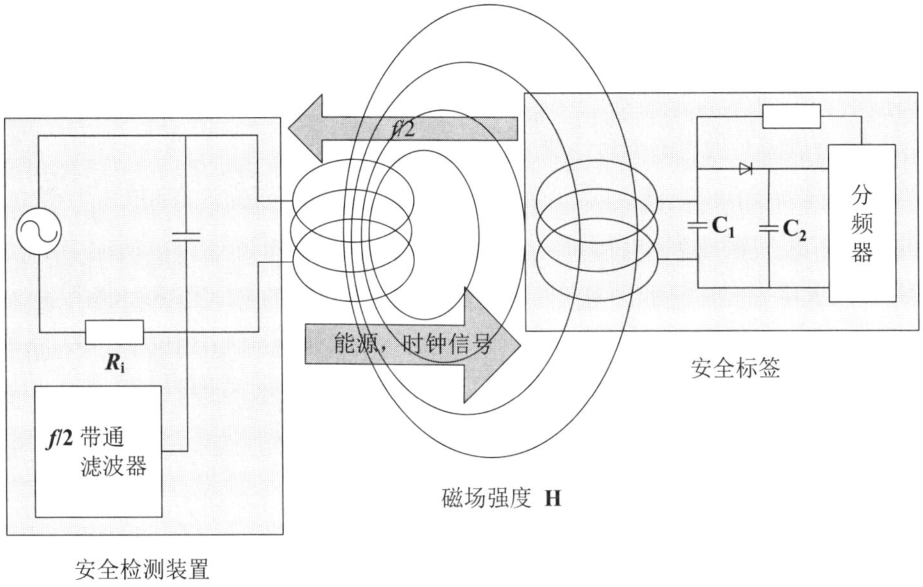

图 4.5 分频电子标签的工作原理

4.2.2 表面声波电子标签

表面声波电子标签是基于压电效应和声学表面波理论制造而成的。压电效应是指在压电晶体的某一方向上的弹性形变会转化为晶体表面的电荷和电压，反之，压电晶体上导入的表面电荷会导致晶体产生弹性变形，压电晶体表面的弹性形变将以一种机械波的方式在晶体表面传播，该机械波便称为表面声波（Surface Acoustic Wave，SAW）。

表面声波电子标签的基本结构主要包括压电晶体基片、偶极子天线、电声转换器和反射器四部分组成，如图 4.6 所示。压电晶体基片通常采用铌酸锂或钽酸锂制成，电声转换器和反射器以平面电极的形式在基片上蚀刻而成。通常电声转换器（内部数字转换器）蚀刻在压电基片的一端，即图 4.6 中左端交指状电极结构，偶极子天线通过导电板与电声转换器连接，并通过电声转换器完成

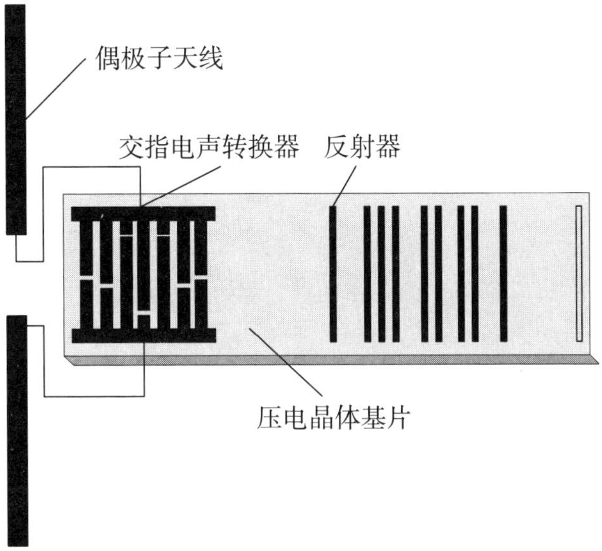

图 4.6 表面声波电子标签的基本结构

电信号与表面声波信号之间的相互转换。反射器以单独电极的形式蚀刻在压电基片的右端形成反射带，反射器的作用是将部分表面声波反射回电声转换器，由于反射脉冲之间的时间间隔与反射带的空间间隔成比例，可通过对反射带进行空间布局从而使得反射信号能够携带有规定的编码信息。

当表面声波电子标签进入读写器的工作范围，读写器产生的高频扫描脉冲从电子标签的偶极子天线输送到电声转换器，由于电极之间的压电效应，加在导电板上的电脉冲引起基片表面发生机械变形，这种变形以表面波的形式沿基片进行传播，当表面波遇到反射带时部分能量将被反射，反射波返回到电声转换器，再次通过压电效应使进入转换器的表面波转换成高频电脉冲序列，并通过偶极子天线反射到周围空间被读写器接收，接收到的脉冲数量与基片上的反射带数量相符。由于表面声波的传播速度缓慢，有效的应答脉冲在经过几微秒的延时后才到达读写器，在此延迟期间，读写器发出的高频扫描脉冲的反射信号已衰减，故不会使接收到的脉冲序列受到干扰从而产生误判。

4.3 具有存储功能的电子标签

具有存储功能的电子标签是含芯片电子标签的基本类型之一。具有存储功能的电子标签种类繁多，从简单的只读电子标签到具有智能加密功能的电子标签都属于其范畴。图 4.7 给出了具有存储功能的电子标签典型结构图，它包括三个组成部分：射频接口，地址与安全逻辑，存储器。其中射频接口负责电子标签的能量供应以及与读写器完成数据通信，地址和安全逻辑控制芯片的所有工作过程，存储器可选用 RAM、ROM、EEPROM 或 FROM 以存储不变数据。

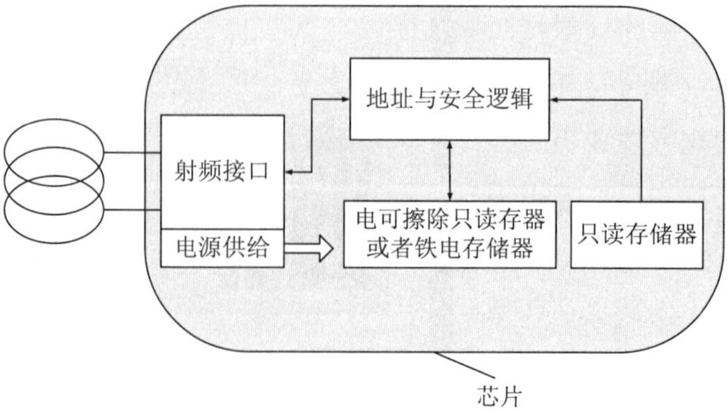

图 4.7 具有存储功能的电子标签典型结构

4.3.1 射频接口

射频接口是读写器到电子标签的射频通路与电子标签内部数字电路之间的接口，负责射频通路与数字电路之间能量和数据的无线传输工作。射频接口电路根据电子标签工作频段的不同可分为电感耦合和电磁反向散射耦合两种工作方式。电感耦合方式用于工作在低频和高频段的电子标签，而电磁反向散射耦合方式用于工作在微波波段的电子标签。

1. 电感耦合方式的射频接口

当电子标签进入读写区域，电子标签通过与读写器电感耦合产生交变电场，该电场能量供给射频接口完成以下工作。

(1) 电源供给

电子标签本身是无源的，需要读写器提供能量，射频接口将从电感线圈耦合到的电场能量转化为天线上的交变电流，再通过整流、滤波和稳压后作为直流电源为芯片提供能量。

(2) 系统时钟产生

射频接口中的时钟产生电路从交变电场的载波频率中提取用于电子标签工作的系统节拍。

(3) 数据输入

电子标签天线感应的交变电场与读写器发出的调制信号相关，通过射频接口的解调电路可重建数据流，用于地址和安全逻辑中的进一步操作。

图 4.8 给出了基于负载调制电感耦合工作方式的射频接口的基本结构，包括整流稳压电路、时钟产生电路、解调电路和负载调制电路四个部分，前三个部分分别完成电源供给、系统时钟产生和数据输入三项工作。负载调制电路通过数据控制负载的接通和断开促使读写器电感线圈上的电压发生变化，实现电子标签对读写器感应电

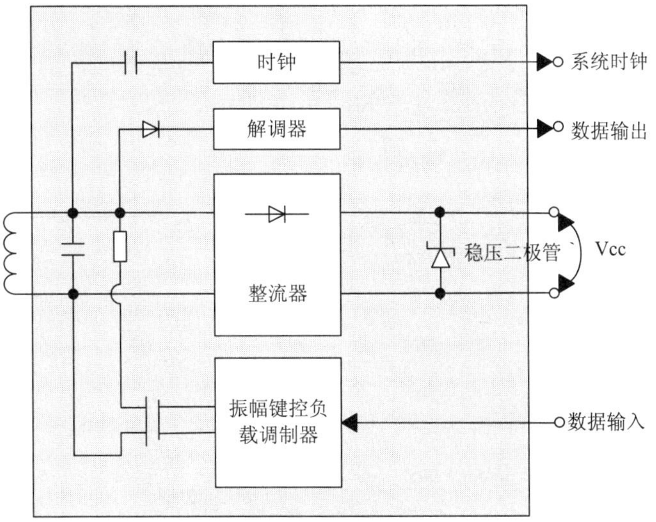

图 4.8 基于负载调制电感耦合工作方式的射频接口结构

压的振幅调制，从而将数据从电子标签传输到读写器，再借助读写器端的解调电路对数据进行解调以实现双向通信的目的。

2. 电磁反向散射耦合方式的射频接口

电磁反向散射耦合方式的射频接口部分主要由接收电路、发送电路和公共电路三部分组成，如图 4.9 所示。

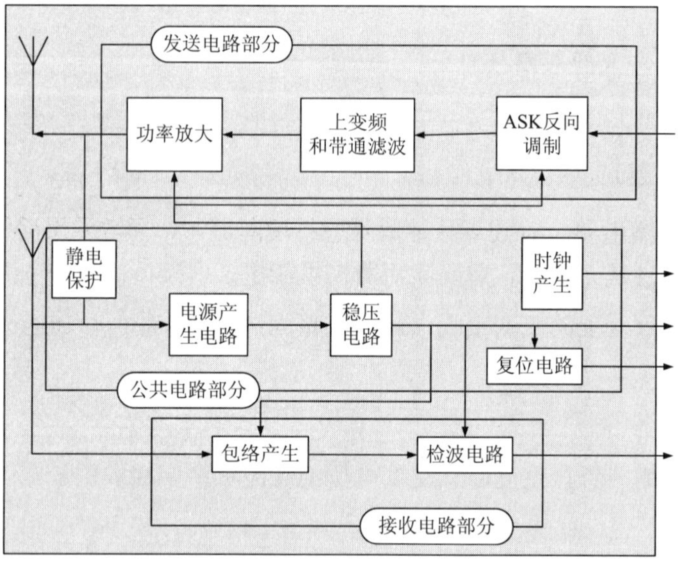

图 4.9 电磁反向散射耦合方式的射频接口组成

（1）接收电路

接收电路的主要功能是将天线从读写器接收到的调制信号进行解调，恢复为数字基带信号，再送往地址和安全逻辑中用于进一步操作。接收电路主要包括包络产生电路和检波电路两部分，如图 4.10 所示。

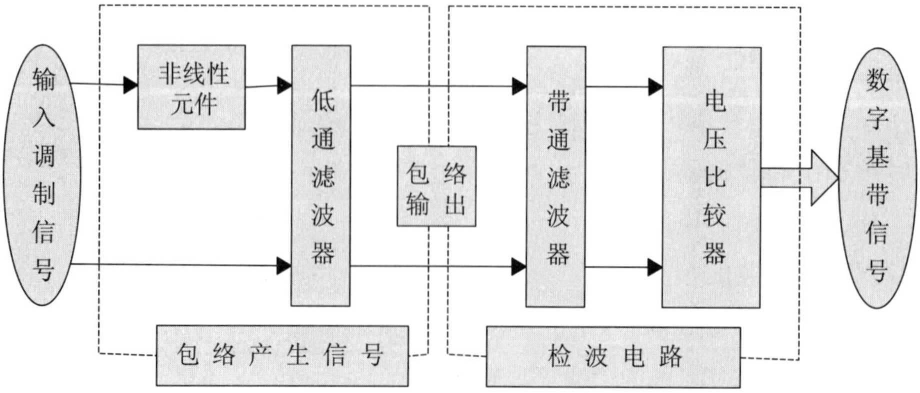

图 4.10 射频接口接收电路原理

包络产生电路主要负责对射频信号进行包络检波，将信号频谱搬移到基带并提取调制信号包络，该电路由非线性元件和低通滤波器组成，其中非线性元件负责射频信号放大和频谱搬移工作，低通滤波电路对基带信号进行滤波，滤除不需要的频率成分。

检波电路主要负责进一步滤波并恢复出数字信号，该电路主要由带通滤波器和电压比较器组成，其中带通滤波器负责对信号经过包络检波后仍存在的高频成分进行滤除，使信号波形更加平滑，电压比较器负责将滤波后的信号恢复为原来的数字信号。

（2）发送电路

发送电路的主要功能是将地址与安全逻辑处理好的数字编码信号转化为适于无线传输的射频调制信号，然后通过电子标签的天线端发送给读写器。发送电路主要由反向调制电路、频谱搬移电路和功率放大电路三部分组成，如图 4.11 所示。

反向调制电路主要是对数字基带信号进行反向调制，通常采用反射截面调制，经读写器发射到达电子标签天线的功率一部分会被反射回来，反射功率的大小会受到天线所连接负载变化的影响，通过数字编码来控制负载电阻的接通与断开，从而完成对反向散射功率振幅的调制。

频谱搬移电路将调制好的信号进行混频，将调制信号的频谱搬移到适合于无线传输的射频波段。

功率放大电路将功率不能满足传输要求的信号功率进行放大，放大后的信号再通过天线发射端发送给读写器。

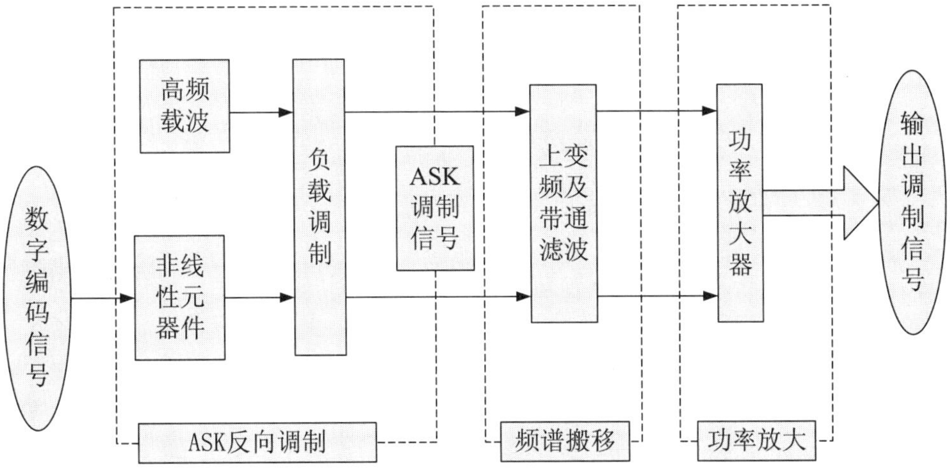

图 4.11 射频接口发送电路原理

（3）公共电路

如图 4.9 所示，公共电路是发送电路和接收电路共用的电路部分，包括电源产生电路、限幅稳压电路、时钟恢复电路、复位电路等。

电源产生电路负责将读写器提供的辐射场转化为可提供电子标签正常工作的直流电源。电子标签的天线从读写器辐射场中感应到交变信号，再通过整流滤波电路将其转化为直流电源。

限幅稳压电路负责保证直流电源稳定在符合要求的电压值。由于电路中可能存在MOS管和三级管等有击穿电压限制的器件，故需要对直流电源电压有一定的幅度限制，否则会导致器件损坏。

时钟恢复电路负责将接收到的电磁信号中各频率的时钟信号恢复出来。电子标签内部一般不会额外设置振荡电路，芯片内时钟由电磁信号恢复产生。时钟恢复电路由整形电路和分频器组成，首先通过整形电路恢复出与接收信号同频的时钟信号，再通过分频器进行分频得到其他频率的时钟信号。

复位电路是针对系统可能出现的意外（如突然掉电）而设置的保护措施，负责保证在任意情况下电源电压都能保持在一定的电压值区间。复位电路分为上电复位和下电复位两种。首先电压设置为可以使电路稳定工作的参考电压值，电源电压在以这个参考电压为基准的电压区间内波动。当电源电压升高时，若没有超过电压区间上限，复位信号仍为低电平，若高至超过区间上限，则复位信号跳变为高电平，称为上电复位过程；反之，当电源电压降低，若没有低于电压区间下限，复位信号仍为高电平，若低至小于区间下限，则复位信号跳变为低电平，称为下电复位过程。

4.3.2 地址与安全逻辑

地址与安全逻辑是具有存储功能电子标签的心脏，通过状态机对芯片上的过程和

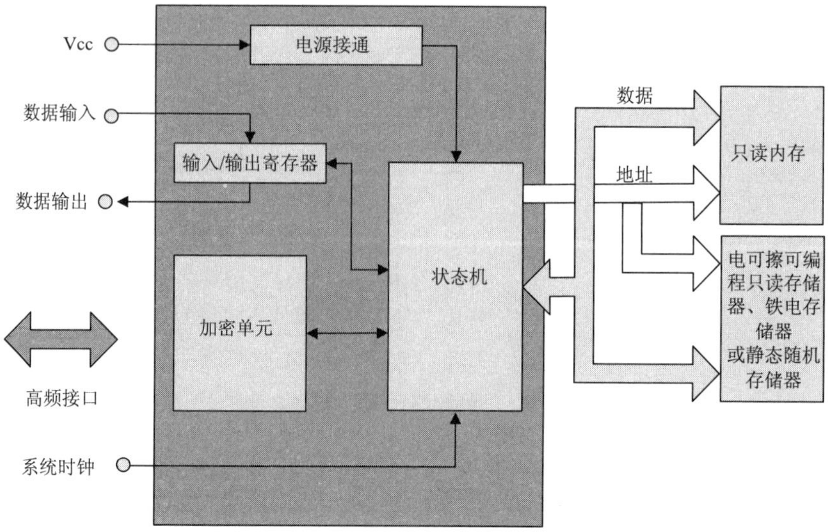

图 4.12 地址与安全逻辑电路的组成框图

状态进行控制。地址与安全逻辑电路如图 4.12 所示，包括电源接通电路、输入 / 输出寄存器、加密单元和状态机四部分。

1. 电源接通电路

电源接通电路负责把射频接口输出的直流电源供给地址与安全逻辑的各部分电路，使地址与安全逻辑电路处于规定的工作状态，保证电子标签在进入读写器的工作区域后立即得到充足的能量供应。

2. 输入 / 输出寄存器

专用的输入 / 输出（I/O）寄存器负责与读写器进行数据交换。

3. 加密单元

加密单元是可选的部件，负责身份鉴别、数据加密和密钥管理。

4. 状态机

状态机通过芯片内部的地址和数据总线与数据存储器相连，负责芯片所有过程和状态的控制，是地址与安全逻辑的核心。过程控制与系统同步所需要的时钟由射频接口提供给状态机。状态机的“程序化过程”是通过芯片设计确定的，若要修改“程序化过程”需通过修改芯片设计才能实现。

状态机可理解为存储变量状态和执行逻辑操作的装置，在一个外部事件和内部当前状态的共同作用下会执行某种操作，任何逻辑都可以对应为一系列事件和状态的组合。状态机可归纳为现态、条件、动作和次态四要素。

（1）现态是指当前所处的状态。

（2）条件也可称为“事件”，即触发一个动作或执行一次状态迁移所满足的条件。

（3）动作是指条件一旦满足所执行的动作，动作执行完毕后可迁移到新的状态，也可以保持原状态。

（4）次态是指条件满足后要迁往的新状态，一旦迁移到次态，次态就变成了新的现态。

4.3.3 存储器

具有存储功能的电子标签所使用的存储器结构种类众多，电子标签的价格成本也与存储器的结构和大小密切相关，这类电子标签根据存储器的结构不同可分为只读电子标签、可写入电子标签、具有密码功能的电子标签和分段存储电子标签等。

1. 只读电子标签

只读电子标签所具有的存储器结构类型为只读型存储器，该存储器在识别过程中只能读出不能写入。当只读电子标签进入读写器的工作区域时，电子标签只能与读写器进行单向通信，即不断地将电子标签的特征标记发送给读写器，但读写器不能将数据发送回电子标签。电子标签的特征标记通常是由几个字节和有关校验数字所组成的序列号。芯片厂家在生产过程中为每个电子标签置入唯一的序列号，这个序列号以及芯片上的任何数据都不能被用户所修改。

由于只读型电子标签的存储器和读写器结构和功能较简单，所以生产成本较低廉，使得只读电子标签适合应用在对价格相对敏感以及不需要在电子标签上存储数据的应用场合，典型的应用领域有动物识别、出入检查、温湿度数据读取和数据集中控制的工业自动化等。

只读电子标签的存储器可由 ROM、PROM 或 EEPROM 组成。三者的区别在于：ROM（Read-Only Memory）所存储的数据一般是在出厂前事先写好的，读写器在识别电子标签的过程中只能读出该数据，而不能像对待随机存储器那样快速方便地进行改写，常用于存储各种固定程序和数据的应用；PROM（Programmable Read-Only Memory）所存储的数据和程序可在应用前一次性编程写入，在识别过程中不可改写，故使用 PROM 的只读电子标签也称为一次性编程只读标签；EEPROM（Electrically Erasable Programmable Read-Only Memory）所存储的数据和程序经擦除后可重复编程写入，但在识别过程中同样不能改写，故使用 EEPROM 的只读电子标签也称为可重复编程只读标签。在实际应用中可根据工作场合和具体使用需求对以上三种只读标签进行选择。

2. 可写入电子标签

可写入电子标签所具有的存储器结构类型为随机存储器，该存储器在识别过程中既能读出也能写入。对于不同存储量的可写入电子标签读写器可写入的数据量也不同，例如，最小存储量的鸽子电子标签只能写入一个字节的数据量，还有最大存储量的具有 SRAM 的微波电子标签可写入 64K 字节的数据量。典型的可写入电子标签式的存储量为 16 位、几十到几百字节。

当可写入电子标签进入读写器的工作范围时，读写器一方面可以读取电子标签的信息，另一方面可以将数据写入电子标签。读写器对电子标签的写入和读取访问大多是以字组为单位进行的，字组可看作是规定数目字节的汇总，通常采用的字组大小为 16 位、16 字节或 40 字节。字组以数据块的形式被整体读取或写入，通常想要修改某一字组中的数据内容，需要读写器从电子标签中读出整个字组，对其进行修改后将包括修改字节在内的整个字组重新写回电子标签。存储器以字组结构作为读写单位使得读写器对芯片的寻址更加简单易行。

可写入电子标签中的随机存储器可采用 SRAM 或 FRAM 组成。静态随机存储器（SRAM：Static Random Access Memorby) 是一种具有静止存取功能的存储器，不需要刷新电路即能保存它内部存储的数据。铁电存储器（FRAM：Ferroelectric RAM) 是利用铁电晶体的铁电效应实现的存储器，其存储内容不易受到外界条件（如掉电或磁场作用）的影响，具有非易失性的存储特性。也就是说，FRAM 不仅能提供与 RAM 一致的无限次读写和高速读写等随机存取性能，又具有与 ROM 一样的非易失性，使得 FRAM 产品既可以进行非易失性数据存储，又可像 RAM 一样随机存取。

3. 具有密码功能的电子标签

如果可写入电子标签不采取保护措施，那么同一射频识别系统的任何读写器都可以对其进行读取或写入，而在相对敏感的应用场合（如涉及付费的电子标签），为保证系统数据的安全，应该阻止对电子标签未经许可的读取与写入。在可写入电子标签上加入密码认证功能，可防止电子标签的信息被跟踪、窃取或恶意篡改，保证数据存储的安全性。具有密码功能的电子标签的存储区域包括应用数据存储区、用于存放密钥的附加存储区和用于写入可选择保护地址区的配置寄存器。在电子标签出厂之前密钥就被写入密钥寄存器中，并且为了安全起见密钥寄存器禁止被访问。

为了阻止对电子标签未经许可的访问，通常采用的方式包括单向认证密钥、双向认证密钥和分级密钥等。

(1) 单向认证密钥

单向认证密钥，即电子标签认证读写器是否有权访问其数据存储器，采用最简单的检查口令的机制，电子标签将读写器发送来的口令与密钥存储器存放的基准口令相比较，如果一致，便允许读写器对数据存储器进行读取和写入。

(2) 双向认证密钥

有些应用场合需要读写器和电子标签互相认证使用资格，或者检查这两个部件是否属于同一射频识别系统，需要采用鉴别法。鉴别法需要读写器和电子标签各产生一随机数字发送给对方，双方利用各自生成的随机数和对方的随机数以及各自的密钥和密码算法算出一个加密数据块，然后再将数据块发送给对方，双方接到数据块后进行译码，若从译码中获得的随机数与原先发送的随机数一致，说明电子标签和读写器的密钥和密码算法是一致的，说明双方属于共同的射频识别系统，可以进行下一步通信。

(3) 分级密钥

分级密钥是指系统拥有多个不同安全等级的密钥，在应用中将不同的访问权限分配给各个密钥，从而给密钥规定不同的安全等级。各密钥的访问权限在电子标签的访问寄存器（ACC）中加以设置，当读写器使用某安全等级的密钥认证成功后，只能按照访问寄存器中对该密钥事先设置好的存取权限来访问电子标签。

例如，某一系统具有两个安全等级的密钥：密钥 A 和密钥 B，读写器与电子标签之间的认证可以用密钥 A 和密钥 B 来进行，如图 4.13 所示。电子标签内部通过访问寄存器对密钥 A 和密钥 B 的访问权限加以设置，密钥 A 被设置的访问权限是只允许读出电子标签存储器中的数据，而密钥 B 被设置的访问权限是可从电子标签的存储器中读出和写入数据。读写器 1 具有密钥 A，电子标签认证成功后，允许读写器 1 从电子标签读出数据。读写器 2 具有密钥 B，电子标签认证成功后，允许读写器 2 从电子标签中读取数据，并允许读写器 2 向电子标签写入数据。

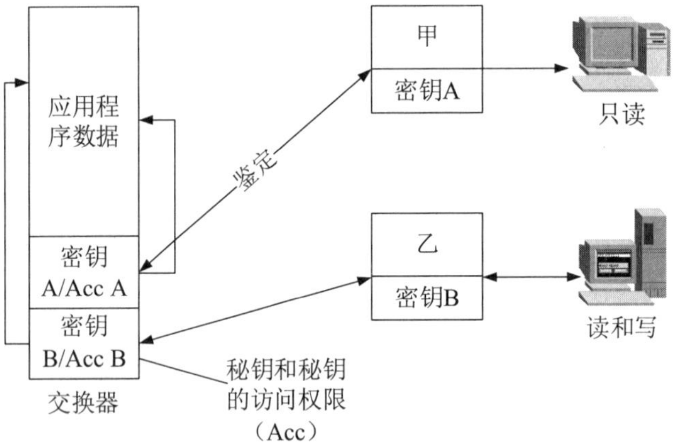

图 4.13 分级密钥访问原理示意图

分级密钥在实际应用中的例子很多，如公交系统中的公交卡和校园一卡通系统中的饭卡，都应用了分级密钥电子标签的方式。现以城市公交系统作为分级密钥的应用实例来进行说明。

公交卡是一种 RFID 电子标签，作为城市公交系统的应答器，而读写器被分为两类：用于付款的“减值”读写器即公交汽车上的刷卡机和用于充值的“升值”读写器即工交公司的充值设备。同时公交系统中拥有两个等级的密钥：密钥 A 和密钥 B，电子标签的访问寄存器中对两个密钥的访问权限是这样配置的：在密钥 A 认证成功后系统仅允许从现金账户中扣除一定金额；在用密钥 B 认证成功后系统才能使现金账户金额增加。

公交汽车上或地铁入口的读写器即检票装置，仅分配给密钥 A，这样就不能使用检票装置进行充值，甚至可以避免通过软件操纵被窃取的检票装置而造成的损失。高安全性的密钥 B 只分配给防盗窃的读写器内，如公交公司指定的充值地点，电子标签认证密钥 B 成功认证后，允许公交充值地点的读写器给电子标签充值。

4. 分段存储电子标签

分段存储电子标签是将存储空间分为若干个存储段，并将各个存储段用单独的密钥保护起来以防止非法访问，每个存储段具有独立的功能，可以实现不同应用数据的完全独立存储，如图 4.14 所示。只有当某单独密钥成功认证后，才能获得相应存储段的访问权限。换句话说，某种应用的读写器只知道自己的密钥，就只能取得自己存储段的访问权限。电子标签的存储段可以只使用一部分，其余的存储段可以闲置待用。

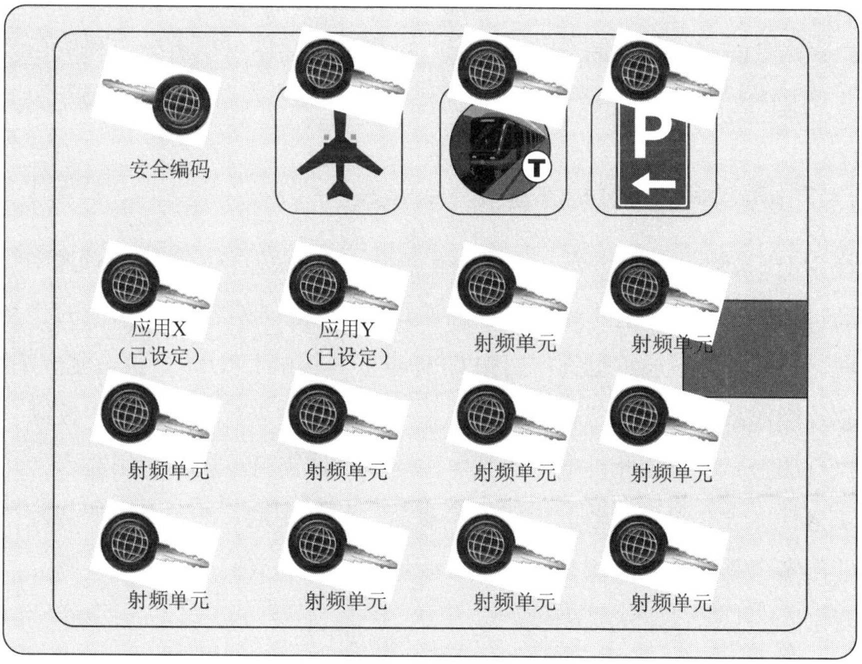

图 4.14　电子标签分段存储示意图

由于分段存储电子标签具有多个独立的功能，所以可实现一卡多用。例如，校园里普遍使用的一卡通具有支付餐费、借阅图书、零售付费、上机付费等多种功能；城市公交车卡具有公交车付费、地铁付费、打的付费、自行车租赁付费、零售付费等多种功能；某一电子标签具有汽车出入、小区付费、汽车加油、零售付费等多种功能。这些多功能卡上的各种应用数据非别有各自不同的密钥，而一个读写器一般只拥有其中一个密钥（如公交车付费密钥），只能在相应的存储段进行访问（如在公交车上刷卡支付车费）。

分段存储电子标签根据存储段的大小是否固定可以分为固定分段存储和可变分段存储两种。

(1) 固定分段存储

大多数分段存储电子标签中的存储空间都采用固定大小的段，因为这种分段方式在电子标签的微型芯片上易于实现且成本较低。固定分段存储的电子标签多应用于所需存储空间相对固定且与存储段长相符的场合。但对于某些应用所需存储空间过小的情况，电子标签上的存储空间会因为只有一小部分被利用而导致浪费；反之对于应用所需存储空间过大的情况，需要占用存储空间的多个存储段，而密钥必须存储在每个被占用的段中，也存在多次重复存储同一密钥而浪费存储空间的问题。

(2) 可变分段存储

可变分段存储的电子标签的存储段可以根据应用所需要的存储空间来进行分配，做到所需存储空间与分配存储空间相匹配。可变分段存储可以更好地利用存储空间，但实现可变段长比较困难，故一般很少使用。

4.4 含有微处理器的电子标签

随着 RFID 系统的不断发展，对电子标签可实现的功能以及数据处理速率的要求也不断提高，于是在电子标签中越来越多的使用微处理器来代替不够灵活的状态机。含有微处理器的电子标签通常也称作射频 CPU 卡或非接触 CPU 卡，拥有独立的 CPU 处理器的芯片操作系统，其任务是对电子标签的数据传输进行命令序列的控制、文件管理以及执行加密算法，故此类电子标签可以更灵活地支持不同的应用需求，并提高了系统的安全性。含有微处理器的电子标签有着广泛的用途，涉及金融、保险、交警、政府行业等多个领域，具有用户空间大、读取速度快、支持一卡多用等特点，目前正在向智能化、小型化、高容量方向发展。

4.4.1 电子标签的组成

含有微处理器的电子标签是一个带有卡片操作系统的应用平台，相当于一台微型计算机，不仅具有数据存储功能，同时具有命令处理、计算和数据加密等功能。电子标签内除了射频接口外，还集成了微处理器 CPU、随机存储器 RAM、程序存储器 ROM、用户数据存储器 EEPROM，如图 4.15 所示。其中射频接口的部分与具有存储功能的电子标签相同，在4.3.1 节做过详细的介绍，以下将对其他组成部分的功能进行介绍。

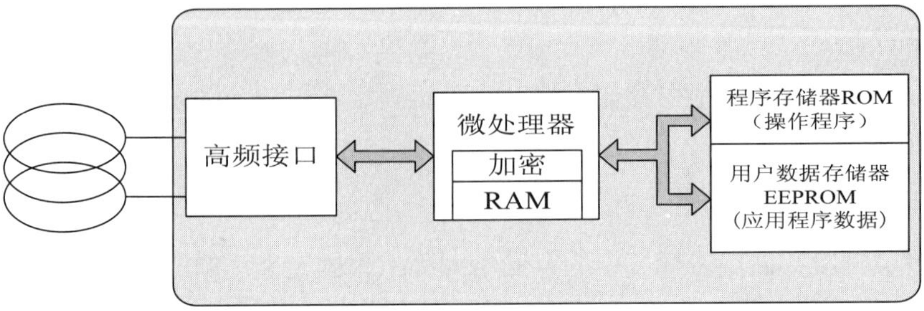

图 4.15 含有微处理器的电子标签内部组成示意图

1. 微处理器（CPU）

微处理器是可编程的特殊集成电路，其所有组件小型化至一块集成电路内，可在其一端或多端接受编码指令，执行此指令并输出描述其状态的信号，这些指令能在内部输入、集中或存放起来，实现数据的处理及对处理过程的监控。微处理器不仅是微型计算机的核心部件，也是各种数字化智能设备的关键部件。如今微处理器已经无处不在，无论是智能洗衣机、移动电话等家电产品，还是汽车引擎控制、数控机床等工业产品，都要嵌入各类不同的微处理器。

2. 随机存储器（RAM）

执行程序时用到的内存，用于存放运行和控制数据，其容量决定了微处理器的运行速率。

3. 程序存储器（ROM）

用于存放程序代码的存储器，操作系统程序模块是以代码的形式写入 ROM 的，并在芯片生产阶段写入芯片之中。

4. 数据存储器（EEPROM）

用于存放与电子标签内部信息相关的应用数据，操作系统可通过寻址的方式对该数据进行调用和处理。

4.4.2 微处理器操作系统命令的处理流程

当电子标签处于读写器的工作区域时，读写器将向电子标签发送命令，经电子标签的天线进入射频接口电路，信号在射频接口中经过处理后被送至微处理器的操作系统中，操作系统程序模块在芯片生产阶段便以代码的形式写入 ROM 中，其主要任务是对电子标签进行数据传输、完成命令序列的控制、文件管理及加密算法。

电子标签的操作系统中包含了众多程序模块，如输入 / 输出管理模块、安全信息管理模块、命令解释程序、返回代码管理模块、文件管理模块、内存管理模块、代码解释模块、应用命令模块、状态机模块、逻辑通路管理模块等。下面对主要模块进行说明:

1. 输入 / 输出管理器

输入 / 输出（I/O）管理器对读写器发送的命令进行独立的错误识别，并加以校正。

2. 安全信息管理器

安全信息管理器接收无差错的命令，经解密后检查其完整性。

3. 命令解释程序

命令解释程序尝试对命令译码，如果不能译码则调用返回代码管理器。

4. 返回代码管理器

返回代码管理器产生相应的返回代码，并经输入/输出管理器送回读写器，之后读写器会将信息重发给电子标签。

在电子标签操作系统中的典型命令处理流程如图 4.16 所示。当操作系统从射频接口接收到一个命令，I/O 管理器对该命令进行错误识别和校正，被校正后的命令在安全信息管理器中解密，然后送到命令解释程序进行译码，译码成功后执行与此命令相关的程序代码，如需访问 EEPROM 中的应用数据，则由文件管理和存储器管理来执行。若命令解释程序不能成功译码，则调用返回代码管理器，产生相应的返回代码经 I/O 管理器送回读写器。

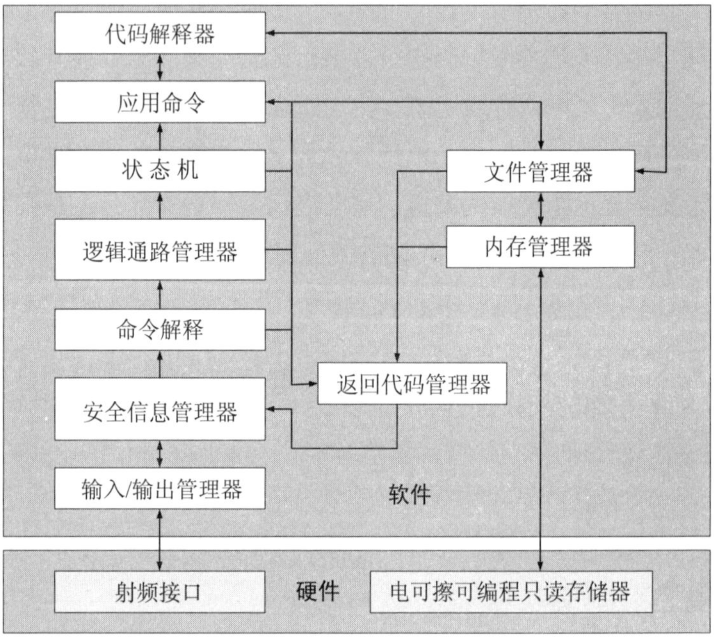

图 4.16 含有微处理器的电子标签内操作系统命令处理流程

4.5 电子标签的发展趋势

电子标签所需的功耗低以及无源标签、半无源标签技术越来越成熟，使得电子标签技术已被广泛应用于日常生活当中，但仍存在有待解决和需要进一步完善的问题，如标签供电对作用距离的限制，对于高速移动物体的有效识别，强磁场对电子标签正常工作的影响，安全性的进一步提高等等，针对诸如此类的问题，电子标签技术还需继续改进和完善，总的来说，电子标签具有以下发展趋势。

1. 更远作用距离的实现。由于无源射频识别系统的距离限制主要来自于电磁波对标签能量的供电限制，如果能进一步降低电子标签的工作电压，那么相同的电磁波能量就可以保证距离更远的电子标签正常工作，这就使得无源系统的作用距离进一步加大。通过进一步发展低功耗电子标签的设计技术，可实现更远的电子标签作用距离。

2. 适合高速移动物体的有效识别和检测。针对高速移动的物体，如火车、地铁列车、高速公路上行驶的汽车的准确快速识别的需要，电子标签与读写器之间的数据交换速率有待进一步提高，以使高速物体的识别准确有效。

3. 快速多标签读 / 写功能的实现。在物流领域会涉及大量物品的同时识别，为提高工作效率并避免出错，必须制订适合快速多标签读 / 写的系统通信协议。

4. 强磁场下的自保护功能的更完善。电子标签距离读写器的位置是随机的，有可能离读写器很远，也有可能很近，由于读写器不断地向周围空间辐射电磁场，电子标签便有可能处于非常强的能量场中，从而在电子标签上产生很高的电压，一旦超过电子标签的正常工作电压范围，会严重影响电子标签的正常工作甚至使其造成损坏，所以必须进一步加强电子标签在强磁场下的自保护能力。

5. 安全性更高。在某些安全性要求较高的应用场合，需要对电子标签的存储数据进行严格的加密，这样就需要智能性更强、加密性能更完善的电子标签，保证数据不被未经授权者获取。

6. 功能更强大。在某些应用领域，需要电子标签具有指定的附属功能，如传感功能，即可将电子标签和传感器相连接，将扩展电子标签的应用领域；又如蜂鸣器和指示灯等提示功能，当特定的电子标签发送指令时，标签将会发出声光指示，这样就可以在大量的标签中寻找发出指令的标签。

本章小结

1. 电子标签的种类繁多，应用范围广泛，根据工作原理的不同可划分为利用物理效应的电子标签和含有芯片的电子标签两类。

2. 利用物理效应的电子标签主要有 1 比特电子标签和表面声波电子标签两种工作方式，其中 1 比特电子标签可分别采用射频法、微波法和分频法进行射频识别，而表面声波电子标签是基于压电效应和声学表面波理论来实现与读写器之间的数据通信的。

3. 含有芯片的电子标签主要分为具有存储功能的电子标签和含有微处理器的电子标签两种结构，两者均包含射频接口电路和控制电路两部分，其中射频接口电路电感耦合和电磁反向散射两种工作方式，具有存储功能的电子标签通过地址与安全逻辑电路中的状态机对数据传输与处理进行控制，而含有处理器的电子标签使用微处理器来代替状态机完成该项工作。

4. 未来的电子标签将朝着作用距离更远、无源可读写性能更完善、适合高速移动物体识别、强磁场下的自保护功能更完善、智能性更强、加密特性更完善、小型化和低成本的方向发展。

思考和习题

1. 根据工作原理的不同，电子标签将如何分类？各有什么特点？
2. 简述1比特电子标签三种工作方式的异同。
3. 简述声表面波电子标签的工作原理。
4. 什么是分级密钥？举例说明分级密钥在日常生活当中都有哪些应用？
5. 射频接口电路有哪些工作方式？不同工作方式的特点是什么？
6. 简述操作系统的命令处理过程。
7. 电子标签的发展趋势是什么？

第 5 章　RFID 天线技术

本章要点：

本章主要介绍 RFID 系统中所使用的天线技术。首先介绍天线的基本参数、基本工作原理和基本设计方法。依次介绍读写器天线和标签天线各自的特点和设计要求、天线与电路的匹配问题。并根据读写器天线和标签天线的技术特点介绍一些具有针对性的可选天线形式和改良方案。

RFID 系统利用无线电波来传递信息，天线是其中不可或缺的组成部分。信息以电磁波的形式在空间传播，并通过天线接收和发射电磁波以完成 RFID 系统的有效通信。根据工作频段的不同，RFID 天线可分为低频、高频、超高频及微波天线。因为 RFID 系统主要由读写器和应答器（Tag 电子标签）组成，每一个频段又分为读写器天线和应答器天线，有了这对天线的存在，读写器与应答器之间才得以实现一定距离的通信。下面对天线基础、读写器天线、Tag 天线的种类及工作原理进行介绍。

5.1 天线基础知识

通过前面章节对 RFID 系统中物理基础的学习，我们知道每个运动的电荷或者电流都会产生磁场，那么承载了电流或电压的一段理想直导线（电基本振子）就能够产生电磁辐射。实际用来发射和接收无线电波的各种天线，可根据天线表面具体的电流分布情况，看作是若干电基本振子的叠加，这样任何天线的工作特性也就可以通过计算或仿真得到。为了更好地设计和选择天线，我们必须了解描述天线工作特性的指标即天线电参数的种类和定义方式。电参数包括增益和方向性、输入阻抗、频带宽度、有效孔径和散射孔径、天线的有效长度等，它们是衡量天线性能的重要指标。下面就详细介绍天线的主要电参数和主要研究方法。

5.1.1 增益和方向性

无方向性天线（点源）在距离该天线 r 处的辐射能量均匀分布在一个以点源为圆心，

r 为半径的球面上，若我们将该球面上电磁场的功率密度 S_0 在整个表面上积分，便得到无方向性天线的辐射功率，记为 P_r，即：

$$P_r = \int_A S_0 \cdot dA = 4\pi r^2 S_0 \tag{5.1}$$

而对于实际的天线，如偶极子天线的辐射能量在空间各个方向并不是均匀分布的，例如在偶极子天线的轴向（放置方向）就没有功率辐射，或只有很低的辐射功率，因此实际应用中天线的辐射场都具有方向性。所谓方向性，是指相同距离下天线辐射场在空间各个方向的分布情况，图 5.1 给出了相同辐射功率下偶极子天线与点源天线的辐射方向图。从图中可以看出，点源天线在空间各个方向是均匀辐射的，而偶极子天线在轴向为零辐射，在轴向的垂直平面上呈现出最大辐射。

式（5.1）对任何形式的天线都是成立的。那么若点源天线和某实际天线辐射功率相同，而实际天线在不同的方向具有不同的功率密度，为了满足两种天线用式（5.1）计算出的辐射功率是相等的，实际天线最大辐射方向的功率密度必然大于点源天线在同一方向的辐射功率密度。图 5.1 中矢量 $G(\theta)$ 的长度与点源 G 长度的比值代表某个 θ 下的相对辐射密度，其中 θ 为某一辐射方向与偶极子天线的夹角。从图中可以看出偶极子天线的最大辐射方向的相对辐射密度为 G_T，称为天线增益。天线增益表示相同辐射功率下实际天线在最大辐射方向的功率密度与点源天线在该方向的功率密度的比值。那么最大辐射功率密度可通过下式计算：

$$S = G_T \cdot S_0 = \frac{P_T G_T}{4\pi r^2} \tag{5.2}$$

式中 P_T 是天线的输入功率（也是天线效率为 1 时的辐射功率 P_r）。

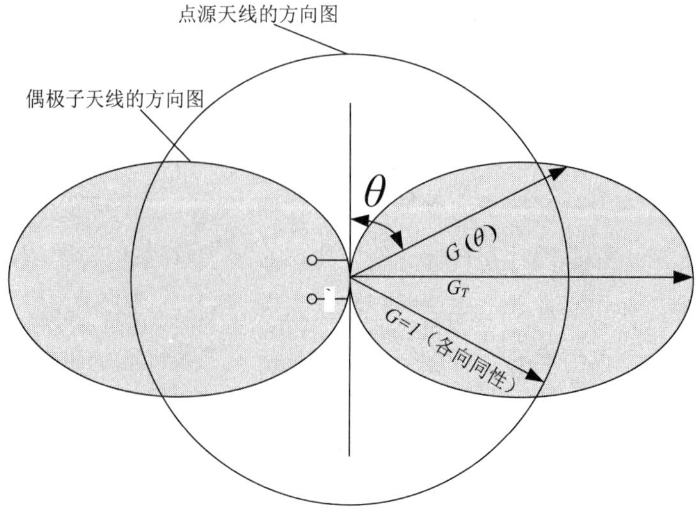

图 5.1 相同辐射功率下偶极子天线与点源天线的辐射方向图比较

下面给出有效全向辐射功率（EIRP：Effective Isotropic Radiated Power）的概念：它表示实际天线在最大辐射方向上的辐射功率密度代替全向功率密度积分所得的功率值。故有：

$$P_{EIR} = \int_A G_T S_0 \cdot dA = P_T G_T \tag{5.3}$$

从上式可知，不同天线要想得到相同的有效全向辐射功率，增益越高的天线需要更少的输入功率，并且在天线效率为 1 的前提下输入功率最多不会超过有效全向辐射功率。

5.1.2 输入阻抗

天线的一个重要特性就是它具有复数输入阻抗，记作 Z_{in}。该输入阻抗是由输入电阻（R_{in}）和输入电抗（X_{in}）组成，其中输入电阻又包括损耗电阻 R_l 和辐射电阻 R_r 两部分。故有：

$$Z_{in} = R_r + R_l + jX_{in} \tag{5.4}$$

损耗电阻 R_l 代表天线表面对电流存在的欧姆损耗。输入功率的一部分会通过该电阻转化为热量在天线表面耗散掉，辐射电阻 R_r 是假想的等效电阻，该电阻所转化的功率对应于天线辐射到自由空间的电磁波能量即辐射功率，通过输入阻抗的定义可以得到天线与应答器连接电路的等效电路，如图 5.2 所示。

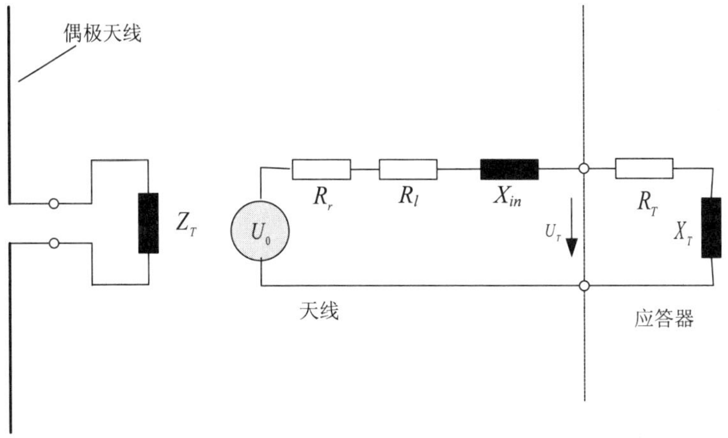

图 5.2　天线与应答器连接电路的等效电路

通常在工作频率（一般为天线的谐振频率）天线的输入电抗 X_{in} 趋近于零，那么对于一个无耗天线（即 R_l=0）而言，工作频率下的输入阻抗可简化为：

$$Z_{in} = R_r \tag{5.5}$$

因此在谐振的条件下理想天线的输入阻抗显然是一个实数，其大小为辐射电阻值。例如半波偶极子天线的输入电阻为 73Ω。

5.1.3 频带宽度

由于天线可以等效为 RLC 电路，从整个频段来看总能找到某一个频率，使得等效电路中的容抗和感抗相互抵消，该现象称为谐振。当天线谐振时，输入阻抗为纯电阻的形式，能够最大限度地辐射电磁能量，此时对应的频率称为天线的谐振频率。

天线的所有电参数都和谐振频率有关，当谐振频率偏离中心谐振频率 f_0 时，天线的电参数将变差，其变差的容许程度取决于天线设备系统的工作要求。当频率发生变化时，若天线的有关电参数变化的程度在系统所允许的范围内，此时对应的频带范围称为频带宽度或阻抗带宽。

根据不同的需要，频带宽度通常有两种定义方式，相对带宽和绝对带宽。若天线的最高工作频率为 f_{max}，最低工作频率为 f_{min}，相对带宽用〔（f_{max}-f_{min}）/ f_0〕× 100% 来表示，而绝对带宽被定义为 f_{max}/f_{min}。通常像引向天线和螺旋天线等窄带天线及宽带天线采用相对带宽来定义其频带宽度；像对数周期等超宽带天线采用绝对带宽来定义其频带宽度。

5.1.4 有效孔径和散射孔径

当天线以最大接收方向（即最大辐射方向）对准来波方向，并且天线的极化与来波极化相匹配时，从天线可吸收的最大功率 P_e 与入射波的功率密度 S 成正比。比例系数具有面积的量纲，被称作有效孔径或有效接收面积 A_e。故有：

$$P_e = A_e \cdot S \tag{5.6}$$

图 5.3 形象示意了天线有效孔径 A_e 的示意图，A_e 可看作与传播方向垂直的一块面积，天线的最大接收功率 P_e 以辐射功率密度 S 通过该面积 A_e，从而被天线吸收并传输至应答器接收电路。

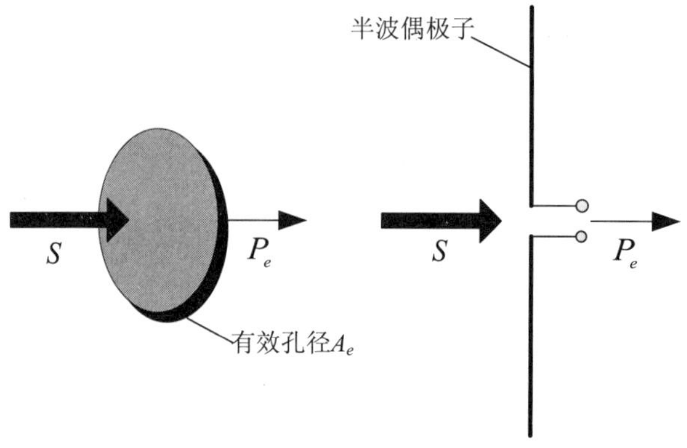

图 5.3 天线有效孔径示意图

天线的有效孔径 A_e 与天线增益 G 成正比，因为大多数天线形式的增益是已知的，那么有效面积可通过下式来计算：

$$A_e = \frac{\lambda^2}{4\pi} \cdot G \tag{5.7}$$

从公式 (5.6) 可得：

$$P_e = A_e \cdot S = \frac{\lambda^2}{4\pi} \cdot G \cdot S \tag{5.8}$$

从上述推导可知，若一个 RFID 系统发射天线的发射功率为 P_T，发射天线增益为 G_T，接收天线的增益为 G_R，那么距离发射天线 r 处接收天线的接收功率 P_R 为：

$$P_R = P_T \cdot G_T \frac{A_e}{4\pi r^2} = P_T \cdot G_T \cdot G_R \frac{\lambda^2 / 4\pi}{4\pi r^2} = P_T G_T G_R (\frac{\lambda}{4\pi r})^2 \tag{5.9}$$

除有效孔径 A_e 外，在 RFID 系统中常用到散射孔径 A_s 的概念，也可记作 σ。散射孔径用于表述接收天线处来波被反射的情况。为了帮助大家较为清楚的理解散射孔径的概念，假设辐射功率密度为 S 的来波被天线吸收，在天线上感应到电动势为 V_{OC}，这时天线可等效为一个闭合回路，将图 5.2 所示应答器输入端的等效阻抗 Z_T 用等效负载 Z_L 表示，可根据库仑定律写出回路中电流 I 的表达式：

$$I = \frac{V_{OC}}{Z_L + Z_{in}} = \frac{V_{OC}}{\sqrt{(R_r + R_l + R_L)^2 + (X_{in} + X_L)^2}} \tag{5.10}$$

进一步可写出接收功率的表达式为：

$$P_e = I^2 \cdot R_L \tag{5.11}$$

把式（5.10）代入到式（5.11）可得：

$$P_e = \frac{{V_{OC}}^2 R_L}{(R_r + R_l + R_L)^2 + (X_{in} + X_L)^2} \tag{5.12}$$

再根据有效孔径与接收功率满足式（5.6），可得：

$$A_e = \frac{P_e}{S} = \frac{{V_{OC}}^2 R_L}{S \cdot [(R_r + R_l + R_L)^2 + (X_{in} + X_L)^2]} \tag{5.13}$$

假设天线无耗且共轭匹配，即 R_l=0，R_L=R_r，X_L=-X_{in}，上式可简化为：

$$A_e = \frac{{V_{OC}}^2}{4SR_r} \tag{5.14}$$

由图 5.2 可知，感应电流 I 流经天线的辐射电阻，所转化的能量从天线辐射到自由空间，这部分能量可以看作接收天线处被反射的来波能量，即散射能量 P_s。无论电流 I

是天线处于接收时来波感应得到还是天线处于发射时发射机提供，P_s 的计算方式都是相同的，即：

$$P_s = I^2 \cdot R_r \tag{5.15}$$

如式（5.13）的推导，可得到散射孔径 A_e 的表达式：

$$\sigma = A_s = \frac{P_S}{S} = \frac{I^2 \cdot R_r}{S} = \frac{{V_{OC}}^2 R_r}{S \cdot [(R_r + R_l + R_L)^2 + (X_{in} + X_L)^2]} \tag{5.16}$$

同样，假设天线无耗且工作在共轭匹配的条件下，即 $R_l=0$，$R_L=R_r$，$X_L=-X_{in}$，上式也可化简为：

$$\sigma = A_s = \frac{{V_{OC}}^2}{4SR_r} \tag{5.17}$$

因此，在天线共轭匹配且无耗的条件下，$\sigma=A_s=A_e$，即天线从来波中吸收的总功率的一半供给接收器（对应于 RFID 系统中的应答器）工作，另一半被天线反射向自由空间，当改变应答器负载阻抗 Z_L 时，散射孔径 A_s 也会随之改变。对应 RFID 系统而言 Z_L 的最小值为 0，即天线终端开路的情况，由式（5.16）可得最大散射孔径为：

$$\sigma_{\max} = A_{s\max} = \left.\frac{{V_{OC}}^2}{SR_r}\right|_{Z_L=0} = 4A_e' \tag{5.18}$$

其中 A_e' 为前面计算得到的天线共轭匹配（$R_L=R_r$，$X_T=-X_{in}$），无耗（$R_l=0$）条件下的散射孔径。当天线所连接的应答器终端接无穷大负载，即在 $Z_L\to\infty$ 时，终端相当于开路，整个电路无电流流过或电流趋于 0，此时得最小散射孔径：

$$\sigma_{\min} = A_{s\min} = 0\big|_{Z_L\to\infty} \tag{5.19}$$

可见随着应答器终端负载的变化，散射孔径也随之变化，根据式（5.18）和（5.19）可知散射孔径在 0—$4A_e'$ 之间变化。

利用散射孔径的变化与负载电阻 Z_L 有关这一特性，可实现 RFID 系统中应答器到读写器的数据传输。应答器中的终端负载 Z_L 的大小在传输的数据流节拍中进行调谐，那么散射孔径乃至反射功率在一定程度上将被数据流调制，被调制的反射功率被读写器接收后解调便可实现应答器到读写器的数据传输，该办法被称作 σ—调制法。

5.1.5 有效长度

若天线在来波作用下所产生的感应电压为 V_{OC}，那么电压 V_{OC} 与入射波的电场强度 E 成正比。该比例系数的量纲为长度，故把该系数称为有效长度 l_0，其物理含义为：

在保持实际天线最大辐射方向上的场强不变的条件下，电流分布为均匀分布时的天线长度。根据有效长度的定义可得：

$$V_{OC}=l_0\cdot E=l_0\cdot\sqrt{S\cdot\eta} \tag{5.20}$$

其中 S 为来波的功率密度，η 为自由空间波阻抗。把式（5.14）代入上式可得天线共轭匹配且无耗条件下有效长度的计算公式：

$$l_0=2\sqrt{\frac{A_e\cdot R_r}{\eta}} \tag{5.21}$$

由于 A_e 可通过天线的增益得到，通常天线的增益为已知，那么可根据式（5.7）进一步导出有效长度为：

$$l_0=\lambda\cdot\sqrt{\frac{G\cdot R_r}{\pi\eta}} \tag{5.22}$$

5.1.6 天线的研究方法

电磁场随时间变化是产生辐射的原因。天线的结构应该使电场和磁场分布在同一空间，这样可以使二者能量直接转化，电磁能量可以向远处辐射。研究天线辐射的常用方法有如下三种。

1. 叠加原理法

天线的辐射符合叠加原理。对于线天线，首先求出电流元（或称为电基本振子）的辐射场，然后找出线天线上的电流分布，线天线的辐射是元电流辐射的线积分。对于面天线，将辐射问题分为内问题和外问题，由已知激励源求天线封闭面上的场为内问题，由封闭面上的场求外部空间辐射场为外问题。内外问题的转化需要用到惠更斯原理，在求天线的外问题时，辐射场也要用到叠加原理。

2. 数值法

在实际天线的计算中，严格的求解会在运算量和运算复杂程度上存在困难，有时甚至无法求出解析解，所以天线实际上多采用数值近似解法。常用的天线数值解法有矩量法（Method of Moment）、有限元法 (Finite Element Method) 和时域有限差分法 (Finite Difference Time Domain) 等。

3. 仿真软件

目前天线的设计与计算广泛采用仿真软件，现在国际上比较流行的电磁三维仿真软件有 Ansoft 公司的 HFSS（High Frequency Structure Simulator）和 CST 公司的 MWS（Microwave Studio)，这些软件可以求解任意三维射频、微波器件的电磁场分布，并可以直接得到辐射场和天线方向图，仿真结果与实测结果具备很好的一致性，是高效、可靠的天线设计方法。

为适应电子标签的快速应用和不断发展，需要提高 RFID 天线的设计效率，降低 RFID 天线的制作成本，因此 RFID 天线通常使用仿真软件进行设计。天线仿真软件功能强大，已经成为设计天线的一个重要手段，天线仿真和测试相结合，可以基本满足 RFID 天线设计的需要。

5.2 读写器天线

5.2.1 读写器天线设计要求

读写器天线是 RFID 系统可靠运行的关键，因为它不仅与电子标签天线共同构建高频信号的通道，通常还需要负责向电子标签提供能量以启动标签进行工作。在实际应用中，对读写器天线有更为具体的要求。

1. 结构尺寸：读写器天线设计要求低抛面、小型化，以适应读写器天线在各种安装和使用环境下的需求。

2. 增益：基于天线的小型化带来的低效率、低增益的问题，采用多幅天线组成阵列的方式已获得高增益的效果。并且希望读写器天线能够精确控制读写范围，根据不同的应用场合和读写区域，把能量充分传输给特定位置的电子标签，使未读标签最小化。

3. 工作频带：RFID 系统对读写器天线工作频带是有严格要求的，即至少要能够覆盖 902-928MHz(美国标准)，如果读写器天线能够覆盖 860-960MHz，将更有利于在世界各地使用。

4. 方向性：读写器天线的方向图可以随着电子标签的位置发生改变，目前国际上已经开始研究读写器应用的智能波束扫描天线阵。读写器可以按照一定的处理顺序，通过智能天线使系统能够感知天线覆盖区域的电子标签，增大系统覆盖范围，使读写器能够判定目标的方位，速度和方向信息，具有空间感应能力。

5. 连接方式：读写器天线既可以与读写器集成在一起，也可以采用分离式。对于远距离系统，天线和读写器采取分离式结构，并通过阻抗匹配的同轴电缆连接到一起。

6. 安装环境：读写器天线需要适应多变的安装环境，尤其针对户外使用的读写器天线，应具备向系统报告和对抗恶劣气候及环境的能力。

在低频和高频频段，读写器基本采用电感式天线（线圈天线）。在微波波段，读写器多采用平面天线、螺旋天线、对数周期天线以及阵列天线的形式。

5.2.2 电感式系统天线

电感式系统天线用于低频和高频频段，工作频率范围在 135KHz 以下和 13.56MHz 附近。通常在以上频段，读写器和电子标签靠线圈来耦合能量，因此读写器天线与电子标签天线之间采用电感耦合的方式工作。

1. 最佳线圈天线直径

假设电子标签与读写器线圈天线的距离 x 为常数，并且读写器天线线圈中的电流 I 不变，改变线圈天线的半径 R，可发现当 $R \approx x$ 时，电子标签接收到的场强为最大值，因为在距离线圈天线 x 处，随着线圈半径的增大，场强将按比例减小。而随着线圈半径的减小，当 $R<x$ 时，场强将超比例的减小。图 5.4 中给出了当距离 x 固定时该接收点处磁场强随线圈半径的变化曲线，表明当 $x=R$ 时，场强达到最大值。

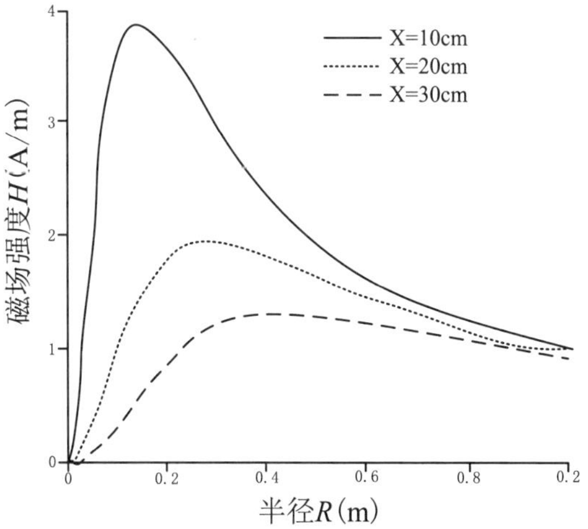

图 5.4　距离 x 固定时磁场强度随线圈半径 R 的变化曲线

根据经验读写器的阅读范围，即应答器能够读出询问的范围，大致与线圈天线的半经相符，由此可以得出对于给定的系统范围 x_{max}，最佳线圈天线半径 R 可以表示为 $R \approx x_{max}$。

2. 电感式系统的工作原理

高频的强电磁场由读写器的天线线圈产生，磁场穿过线圈横截面和线圈周围的空间。因为工作频率对应的波长比读写器与电子标签之间的距离大很多倍，可以将周围空间中的电磁场当作简单的交变磁场来对待。

图 5.5 给出了电感式系统的工作原理示意图，将一个电容器 C_r 与读写器的天线线圈并联，电容器电容的选择依据是与天线线圈的电感产生并联谐振，谐振频率与读写

器发射频率相符。该振荡回路的谐振使得读写器天线线圈产生非常大的电流，读写器线圈天线发射的磁场一小部分磁力线穿过应答器天线线圈，在应答器的天线线圈上产生感应电压。应答器天线线圈和电容 C_1 构成振荡回路，调谐到读写器的发射频率，通过该回路的谐振，应答器线圈上的感应电压将达到最大值。

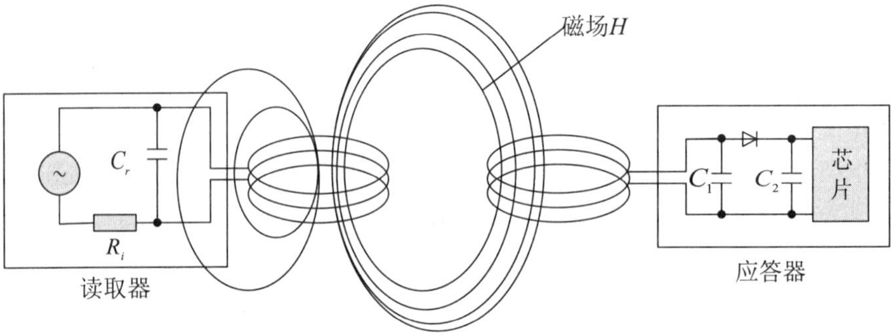

图 5.5 电感式系统工作原理示意图

这两个线圈的结构也可以解释为变压器。读写器的天线线圈与应答器之间的功率传输效率与工作频率 f，应答器线圈的匝数 n，应答器线圈面积 A，两个线圈的相对角度以及它们之间的距离成正比。

3. 电感式系统天线的连接

电感耦合射频识别系统的读写器天线产生磁通量，而该磁通量用于向应答器提供电源，并在读写器和应答器之间传送信息。因此，对读写器天线的构造就有了三个基本的要求：使天线线圈的电流最大，用于产生最大的磁通量；功率匹配，以最大限度地利用磁通量的可用能量；足够的带宽，以便无失真地传送数据调制的载波信号。根据频率范围，可使用不同的方法将天线线圈连接到读写器的输出端，如利用电流匹配直接将天线线圈与读写器功率输出级连接，或通过同轴电缆将读写器输出端信号馈送到天线线圈。

（1）利用电流匹配来进行连接

对于135KHz以下频率范围内的典型低成本读写器，射频接口和天线线圈是直接（几cm）安装在一起的，甚至常常是在同一块电路板上。由于天线导线和天线的几何尺寸比所产生的高频电流的波长小若干数量级，因此可以将信号简单地视为稳态信号来处理。这意味着高频电流的电波特性可以忽略不计。通常通过读写器的推挽桥接输出来馈送天线。为了使通过天线线圈的电流最大，将天线线圈 L_S 与电容器 C_S 和电阻 R_S 串联在一起，组成了串联谐振电路。选择设置适当的线圈和电容器的大小，使得谐振频率与读写器的工作频率相同，根据下式可计算出谐振频率f_0。

$$f_0 = \frac{1}{2\pi\sqrt{L_s \cdot C_s}} \tag{5.23}$$

（2）通过同轴电缆馈接

对于超过 1MHz 以上的工作频率或 135KHz 频率范围内较长的导线长度，不能将高频电压看作是稳态的，即使通过导线传输也必须将它看作电磁波来对待。因此，通过较长的非屏蔽的双芯线来连接天线线圈，将会在高频范围内产生不希望的效应，如功率反射、阻抗变换以及寄生功率辐射，这些都是由高频电压的电波特性所引起的。

由于这些效应在实际工作中很难被控制，因此在无线电技术中通常都是使用屏蔽电缆，即同轴电缆。这时所配置的同轴接头和同轴电缆的阻抗都是一致的，射频识别系统中一般使用的是 50Ω 的电阻，并且由于批量生产，价格也比较便宜。

图 5.6 为采用 50Ω 同轴电缆的电感耦合式射频识别系统电路图。天线线圈L_1在射频识别系统的工作频率范围内等效为阻抗Z_A。为了实现与 50Ω 系统的功率匹配，必须通过无源的匹配电路将此阻抗转化为 50Ω。然后通过同轴电缆便可以几乎无损失且无辐射地将功率从读写器末级传送到匹配电路。

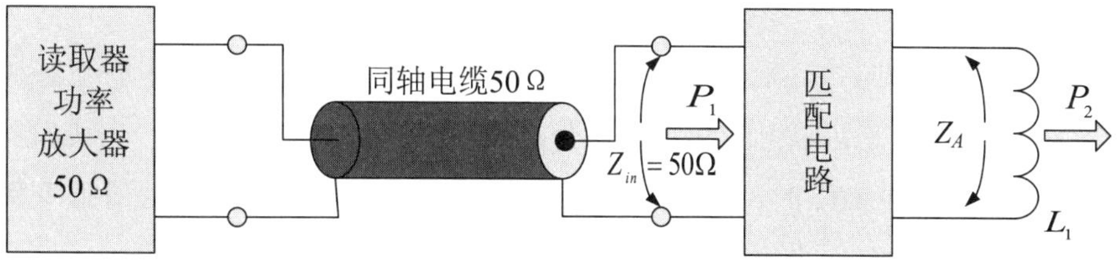

图 5.6 采用 50Ω 同轴电缆的电感耦合式射频识别系统电路图

在实际应用中，工作在 13.56MHz 的 RFID 系统多采用图 5.7 所示用于电感式系统的匹配电路。想要确定匹配电路中元器件的参数，首先要测量天线线圈在工作频率的阻抗Z_A，然后用线圈电感L_s和导线的欧姆电阻R_{Ls}的串联电路来等效真实的线圈阻抗。

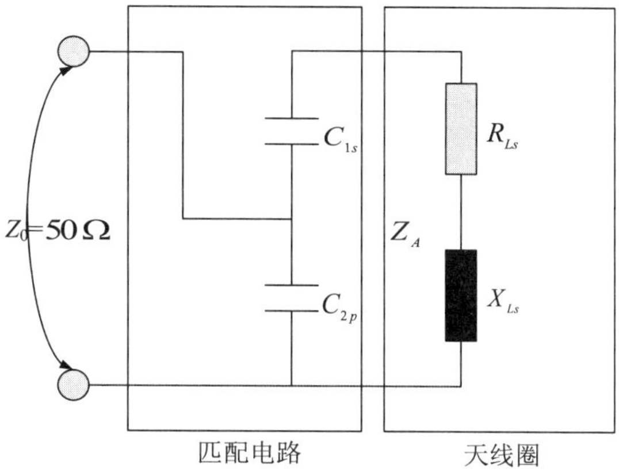

图 5.7 用于电感式系统的匹配电路

匹配电路的任务是将线圈的复阻抗 Z_A 转化成 50Ω 的纯电阻值。通过调整匹配电路中 C_{1s} 和 C_{2p} 的值，使得线圈阻抗 Z_A 变换为 50Ω。根据匹配电路结构可以求出 Z_0 如下式：

$$Z_0 = \frac{1}{-j\omega C_{2p} + \left[\dfrac{1}{-\dfrac{1}{j\omega C_{1s}} + R_{Ls} + j\omega L_s}\right]} = 50\Omega \tag{5.24}$$

通过复阻抗平面上的电阻与电导的转换关系可以推导出计算串联电容 C_{1s} 和并联电容 C_{2p} 的公式如下：

$$C_{1s} = \frac{1}{\omega^2\left[L_s - \dfrac{\sqrt{Z_0 R_{Ls} - R_{Ls}{}^2}}{\omega}\right]} \tag{5.25}$$

$$C_{2p} = \sqrt{\frac{Z_0 R_{Ls} - R_{Ls}{}^2}{\omega Z_0 R_{Ls}}} \tag{5.26}$$

在测量得到线圈阻抗之后，便可以利用上述公式求得匹配电路的串联电容和并联电容值。需要说明的是，以上匹配电路和公式适用于 $R_{Ls}<50\Omega$ 的情况。当线圈阻抗中的串联电阻值 R_{Ls} 为 50Ω 时，完全可以省去 C_{2p}，仅需串联电容 C_{1s} 抵消掉串联电感 L_s 的效应即可完成匹配。当 $R_{Ls}>50\Omega$ 时，则需要选择其他匹配电路形式。

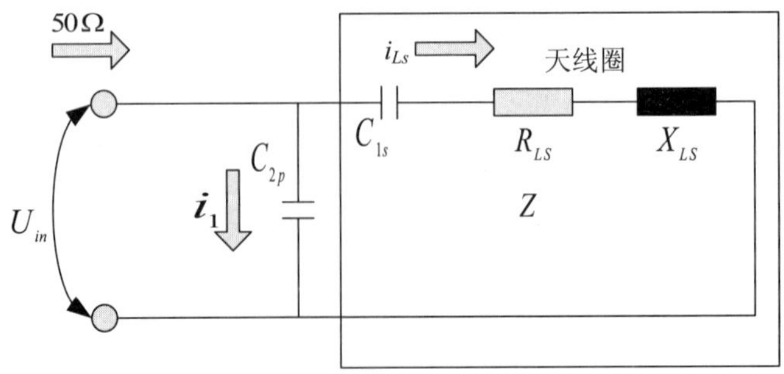

图 5.8 天线线圈的电流分流匹配电路

有时为了计算出天线线圈产生的磁场强度，还需要计算天线线圈上流过的电流 i_{Ls}，图 5.8 天线线圈的电流分流匹配电路给出了该电流。在工作频率下，电路输入阻抗为 50Ω，若发送器输出功率为 P，则输入端电压为$V_{in}=\sqrt{P\cdot Z_0}$。此电压便是 C_{1s}、R_{Ls} 和 L_s 所组成串联电路两端的电压，那么线圈上流过的电流可通过下式进行计算：

$$i_{Ls}=\frac{\sqrt{P\cdot Z_0}}{R_{Ls}+j\omega L_s-j\dfrac{1}{\omega C_{1s}}} \tag{5.27}$$

5.2.3 微波系统天线

微波 RFID 系统的读写器天线与工作在低频和高频的电感式系统读写器天线有本质上的不同。微波系统读写器天线采用电磁辐射的工作方式，读写距离较远，一般超过 1m，典型值为 1-10m。微波系统读写器天线形式多样，可以采用多种天线技术来实现读写器天线的不同需求。为了实现读写器天线的低剖面和小型化，通常采用微带天线技术；为实现读写器天线的多频段覆盖，通常采用非频变天线技术；对于分离式读写器，为了实现天线的高增益以及对标签天线的跟踪扫瞄，可采用天线阵列技术。下面针对以上用于读写器的天线技术依次进行介绍。

1. 微带天线

微波系统的读写器多使用基于带状线技术的天线，即所谓的微带天线。微带天线的特点是体积小、成本低、重量轻、剖面低，带宽窄、增益低、功率容量低（<100W），并具有散射截面小、波瓣宽、易于与载体共形，易于和微带电路集成，易于实现圆极化等优点。此外，微带天线能够方便地使用光刻技术制造出来，有很高的可复制性，易于大批量生产，大大降低了天线的制作成本。微带天线按结构特征分类可以分为微带贴片天线和微带缝隙天线两大类，下面分别对这两大类微带天线进行讨论。

（1）微带贴片天线

微带贴片天线是由敷于介质基片上的导体贴片和接地板构成，如图 5.9 所示。

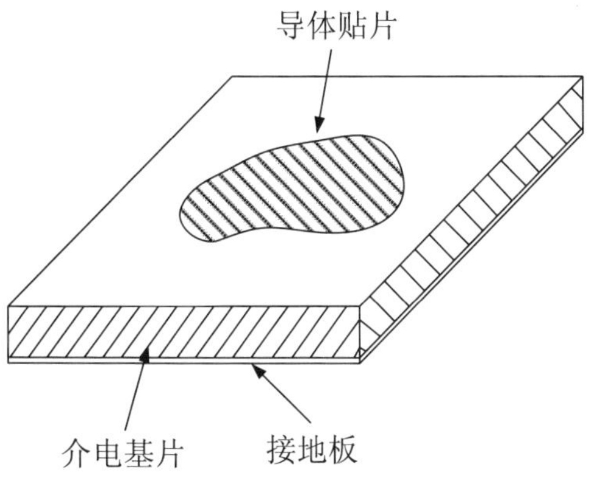

图 5.9 微带贴片天线示意图

微带贴片天线的导电贴片可以为任意平面几何形状，实际应用中由于某种特殊的性能要求和安装条件限制，必须用到特定形状的贴片，为使微带贴片天线适合于各种特殊用途，对不同几何形状的微带贴片天线进行分析是非常有必要的。各种微带天线的导电贴片形状如图 5.10 所示。下面以矩形贴片天线为例，对贴片天线的工作原理进行讨论。

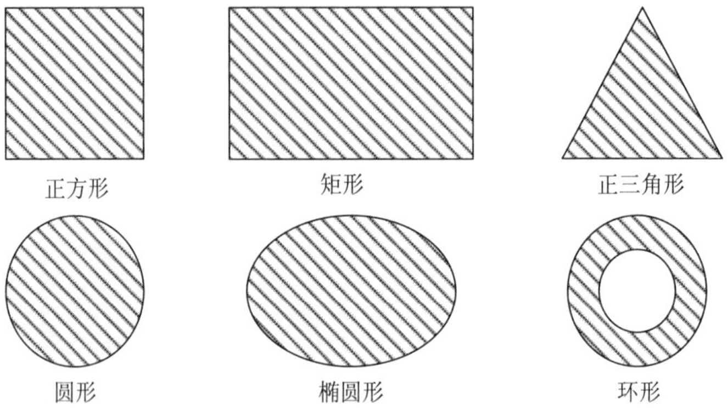

图 5.10 微带天线导电贴片的形状种类

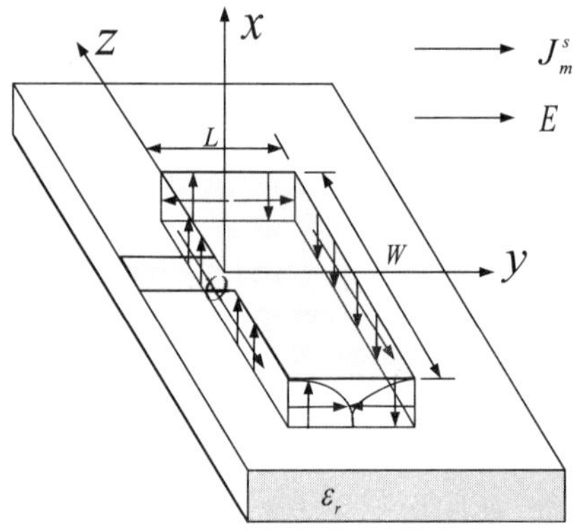

图 5.11 矩形微带天线贴片和接地板间的电场与等效面磁流分布图

矩形贴片天线是导体贴片为矩形的微带天线，可由传输线或同轴探针馈电，在贴片与接地板之间激起高频电磁场，并通过贴片四周与接地板之间的缝隙向外辐射电磁能量。矩形微带贴片可看作宽为 W、长为 L 的一段微带传输线，其终端处呈现开路，既是电压波腹面，又是电流波节面。天线的工作波长与 L 有关，一般有 $L=\lambda_g/2$，贴片和接地板之间的电场与等效面磁流分布如图 5.11 所示。假设电场沿 z 方向（即微带线宽度方向）均匀分布，沿 y 方向（即微带线长度方向）的电场仅有 x 分量，其分布可近似表示为：

$$E_x = E_0 \cos\left(\frac{\pi y}{L}\right) \tag{5.28}$$

假设 n 为贴片与地板之间缝隙表面的外法向单位矢量，贴片四周缝隙上的等效面磁流密度可根据下式求得：

$$\boldsymbol{J}_s^m = -\boldsymbol{n}\times\boldsymbol{E}\Big|_{\substack{y=0\\ y=L}} \tag{5.29}$$

$$\boldsymbol{J}_s^m = -\boldsymbol{n}\times\boldsymbol{E}\Big|_{\substack{z=-w/2\\ z=w/2}} \tag{5.30}$$

根据上式所确定的贴片四周缝隙上的等效面磁流方向如图 5.11 中虚线箭头所示。从图中可以看出，沿 z 方向的两条宽度边 W 的磁流是同相的，故其辐射场在贴片法线方向（即 x 方向）同向叠加，呈最大值，且随偏离此方向的角度的增大而减小，形成边射方向图。

从图 5.11 还可以看出，沿 y 轴的每条 L 边的前 $0.5L$ 和后 $0.5L$ 上的磁流大小相等，方向相反，它们在以 H 面（xoz 面）分割的两个半空间上呈反对称分布，因此长度边 L 的磁流在 H 面各处的辐射相互抵消；沿 y 轴的两条 L 边的磁流大小相等方向相反，它们在以 E 面（xoy 面）分割的两个半空间上也呈反对称分布，于是它们在 E 面各处的辐射也相互抵消。而在其他平面上这些电磁流的辐射不会完全相抵消，但与沿两条 W 边的辐射相比就显得相当微弱的。

所以矩形微带贴片天线的重要特点是，能量的辐射主要由两条宽度边 W 的缝隙产生，因此两条宽度边称之为辐射边。可以把矩形贴片天线的辐射场看作相距 L 的两条长度为 W 的等幅同相的二元磁流振子的辐射场的叠加，并结合微带天线接地板的镜面反射效应可分析并计算出矩形微带贴片天线的辐射方向如图 5.12 所示。

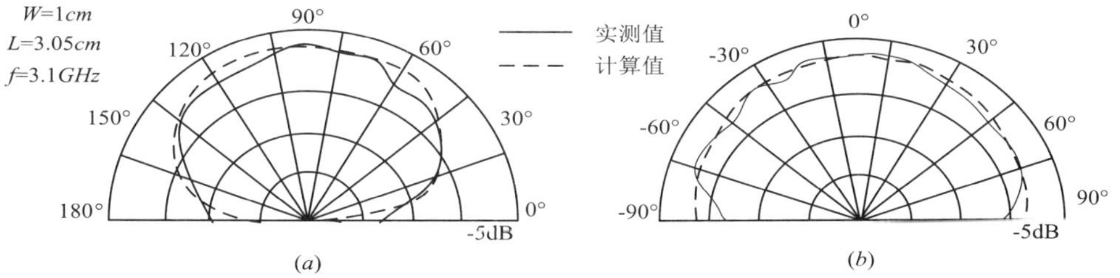

图 5.12　矩形微带贴片天线辐射方向图

（2）微带缝隙天线

微带缝隙天线由微带馈线和开在地板上的缝隙组成，微带缝隙天线是在接地板上蚀刻出窗口即缝隙，而在介质基片的另一面蚀刻出微带线的金属导带对缝隙馈电，缝隙可以是矩形、圆形或环形等，各种微带缝隙天线的形状如图 5.13 所示。

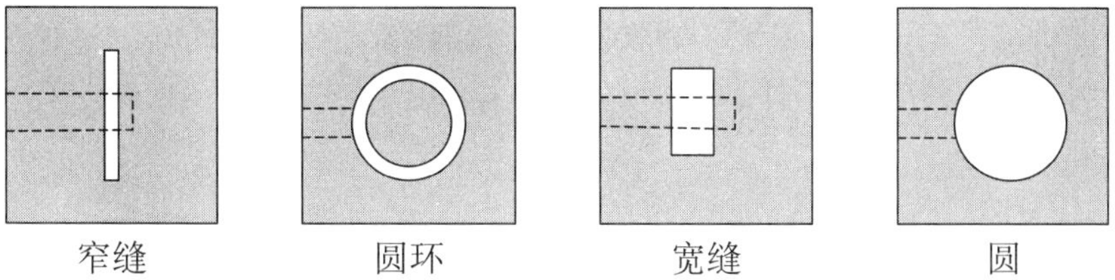

图 5.13　各种微带缝隙天线的形状

假设接地板无限大，矩形窄缝微带天线可以看作理想的缝隙天线，理想缝隙天线的辐射原理可以帮助我们理解微带接地板上的缝隙是如何作为天线向自由空间辐射能量的。图 5.14 给出了理想缝隙天线的辐射原理图，理想缝隙天线在微带线或同轴馈电的激励下，缝隙中将会产生垂直于缝隙长边的电场，并对缝隙的中点呈上下对称的驻

波分布，若缝隙长度为半波长，那么中点处场强最强，从中点沿缝隙至上下两端场强分布渐弱，如图 5.14（a）所示。对于微带缝隙天线，因为缝隙的一侧是介质板，另一侧是自由空间，所以我们只需将缝隙在自由空间（$x>0$）内的辐射源等效出来，根据 $\boldsymbol{J}_m=-\boldsymbol{n}\times\boldsymbol{E}|_{x=0}$ 可以计算出缝隙外表面的等效磁流密度，等效磁流的方向指向 z 轴正方向，亦对缝隙中点呈上下对称的驻波分布，这样我们可以将缝隙看作是一个片状的、沿 z 轴放置、与缝隙等长的磁对称振子天线，如图 5.14（b）。当讨论远区的辐射问题时，可以忽略缝隙的宽度，将其视为线状磁对称振子来分析。此外，图 5.14（c）给出了缝隙天线的互补天线片状电对称振子天线，也可以直接由电对称振子的远场分析结果对偶得到磁对称振子的结论，他们的区别在于场的极化不同：H 面（通过缝隙轴并垂直于接地板的平面）和 E 面（垂直于缝隙轴向和接地板的平面）互换，也就是说理想半波缝隙天线的 H 面方向图近似于 8 字形，而其 E 面无方向性。

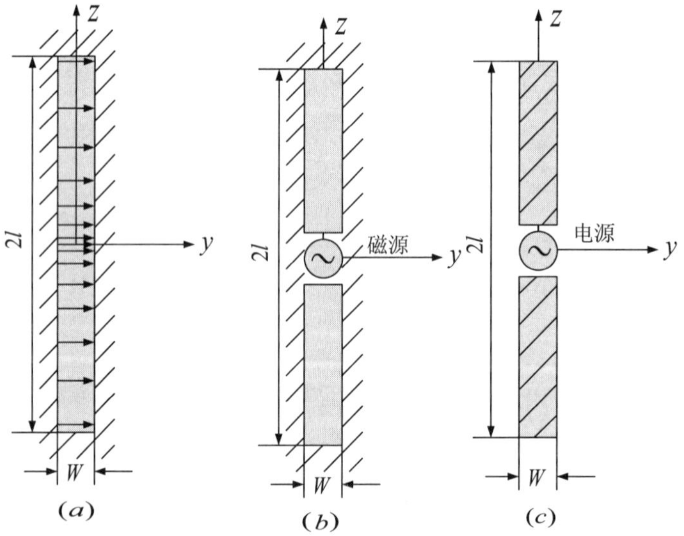

图 5.14 理想缝隙天线的辐射原理图

2. 非频变天线

一般来说，如果天线的阻抗特性和方向性能在一个较宽的频率范围（例如频带宽度为 10 : 1 或更高）内保持不变或稍有变化，则称这类天线为非频变天线。根据前面所学的天线知识，我们知道天线的电性能取决于其电尺寸，所以当天线的几何尺寸一定时，频率的变化将导致电尺寸的变化，因而天线的性能也会随之改变。而非频变天线又是如何实现随着频率的改变而电性能基本保持不变的呢？简言之，非频变天线的导出基于相似原理，即若天线的所有尺寸和工作频率（或波长）按相同的比例变化，则天线的特性将保持不变。

现在 RFID 系统使用的频率很多，这要求一台读写器可以接收不同频率电子标签的信号，因此读写器发展的一个趋势是可以在不同频率使用，这使得非频变天线成为 RFID 读写器天线的一个关键技术。非频变天线的形式多样，主要包括平面等角螺旋天线、对数周期天线和 Vivaldi 天线等。下面分别对上述天线加以介绍。

（1）平面等角螺旋天线

平面等角螺旋天线是一种角度天线，双臂用金属片制成，具有对称性，每一臂都有两条边缘线，每条边缘线均为等角螺旋线。由于平面等角螺旋天线的边缘臂仅由螺旋角决定，与其他尺寸无关，只要保持螺旋角不变，即可以满足非频变天线对形状的要求。平面等角螺旋天线如图 5.15 所示。

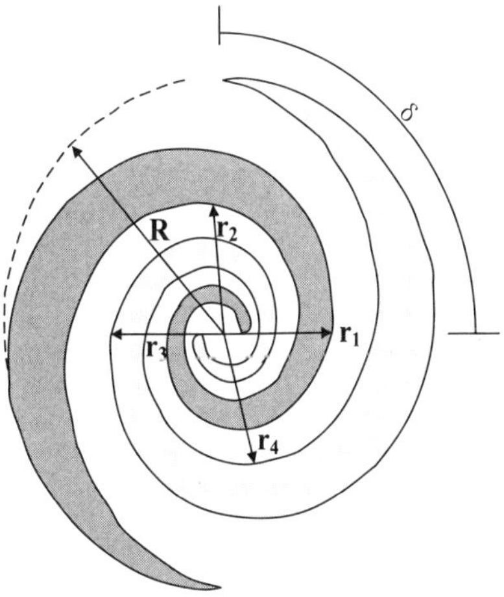

图 5.15　平面等角螺旋天线

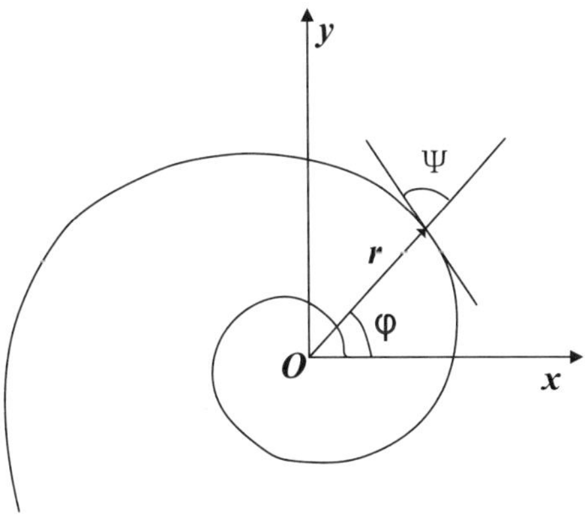

图 5.16　等角螺旋线

平面等角螺旋天线的两臂边缘满足等角螺旋线的极坐标方程：

$$r = r_0 e^{a\varphi} \tag{5.31}$$

图 5.16 给出了由式（5.31）所确定的等角螺旋线，r 为螺旋线矢径，φ 为极坐标中的旋转角，r_0 为 $\varphi = 0°$ 时的起始半径，$1/_a$ 为螺旋率，决定螺旋线张开的快慢。所谓等角螺旋，是指螺旋角即螺旋线切线与矢径之间的夹角 ψ 处处相等，表示为：

$$\psi = \arctan(1/a) \tag{5.32}$$

等角螺旋天线的馈电点位于两臂的起始点，两臂可以看成是一对变形的传输线，电流沿两臂一边传输、一边辐射、一边衰减。螺旋线上的每一小段都是一个基本的辐射片，它们的趋向随螺旋线变化，总的辐射场即这些辐射片元的辐射场的叠加。当臂上电流流过一个波长后，迅速衰减到 20dB 以下，终端效应变得很弱。因此，天线的辐射场主要由结构中周长约为一个波长以内的部分产生，这个部分称为有效辐射区，传输行波电流。将其余的部分截去，不会对天线的电性能产生显著的影响，因而可以用有限尺寸的等角螺旋天线在相应的宽频带内实现近似的非频变特性。有效区的几何长度随工作频率成比例地变化，可在一定的频带内得到与频率无关的特性。

平面等角螺旋天线最大辐射方向在平面两侧的法线方向，即图 5.16 中的 z 轴方向，方向函数为 $\cos\theta$ ，是双向端射。为得到单向辐射，可做成圆锥形等角螺旋天线，如图 5.17 所示。等角螺旋天线的极化特性与两臂的电长度和螺旋绕向有关，可概括如下：一是工作频率较低，臂长比波长小很多时，为线极化；二是频率较高时为圆极化，螺旋线绕向与传播方向满足右手定则时为右旋圆极化，满足左手定则时为左旋圆极化。

图 5.17 圆锥形等角螺旋天线

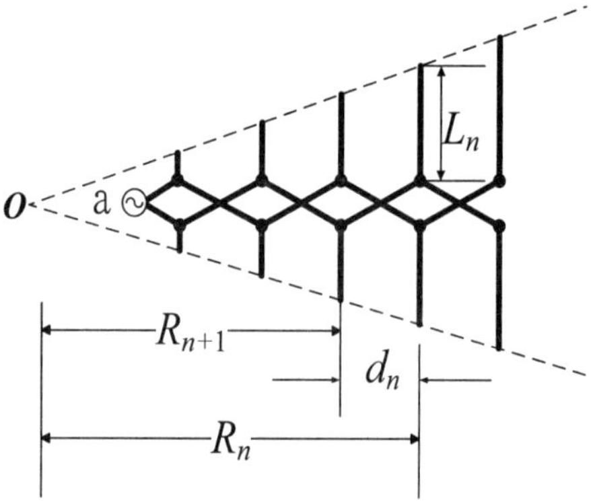

图 5.18 对数周期振子天线

平面等角螺旋天线的工作带宽由内径 r_0 和天线外径 R 决定。一般情况下，有 $\lambda_{\min} \approx (4-8)r_0$ ， $\lambda_{\max} \approx 4R$ 。若增加两臂的长度或改变天线的参数，相对带宽可达 20 : 1。

（2）对数周期天线

对数周期天线是非频变天线的另一种形式。由于天线的方向特性、阻抗特性等性能指标都是天线电尺寸的函数，如果设想当工作频率按比例 τ 变化时，仍然保持天线的电尺寸不变，则在这些频率上天线就能保持相同的电性能。保持天线的电尺寸不变需基于以下概念：当某一天线按比例因子 τ 变换后仍然保持原来的结构，那么原天线与变换后天线在频率 f 和 τf 上具有相同的电长度，从而具有相同的电性能。对数周期天线常采用振子结构，对数周期天线的馈电点位于最短振子处，相邻振子间交叉馈电，如图 5.18 所示。

如图 5.18 所示，对数周期振子天线由若干个对称振子组成，为了实现非频变特性，振子的所有尺寸都按同一比例因子 τ 变化，即：

$$\frac{d_{n+1}}{d_n}=\frac{R_{n+1}}{R_n}=\frac{L_{n+1}}{L_n}=\tau \tag{5.33}$$

式中R_n、R_{n+1}分别为第n、$n+1$个振子到天线顶点距离，L_n为第n个振子的单臂长度，d_n为相邻振子的间距。

对数周期振子天线沿馈线分成三个区域：传输区、辐射区和非激励区。传输区一般位于馈点附近，振子长度远小于$\lambda/2$的短振子所在的区域，该区域振子电长度很短，输入容抗很大，因而激励电流很小，辐射很弱，馈线上的导波能量经过该区域时衰减很小，主要起传输线的作用；辐射区为振子长度约等于$\lambda/2$的几个振子所在的区域，该区域振子处于谐振或准谐振状态，起主要辐射的作用。当工作频率变小时，辐射区向短振子方向移动，反之，辐射区向长振子方向移动，均使天线的电性能保持不变。非辐射区是辐射区后面的部分，由于馈线上传输的能量绝大多数被辐射区的振子获得，传送到非辐射区的能量很少，因此该区域激励电流很弱，振子几乎处于未激励状态。正是这一点，才使得从无限大结构截去几乎未被激励的长振子部分后，还能在一定的频率范围内近似保持理想的无限大结构电特性。

对数周期振子天线为端射式天线，最大辐射方向为长振子指向短振子方向。当频率变化时，天线的辐射区在天线上前后移动而保持相似的特性，其方向图随频率变化较小，具有宽带特性，比例因子τ越大，辐射区阵子数越多，方向性越强，方向图的半功率角就越小。对数周期振子天线为线极化天线，水平架设时是水平极化天线，垂直架设时是垂直极化天线。对数周期振子天线的工作带宽大致由最长振子L_1和最短振子L_N的尺寸决定，即：

$$\lambda_{\min}=L_1/K_1 \tag{5.34}$$

$$\lambda_{\max}=L_N/K_2 \tag{5.35}$$

式中K_1、K_2分别为工作频率高端和低端的截断常数，经验计算公式为：

$$K_1=1.01-0.519\tau \tag{5.36}$$

$$\begin{aligned}K_2&=7.1\tau^3-21.3\tau^2+21.98\tau-7.3\\&\quad+\sigma\left(21.82-66\tau+62.12\tau^2-18.29\tau^3\right)\end{aligned} \tag{5.37}$$

通常的对数周期振子天线体积较大，不便于集成，为了将对数周期天线的非频变特性更好地用于 RFID 系统，可采用现代蚀刻工艺制作体积小、重量轻、便于集成和共形的平面结构对数周期天线。平面结构的对数周期天线可以分为三大类：双面印刷对数周期振子天线、双层微带对数周期天线和单层微带对数周期天线，分别如图 5.19 所示。

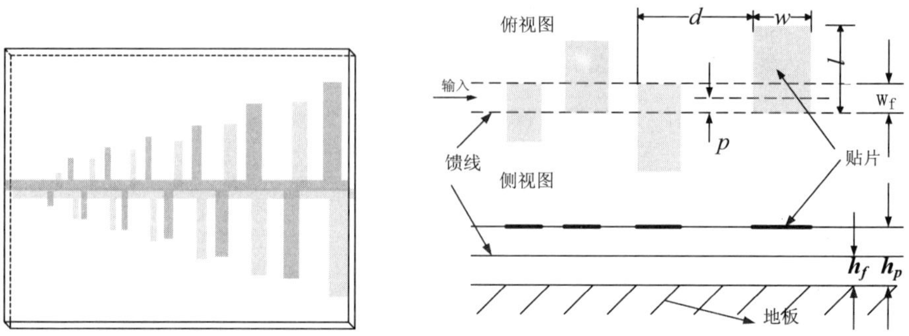

（a）双面印刷对数周期振子天线　　（b）双层微带对数周期天线

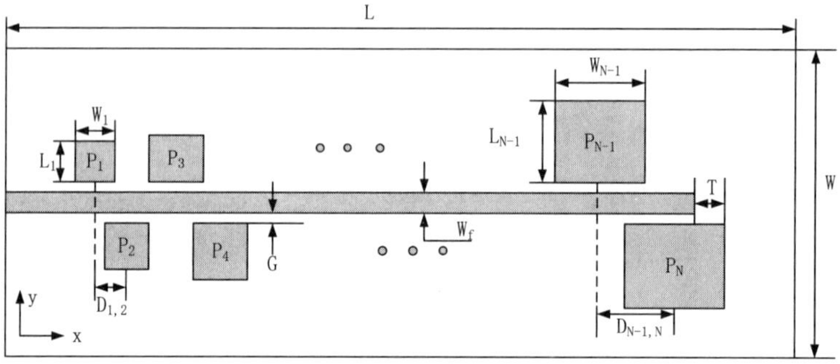

（c）单层微带对数周期天线

图 5.19 平面结构对数周期天线的主要形式

（3）Vivaldi 天线

Vivaldi 天线也是一种非频变天线，具有很宽的工作带宽，并在整个频率范围内具有相同的波束宽度。它由较窄的槽线过渡到较宽的槽线构成，槽线呈指数规律变化，将介质板上的槽线宽度逐渐加大，形成喇叭口向外辐射或接收电磁波。该天线在设计频段内具有相同的波束宽度，时域接收波形具有非散特性。常见的 Vivaldi 天线有传统结构和对跖结构两种，如图 5.20 所示。

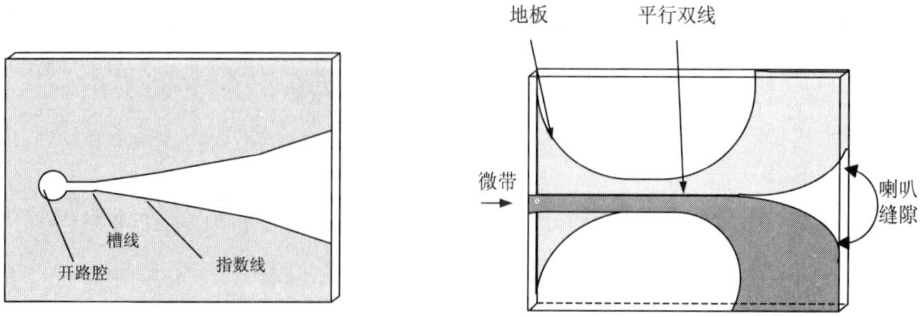

（a）传统 Vivaldi 天线　　（b）对跖 Vivaldi 天线

图 5.20 Vivaldi 天线结构

传统 Vivaldi 天线的辐射贴片在同一平面，常用馈电结构分三种形式：同轴线—槽线馈电、共面波导—槽线馈电、微带线—槽线馈电，如图 5.21 所示。

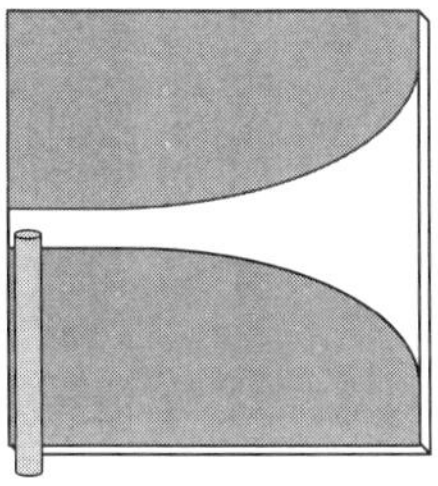

(a) 同轴线—槽线馈电

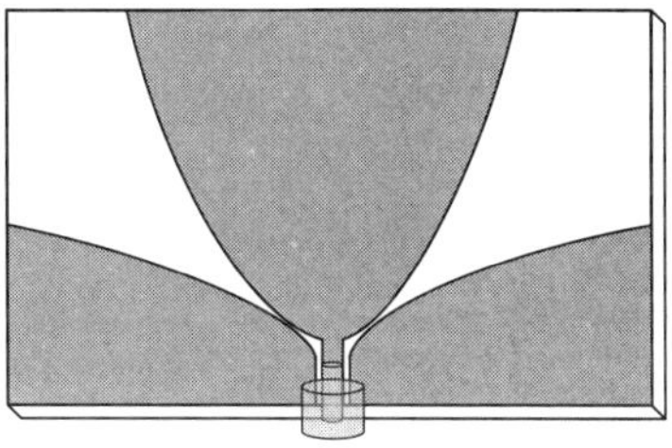

(b) 共面波导—槽线馈电

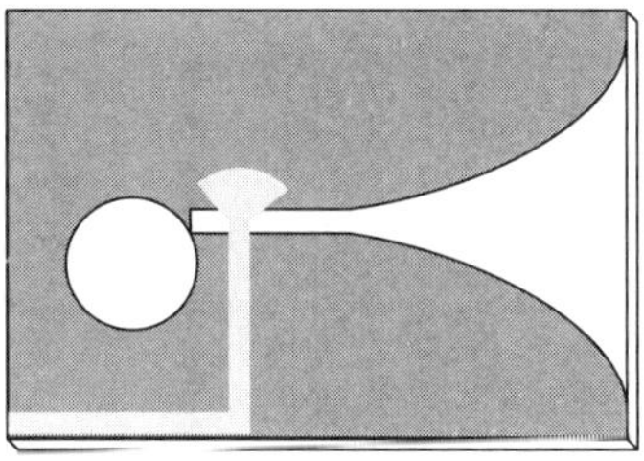

(c) 微带线—槽线馈电

图 5.21 Vivaldi 天线的常用馈电结构

对跖 Vivaldi 天线将形成槽线的两块金属覆层旋转于介质层的上下两个表面(如图 5.20（b）所示)，采用微带线馈电，然后通过巴伦将微带线转换到平行双线。该天线中由于采用的巴伦是渐变结构，所以本身具有很宽的带宽。相比于传统 Vivaldi 天线，对跖 Vivaldi 天线的输入阻抗较低，易与特征阻抗为 50Ω 馈线匹配，天线的电压驻波比（VSWR）更低。

3. 天线阵列

天线阵列是由若干个天线单元按一定的方式排列起来的辐射系统，并通过调整阵列天线馈电、间距、电长度等参数来获取较天线单元更高的增益和更强的辐射方向性。天线阵多由类型、尺寸、架设方位等均相同的天线单元组成。构成天线阵列的天线单元可以是半波振子、微带天线、缝隙天线或者其他形式的天线。下面针对 RFID 系统读写器天线涉及到的阵列天线技术进行介绍。

(1) 扫描相控阵列工作原理

目前读写器天线的一个重要发展方向是智能波束扫描天线阵列的研制，读写器利用天线阵列与实时自适应信号接收处理器所组成的闭环反馈系统，通过天线阵列对覆盖区域内电子标签的感知，用反馈控制方法自动调整天线阵的方向图，增大系统覆盖范围，使读写器能够判定目标的方位、速度和方向信息。智能波束扫描天线阵列的实现主要应用到扫描相控阵列技术，下面以均匀直线阵列为例介绍其工作原理。

相似元天线阵列的方向函数应满足方向图乘积定理，即：

$$f(\theta,\varphi)=f_0(\theta,\varphi)\times f_a(\theta,\varphi) \tag{5.38}$$

其中：

$$f_a(\theta,\varphi)=\left|1+m_1e^{j(\xi_1+kd_1\cos\delta)}+m_2e^{j(\xi_2+kd_2\cos\delta)}+\cdots\ m_ne^{j(\xi_n+kd_n\cos\delta)}\right| \tag{5.39}$$

式中，第一项 $f_0(\theta,\varphi)$ 称为元因子，即单元天线的方向函数，它与单元天线的结构与架设方位有关；第二项 $f_a(\theta,\varphi)$ 称为阵因子，取决于阵列中其他天线与某一选定参考天线的电流比以及天线之间的相对位置，与单元天线无关，式中 m_n 表示阵列中的天线 n 与参考天线上电流的振幅之比，ξ_n 表示天线 n 与参考天线上电流的相位差，d_n 表示天线 n 与参考天线的间隔距离，k 为自由空间相移常数，δ 为电波射线与天线阵列轴线之间的夹角，与方向图的方位角 θ 和 φ 相关。

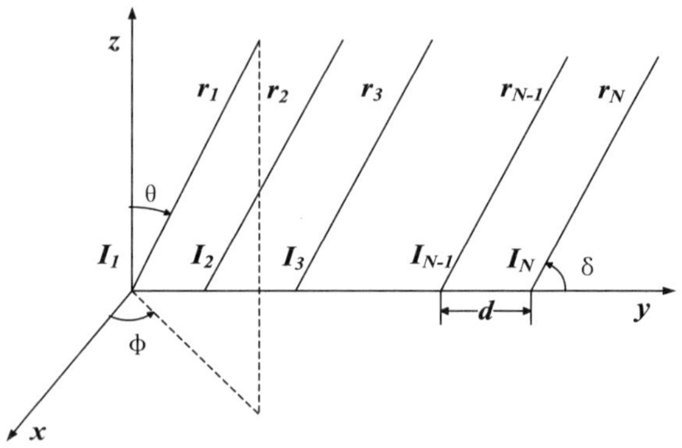

图 5.22 均匀直线阵列坐标图

均匀直线阵列如图 5.22 所示其结构是若干个相似元均匀（等间距）排列在一条直线上，阵元激励等幅且相位沿阵轴呈依次等量递增或递减。假设有 N 个阵元沿 y 轴排列成一行，相邻阵元之间的距离相等，都为 d。激励电流幅度相等，相位依次相差 ξ，根据方向图乘积定理，可得 N 元均匀直线阵列方向函数为：

$$\begin{aligned}f(\theta,\varphi)&=f_0(\theta,\varphi)\left|1+e^{j(\xi+kd\cos\delta)}+e^{j2(\xi+kd\cos\delta)}+\cdots+e^{j(N-1)(\xi+kd\cos\delta)}\right|\\&=f_0(\theta,\varphi)\left|\sum_{n=0}^{N-1}e^{jn(\xi+kd\cos\delta}\right|\end{aligned} \tag{5.40}$$

在实际应用中，为了得到较强并且易于控制的方向性，不仅要让单元天线的最大辐射方向尽量与阵因子一致，而且单元天线多采用弱方向性天线，所以均匀直线阵的方向性主要通过调控阵因子来实现。因此下面的讨论主要针对阵因子。我们令 $\psi = \xi + kd\cos\delta$，可得到 N 元均匀直线阵的阵因子为：

$$f_a(\psi) = \left|\sum_{n=0}^{N-1} e^{jn\psi}\right| \tag{5.41}$$

根据等比数列求和公式，可将上式求和并化简得：

$$f_a(\psi) = \left|\frac{\sin\dfrac{N\psi}{2}}{\sin\dfrac{\psi}{2}}\right| \tag{5.42}$$

当 $\psi \to 0$，可根据洛必达法则求出上式的最大值为 N，于是得到归一化阵因子函数为：

$$F_a(\psi) = \frac{1}{N}\left|\frac{\sin\dfrac{N\psi}{2}}{\sin\dfrac{\psi}{2}}\right| \tag{5.43}$$

分析均匀直线阵的归一化阵因子函数的特点可知，$F_a(\psi)$ 的周期为 2π。在一个周期 $\psi \in (0,2\pi)$ 内，当分子和分母同时趋于 0 时，即 $\psi = 0,2\pi$，可以取到函数的最大值 1，对应着方向图的主瓣。由于 $F_a(\psi)$ 的分母随 ψ 的变化比分子要慢得多，所以一个周期内极值的出现主要取决于分子，因此当分子等于 1 时，即：

$$\psi_m = \frac{(2m+1)\pi}{N}(m = 1, 2, \cdots, N-2) \tag{5.44}$$

可以取到函数值小于 1 的极大值点，对应着方向图的副瓣。当分子等于 0，即：

$$\psi_0 = \frac{2m\pi}{N}(m = 1, 2, \cdots, N-1) \tag{5.45}$$

可以取到函数的零点。

因为 $\psi = \xi + kd\cos\delta$，由图 5.22 可知 δ 的取值范围为 $0\sim180°$，所以与之相对应的 ψ 变化范围为：$-kd + \xi < \psi < kd + \xi$，这个变化范围称为可视区。只有可视区中 ψ 所对应的 $F_a(\psi)$ 才是均匀直线阵列的阵因子，可见，可视区内的方向图形状以及最大辐射方向与 d 和 ξ 同时有关，适当调整 d 和 ξ，均匀直线阵的最大辐射方向可以指向空间的任一指定的方向。由极大值条件可知，当 $\psi = 0$，即 $\xi + kd\cos\delta = 0$ 时，

可取到主瓣即最大辐射方向。假设$\delta=\delta_0$为均匀直线阵的最大辐射方向，则有：

$$\delta_0=\arccos\frac{-\xi}{kd} \tag{5.46}$$

当d给定后，δ_0将随ξ的变化而变化。连续调整相位差ξ，可让波束在空间扫描，这就是扫描相控阵的基本实现原理。

（2）八木天线

八木天线是一种寄生天线阵列，只有一个阵元是直接馈电的，其他阵元都是非直接激励的，通过近场耦合从有源阵元获得激励。如图 5.23 所示，八木天线的结构由一个有源振子和若干个无源振子构成：有源振子一般采用半波振子或折合振子，主要作用是提供辐射能量；无源振子的作用是使辐射能量集中到天线的端向。其中稍长于有源振子的无源振子起反射能量的作用，称作反射器；较有源振子稍短的无源振子起导能作用，称作引向器。无源振子起引向或反向作用的大小与振子的尺寸以及离开有源振子的距离有关。

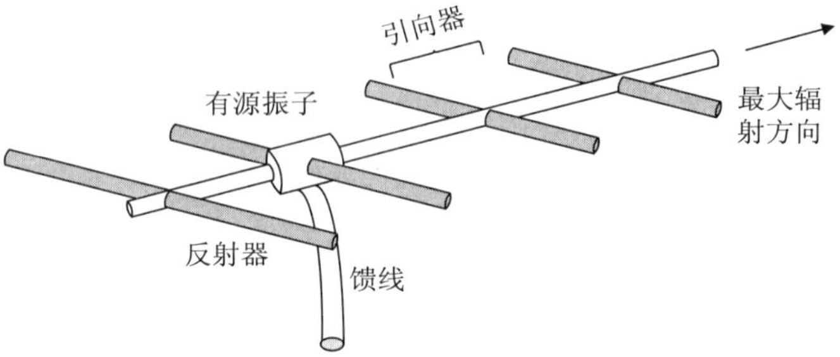

图 5.23 八木天线基本结构

由于无源振子起了引向和反向的作用，使得八木天线具有很好的方向性，较偶极子天线有较高的增益，其增益可以达到十几个分贝，如：七单元的八木天线增益可达 12dB，10 个以上单元的八木天线增益达 15dB。由于各振子与天线轴线垂直，可以同时固定在一根金属杆上，金属杆对天线性能影响较小，不必采用复杂的馈电网络，因而八木天线具有体积不大、结构简单牢固、便于转动、馈电方便等优点。基于八木天线的以上优点，通常可应用在识别目标位置相对固定的读写器上，该天线能够像一个手电筒一样在最大辐射方向上实现定点识别，而不会受到相邻设备或其他读写器天线的干扰。

5.3 Tag 天线

5.3.1 Tag 天线的设计要求

标签（Tag）天线和只读天线基于相同的工作原理，但在实际应用中，却面临着不同的挑战。

成本：包括标签集成电路、介质板、天线、粘合剂、附件和测试的总成本，在大多数应用中必须控制在 6 元以内，在大批量供应链中的长期目标是把总标签成本降低到 0.3 元以下。而满足只读需求的中等质量贴片天线的销售价格大概是该成本的数百倍。

尺寸：在供应链中标签天线必须安装在 10 厘米宽的标签上。由于工作在 900MHz 的半波天线的长度大约为 16 厘米，所以标签天线的尺寸必须减小。此外，大多数应用中要求标签天线厚度不超过 1 毫米，从而限制了可选天线的结构。

极化：在多数应用中标签天线的最大辐射方向或所要感应物体的位置是不明确的，所以必须在使用圆极化或多极化方向的标签天线与增加天线成本和尺寸方面做权衡。

与标签集成负载的匹配：标签集成电路消耗的电流非常小，但需要适当的输入电压来激活电子标签，也就是说，标签集成电路具有较高的输入电阻。在尺寸的限制下，天线需要从给定入射电场中提供尽可能高的输出电压，与 IC 的高输入电阻匹配，以得到较大的功率传输。

安装环境：只读天线被安装在结构已知的塑料天线罩中，并且通常波束方向有较明确的已知范围。但是标签天线所作用物体有可能是绝缘的或导电的，所以标签天线受被识别物的影响越小越好。

5.3.2 阻抗匹配和功率传输

1. 共轭匹配

标签天线的首要任务是传输功率给电子标签并开启工作电路。我们在 5.1 节讨论了已知增益的天线能够接受多少功率，并导出了接收功率的求解公式（5.9）。那么实际能传输至标签集成电路的功率是多少？或者说在传输中是否存在功率损失？为了说明以上问题，我们必须更加精确地考虑有多少功率被传输至负载的问题。为了便于该问题的简化分析，首先把电子标签天线等效为电压源和内阻，标签集成电路则等效为负载，且以内阻和负载均为纯阻的情况为例，图 5.24 为电子标签的等效电路。

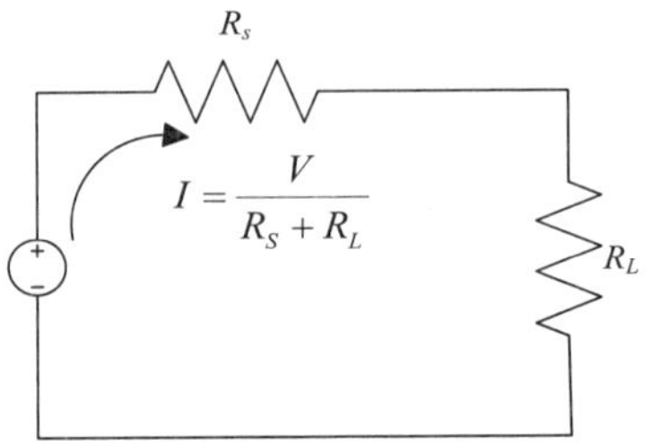

图 5.24 电子标签的等效电路（内阻和负载均为纯阻）

根据图 5.24 的电路组成和欧姆定律，可以推导出负载上的传输功率为：

$$P_L = \frac{1}{2} I^2 R_L = \frac{1}{2}\left(\frac{V}{R_s + R_L}\right)^2 R_L = \frac{1}{2R_s} \frac{(R_L / R_s) V^2}{[1 + (R_L / R_s)]^2} \tag{5.47}$$

其中，V 为电源电压的幅值。从 (5.47) 式中可以得到电压源内阻一定时负载上的传输功率 P_L 与 R_L/R_S 的关系曲线，如图 5.25 所示。从图中可以看出负载功率为最大的条件是 $R_L/R_S=1$，即源内阻与负载阻值相等。换句话说，当电压源内阻呈现纯阻性并且负载电阻值与其相等时，在负载上能得到来自电压源最大的功率，此时的负载称为匹配负载。

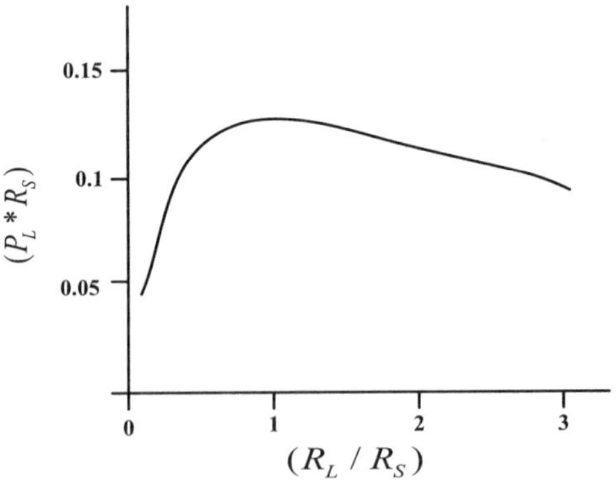

图 5.25 传输功率与 R_L/R_S 的关系曲线

而在实际应用中天线的电源和负载都包含电抗效应，而不是纯阻的形式，电抗效应体现为在纯阻的基础上加上复数的电感或电容。此时耗散在负载上的功率可表示为：

$$P_L = \frac{1}{2}|I|^2 R_L = \frac{1}{2} \frac{V^2 R_L}{|(R_s + jX_S) + (R_L + jX_L)|^2} = \frac{1}{2} \frac{V^2 R_L}{|Z_S + Z_L|^2} \tag{5.48}$$

从（5.48）式可以看出，$\left|Z_S + Z_L\right|^2$ 越小，负载功率越大，在源阻抗和负载阻抗实部为一定的情况下，从 $\left|Z_S + Z_L\right|$ 的复平面表示（见图 5.26）可以看出，源阻抗和负载阻抗的虚部之和为零，即电抗部分相抵消时，$\left|Z_S + Z_L\right|$ 为最小。源阻抗和负载阻抗的电抗值能够相抵消，意味着一个为感性电抗（正电抗）而另一个为容性电抗（负电抗）且两者绝对值相等。当源阻抗和负载阻抗的实部相等，且虚部绝对值相等、符号相反时，两阻抗称为复共轭。故负载上得到最大传输功率的条件是源阻抗和负载阻抗共轭匹配。

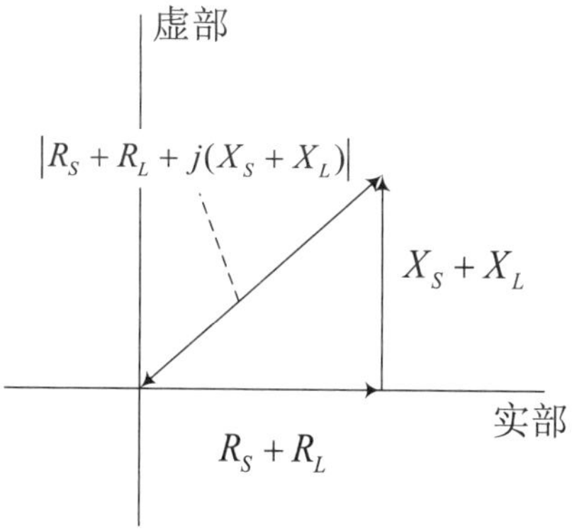

图 5.26 $\left|Z_S + Z_L\right|$ 的复平面表示

将以上所得结论用于标签天线与标签集成电路的匹配讨论。图 5.27 为电子标签等效电路。根据 5.1 节关于天线输入阻抗的介绍可知，标签天线可等效为感应电压 V_{oc} 串联天线的输入阻抗（包含辐射电阻 R_r 和输入电抗 X_{in}），标签集成电路可近似等效为输入阻抗为复数的线性电路并作为标签天线的负载，如图 5.27（a）所示。当该电路中

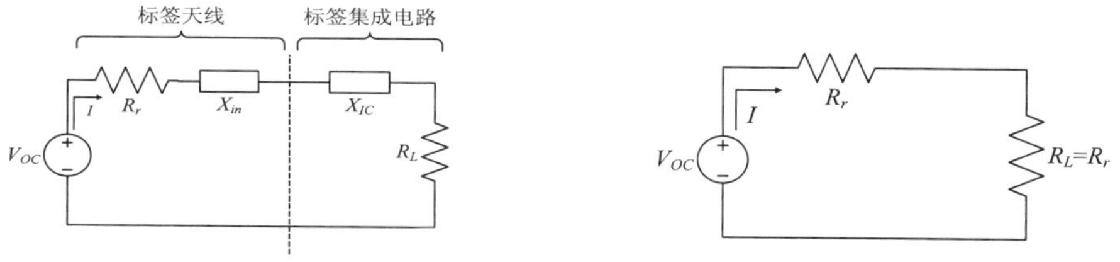

(a) 一般等效电路　　(b) 共轭匹配时的等效电路

图 5.27 电子标签等效电路

源阻抗和负载阻抗共轭匹配时，负载可获得最大的传输功率，此时电路如图 5.27（b）所示，共轭匹配时的负载功率即集成电路的最大输入功率可由下式求得：

$$P_{L\max} = \frac{1}{2} I^2 R_L = \frac{1}{2} \frac{V_{oc}{}^2 R_L}{(R_r + R_l)^2} = \frac{1}{2} \frac{V_{oc}{}^2 R_r}{(2R_r)^2} = \frac{V_{oc}{}^2}{8R_r} \tag{5.49}$$

当标签天线和集成电路不能满足共轭匹配条件时，集成电路的输入功率将小于 $P_{L\max}$。我们将实际输入功率 P_L 与最大输入功率 $P_{L\max}$ 的比值定义为功率传输效率，即作 τ：

$$\tau = \frac{P_L}{P_{L\max}} = \frac{{V_{oc}}^2 R_L}{2|Z_{in}+Z_L|^2}\frac{8R_r}{{V_{oc}}^2} = \frac{4R_L R_r}{|Z_{in}+Z_L|^2} \tag{5.50}$$

当 $\tau=1$ 时，标签集成电路的输入功率以及标签工作范围为最大。当 $\tau<1$ 时，标签的工作范围与 τ 的平方根成正比。由此可见，标签天线的设计重点是构造一个天线能够与标签集成电路共轭匹配。

2. 串、并联阻抗等效互换

前面讨论了标签集成电路等效为串联阻抗时的共轭匹配方式，那么当标签集成电路等效为并联阻抗即若干电抗与若干电阻的并联电路时，如何来构造共轭匹配呢？为了分析电路的方便，我们下面将讨论串联阻抗和并联阻抗的等效互换方法。图 5.28（a）和（b）分别为串联阻抗电路和并联阻抗电路，其中串联阻抗的下标用 s 表示，并联阻抗的下标用 p 表示。所谓“等效互换”，是指在某一个给定频率 f 下，从图 5.28 所示电路的输入端看进去的阻抗相等。根据图 5.28 所示电路阻抗相等的关系可得：

（a）串联电路　　（b）并联电路

图 5.28 串、并联阻抗的电路图

$$R_s + jX_s = \frac{R_p \cdot jX_p}{R_p + jX_p} = \frac{R_p X_p^2}{R_p^2 + X_p^2} + j\frac{R_p^2 X_p}{R_p^2 + X_p^2} \tag{5.51}$$

根据实部相等，得：

$$R_s = \frac{R_p X_p^2}{R_p^2 + X_p^2} = \frac{R_p}{(R_p / X_p)^2 + 1} \tag{5.52}$$

根据虚部相等，得：

$$X_s = \frac{R_p^2 X_p}{R_p^2 + X_p^2} = \frac{X_p}{1 + (X_p / R_p)^2} \tag{5.53}$$

以上两式相除，可得到电路（a）的品质因数 Q_s 为：

$$Q_s = \frac{X_s}{R_s} = \frac{R_p}{X_p} \tag{5.54}$$

用 Q_s 分别表示式 (5.52) 和式 (5.53) 后，可得：

$$R_s = \frac{R_p}{1+Q_s^2} \tag{5.55}$$

$$X_s = \frac{X_p}{1+1/Q_s^2} \tag{5.56}$$

在射频范围内，通常有 $Q_s>>1$，则得到串联电阻和并联电阻的等效互换关系如下：

$$R_s \approx \frac{R_p}{Q_s^2} = \frac{R_p}{R_p^2/X_p^2} = \frac{X_p^2}{R_p} \tag{5.57}$$

$$X_s = X_p \tag{5.58}$$

从式 5.57 和 5.58 可以看出，串联电阻与并联电阻变化不大，几乎相等，但串联电阻与并联电阻的变化趋势相反。使用等效互换关系计算出频率为 915MHz 时并联电容电阻与串联电容电阻的关系曲线，如图 5.29 所示。从图中可以看出，当并联电容为 0.5pF 且并联电阻在 5000 到 10000Ω 区间时，对应的串联电容值仍为 0.5pF，但串联电阻值大致在 12 到 24Ω 之间，这一结论也应证了上述公式的特点。

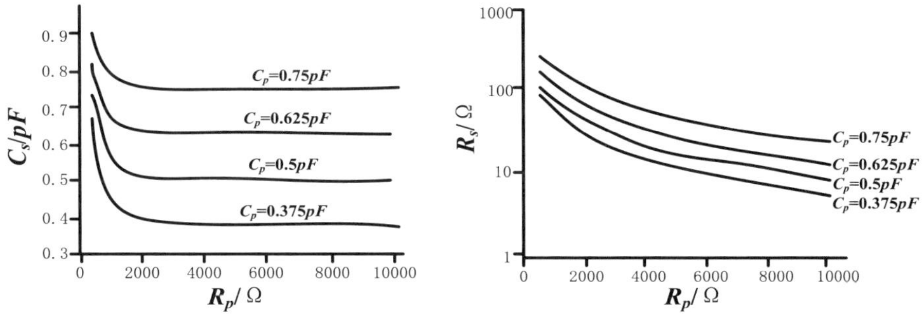

图 5.29 915MHz 时并联电容电阻与串联电容电阻的关系曲线

3. 共轭匹配下的电压放大作用

标签天线与标签集成电路进行共轭匹配所带来的第二个好处是，能够在一定程度上放大标签电路的输入电压。分析电压放大的原因需要借助共轭匹配的等效电路图 5.27（b），从图中可以看出，只有两个电阻 R_r 和 R_L 存在并且等值，那么负载 R_L 两端的电压是开路电压 V_{OC} 的一半。由于天线的输入电抗与标签电路的等效电抗大小相等，方向相反，可相互抵消，如果只是计算流入标签电路的电流，那么有电阻 R_r 和 R_L 就足够了，但若要计算标签电路的输入电压 V_{IC}，由于标签电路可等效为 C_{IC} 和 R_L 的串联电路，V_{IC} 应为负载 R_L 两端的电压和等效电容 C_{IC} 两端的电压之和，图 5.30 为电子标签等效电路。V_{IC} 和 V_{OC} 之间的区别非常重要，因为串联电阻通常很小，而串联电容的容抗值是相当可观的，意味着标签电路的输入电压 V_{IC} 大于天线输入端的开路电压 V_{OC}，当电路共轭匹配时，可计算出两电压之比为：

$$\frac{|V_{IC}|}{V_{OC}}=\left|\frac{R_L+1/j\omega C_{IC}}{2R_L}\right| \tag{5.59}$$

对于典型的元器件电阻值和电容值来说，(5.59) 式中两电压的比值通常是大于 1 的。例如，标签集成电路等效电容为 0.5pF，换算成容抗值为 -j350Ω，若串联等效负载电阻的阻值为 18Ω，通过式（5.59）可计算出电压被放大了 350/36 ≈ 10 倍。这种放大可以帮助 RFID 系统获取更大的读取范围，是非常有用的。假如标签天线从读写器获取的开路电压为 0.14V，单靠这样小的电压是无法驱动标签电路工作的，但共轭匹配后，会使得输入到标签电路的电压放大将近 10 倍，即标签电路上获得了约 1.4V 的压降，这个电压值足以驱动标签电路工作，这就是所谓的共轭匹配下的电压放大作用。

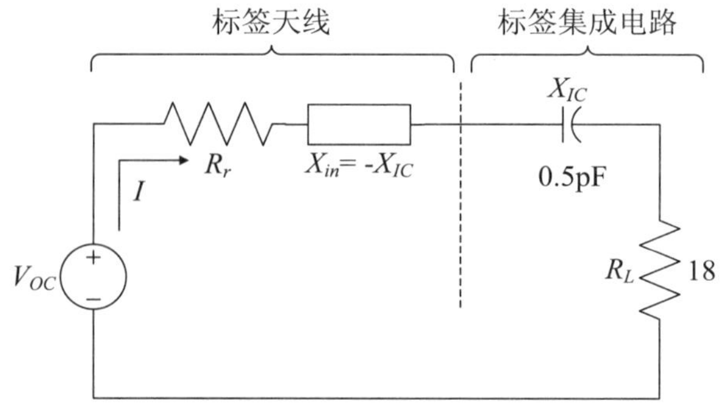

图 5.30 电子标签等效电路

5.3.3 弯曲偶极子天线

偶极子天线又称振子天线，是构成众多标签天线的基础。半波偶极子标签天线的等效电路如图 5.31 所示。从图中可以看出，传统的半波偶极子天线作为标签天线存在一些问题。从功率匹配的角度来看，偶极子天线在谐振频率下的电抗很小，无法与标签集成电路中相当大的电抗进行抵消，由于集成电路中存在很大的未补偿电抗，偶极子天线与标签集成电路的匹配很差，以图 5.31 所给出的电路参数为例，根据式 (5.50) 计算得到功率传输系数大致为 4%，可见传输能量由于电路不匹配所造成的巨大损失是显而易见的。另外，以工作在 900MHz 的标签天线为例，偶极子天线的对应臂长为 16cm，这个长度无法满足 5.3.1 所介绍的电子标签尺寸要求。如果既要保留偶极子天线的简洁性，又能使得电子标签正常工作，那么就需要在偶极子天线的基础上做一些改进。

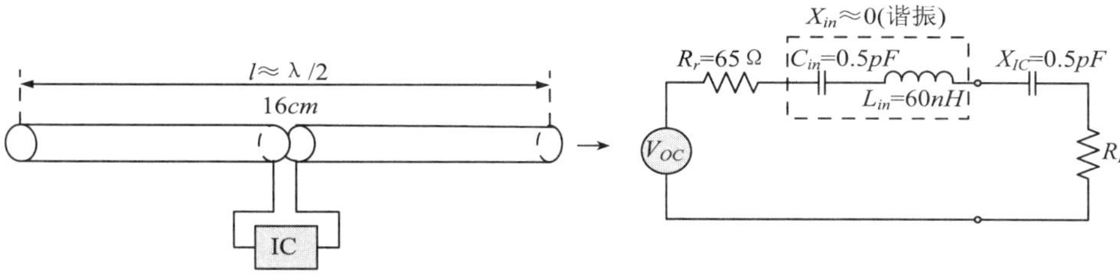

图 5.31 半波偶极子标签天线及等效电路

为了缩短偶极子天线的尺寸，只需从两臂端点处挤压天线即可，从而获得弯曲偶极子天线，如图 5.32 所示。通过这种方法可以将原来 16cm 的天线臂长缩短到我们需要的长度，随着更多弯曲的出现，可以使相同臂长偶极子天线的尺寸变得更短。

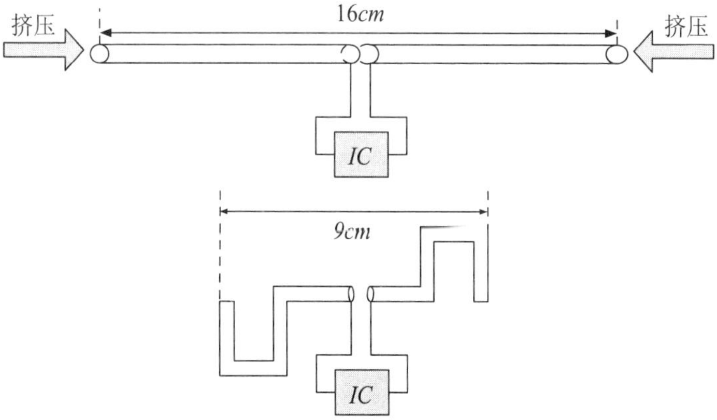

图 5.32 弯曲偶极子天线

沿着偶极子天线流动的电流是沿着一个方向的，并且偶极子天线上电流所引起的辐射叠加之后产生出与电流方向相同的矢量电场。图 5.33 为弯曲偶极子天线上的电流示意图，当偶极子被弯曲时，相邻的垂直臂电流方向被反转，所以从远距离来看，这些垂直臂引起的辐射会相互抵消，并且我们把偶极子压缩得越小，弯曲就会越大，这种现象就越明显，我们通常把对辐射有贡献的天线臂（图 5.33 中水平臂）的长度称谓投影长度，即弯曲天线两臂沿初始偶极子天线臂所在方向的投影。因为只有沿着天线的投影长度才对辐射有贡献，那么弯曲偶极子天线的辐射电场与初始偶极子天线辐射电场之比应约等于两者的投影臂长之比，而两天线的辐射功率之比（与电场的平方呈正比）则约等于上述臂长之比的平方。又由于辐射电阻正比于辐射功率，如果弯曲偶极子天线为投影臂长为 L_b，已知半波偶极子天线的辐射电阻为 65Ω，故可得到弯曲偶极子天线的辐射电阻的估算公式为：

$$R_{\mathrm{rm}} \approx \left(\frac{2L_b}{\lambda}\right)^2 65 \tag{5.60}$$

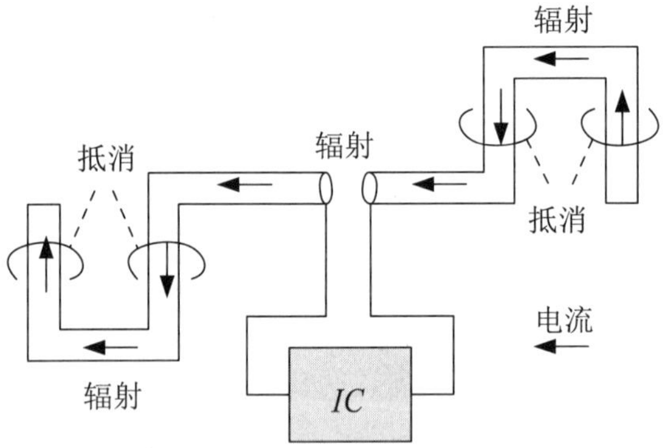

5.33 弯曲偶极子天线上的电流示意图

此外，弯曲偶极子天线相比于原始半波偶极子天线而言，每个单位长度上有着更小的电感，而单位导线长度的电容也降低了，这是因为导线上的电荷被封装得越来越紧密，从而使导线上的电压增加。又由于天线的谐振频率与电容和电感成反比，当它们减小时，谐振频率将会增大。就相同导线长度而言，弯曲偶极子天线的谐振频率要高于原始半波偶极子天线。为了使弯曲偶极子天线获得 900MHz 的工作频率，需要的实际臂长将比原始半波偶极子天线的臂长更长。

满足了标签天线体积要求和谐振频率要求的弯曲偶极子天线，能否获得良好的功率匹配呢？例如：图 5.32 所示的弯曲偶极子天线与标签集成电路相连，其等效电路亦如图 5.34 所示。根据公式 (5.60) 可计算出辐射电阻大约为 20Ω，与标签集成电路的等效串联电阻达到了良好的匹配。然而谐振频率下的天线电抗约等于零，从公式 (5.50) 中得到的功率传输系数约为 1.2%，也就是说，只有 1.2% 的功率被传输到标签中，其匹配效果还不及原始的半波偶极子天线，这几乎是不可取的，那么怎样才能提高天线与集成电路的匹配性能呢？通常有三种方法。包括电感加载，加电感匹配结构和容性尖端加载，其中后两者可以得到更紧凑的天线结构。

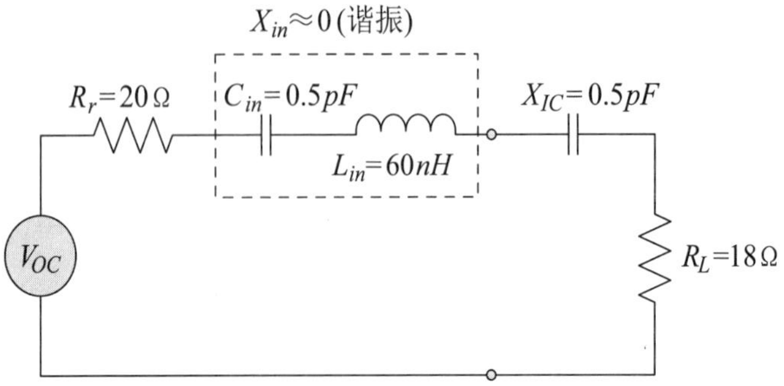

图 5.34 图 5.32 所示弯曲偶极子天线与标签集成电路相连的等效电路

1. 电感加载

一种方法是使弯曲偶极子天线的导线长度大于半波长，投影长度仍保持 10cm 之内（即天线臂更加迂回），这样长于半波长度的偶极子天线是感性的，因此具有正的电抗，可以用于抵消集成电路中的电容效应，整个等效电路的电抗部分相抵消后，辐射电阻和输入电阻便可以达到较好的匹配。这种弯曲偶极子平面标签天线的实例如图 5.35 所示，天线为平面印刷结构，总长约为 33cm，投影长度为 9.6cm 以适应 10cm 的标签尺寸要求。天线臂的上方附加的平行直导带作为并联电容，用以调节辐射电阻值，使之匹配于标签集成电路的输入电阻 R_L。

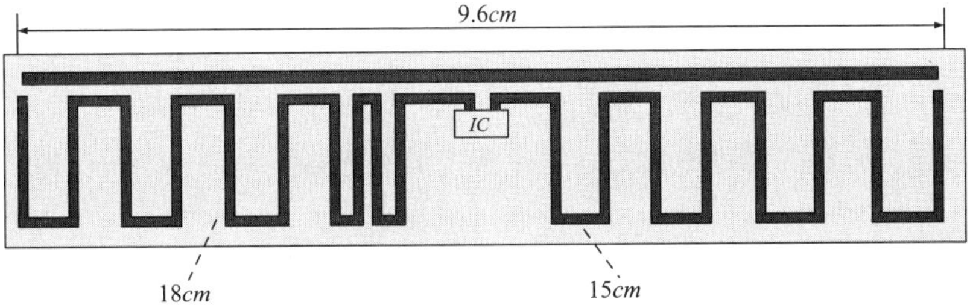

图 5.35 弯曲偶极子平面标签天线实例

2. 加电感匹配结构

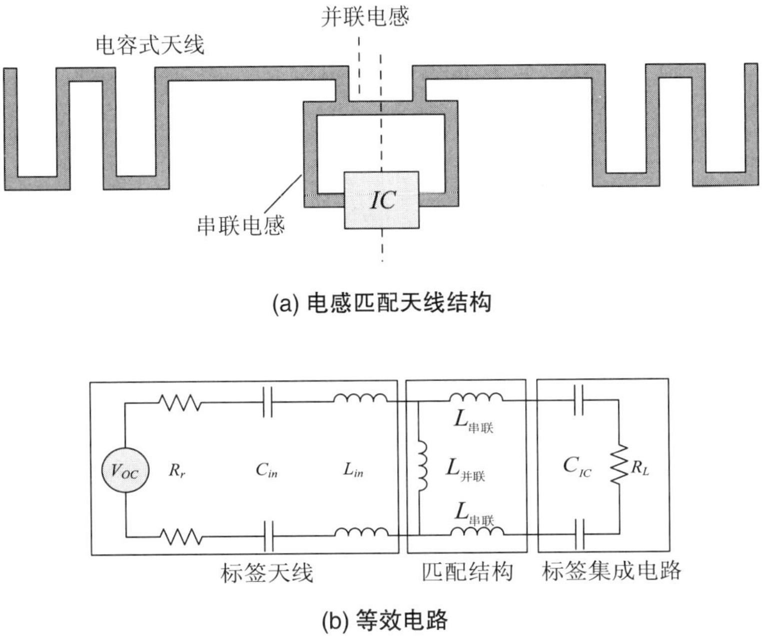

(a) 电感匹配天线结构

(b) 等效电路

图 5.36 电感匹配结构的标签及等效电路

若不增加天线臂长（即不超过半波长度），同样使弯曲偶极子天线与集成电路容性输入阻抗相匹配的方法是添加一个匹配结构，通常使用并联和串联电感的组合，通过把天线两臂输入端用导带短接来等效并联电感，另外将天线两臂输入端连接至标签集成电路，可等效为串联电感，电感匹配结构的标签及其等效电路如图 5.36 所示。等效并联和串联电感的导带长度可以通过史密斯圆图或仿真软件分析得到。根据标签等效电路再结合史密斯圆图分析方法，把天线的辐射电阻一步步转换成集成电路输入阻抗的复共轭，从而实现标签天线与集成电路的功率匹配。另外，加匹配结构的好处是施加在集成电路的电压变大，这对开启集成电路工作是非常有用的。

3. 容性尖端加载

天线臂长可以更短并能实现功率匹配的方式是让天线臂的尾端呈喇叭状结构，这种方法增大了天线的电容，称为容性尖端加载。随着尾端电容的增大，天线容性电抗的幅值将减小，天线的感性电抗被容性电抗抵消的部分随之减小，所以尖端加载的偶极子天线比相同长度的传统偶极子天线的感性要明显，从而更容易与集成电路的容性输入阻抗相抵消，以达到功率匹配的目的。

经典的尖端加载偶极子天线通常使用金属球体作为天线臂终端结构，且电容正比于球体的表面积。而印刷标签天线必须采用平面结构，其加载电容与加载形状的周长呈正比。图 5.37 为容性尖端加载和加电感匹配结构相结合的标签天线实例，由于印刷标签天线使用了导电油墨印刷技术，而这种油墨会存在一定的表面电阻，该天线结构与图 5.35 的天线结构相比，迂回的导带长度变短，这样由于使用导电油墨带来的表面电阻也较小，相对于辐射电阻基本上可以忽略，所以该天线匹配性能要优于图 5.35 所示的弯曲偶极子天线结构。

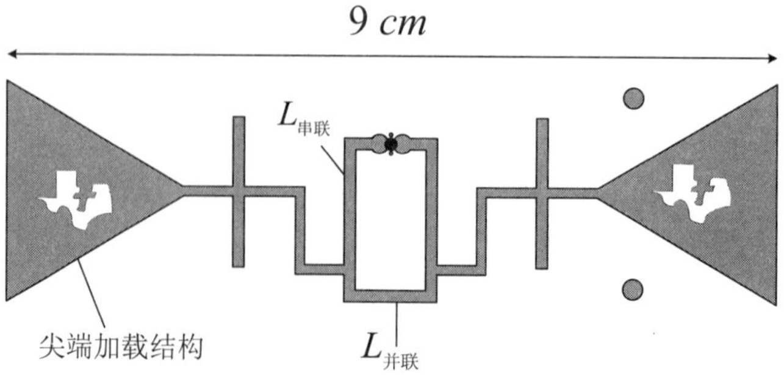

图 5.37 容性尖端加载与加电感匹配结构相结合的标签天线实例

本章小结

1. 衡量天线工作性能的指标即天线电参数，包括增益和方向性、输入阻抗、频带宽度、有效孔径和散射孔径、天线的有效长度等。天线的主要研究方法包括解析方法、数值方法和软件仿真方法。

2. 读写器天线在低频和高频频段采用电感式天线（线圈天线），电感式天线与读写器输出端的连接方式包括利用电流匹配直接连接和通过同轴电缆进行连接两种方式。在微波波段读写器天线形式多样，根据读写器天线的不同需求可以采用微带天线、非频变天线和天线阵列等形式。

3. 标签（tag）天线与标签集成电路之间可通过共轭匹配的方式进行连接，以使标签集成电路获得最大的传输功率。标签天线与标签集成电路进行共轭匹配还能在一定程度上放大标签集成电路的输入电压。由于传统偶极子天线不能满足标签天线的尺寸限制，经过改进后的弯曲偶极子天线是设计标签天线的基本天线形式，可采用电感加载，加电感匹配结构和容性尖端加载三种方式来提高弯曲偶极子天线与标签集成电路之间功率匹配。

思考和习题

1. 天线增益与方向性的定义是什么？

2. 什么是天线的输入阻抗？请画出标签天线的等效电路。

3. 什么是天线的有效孔径和散射孔径？请简要说明 σ—调制法的工作原理。

4. 简述读写器天线和标签天线的设计要求。

5. 简述读写器电感式天线通过同轴电缆与读写器终端电路的匹配方法。

6. 简述矩形微带天线和对数周期天线的特点及工作原理。

7. 以均匀直线阵为例简要说明扫描相控阵的工作原理。

8. 什么是共轭匹配？为什么共轭匹配的连接方式可以放大标签集成电路的输入电压？

9. 什么是对弯曲偶极子天线进行电感加载、加电感匹配结构和容性尖端加载？以上三种方式是如何提高弯曲偶极子天线与标签集成电路之间的匹配性能的？

第 6 章 RFID 的标准体系及 RFID 相关标准

本章要点：

本章主要针对 RFID 国际标准化体系和标准的分类进行论述。给出目前发布的 RFID 的国际和国内标准，并对部分典型标准内容进行介绍。

6.1 RFID 国际标准化组织

目前国际上 RFID 技术发展迅速，已经在很多国际大公司开始进入实用阶段。采用 RFID 最大的好处是可以对企业的供应链进行高效管理，以有效地降低成本。对于供应链管理应用而言，射频技术是一项非常适合的技术，但由于标准不统一等原因，该技术在市场中并未得到大规模的应用。标准不统一已成为制约 RFID 发展的重要因素之一。由于每个 RFID 标准中都有一个唯一的识别码 (ID)，如果它的数据格式有很多种类且互不兼容，那么使用不同标准的 RFID 产品就不能通用，这对全球经济一体化的物品流通非常不利。数据格式标准这个问题涉及各个国家自身的利益和安全，世界各国从自身利益和安全出发，倾向于制定不同的数据格式标准，由此带来的兼容性问题和损失难以估量。如何让这些标准互相兼容，让一个 RFID 产品能顺利地在世界范围内流通，是当前亟待解决的重要问题。RFID 标准争夺的核心主要集中在 RFID 标签的数据内容和编码标准，这一领域目前国际上已经形成了五大标准组织，分别代表了不同团体或者国家的利益。这五大标准组织分别是 ISO/IEC（国际标准组织 / 国际电工委员会），EPCglobal（全球电子物品编码），泛在 ID（UID，Ubiquitous ID）中心，全球自动识别制造商协会（AIM，Automatic Identification Manufacturers）和 IP-X。EPCglobal 是由北美产品统一编码组织 UCC 和欧洲产品标准组织 EAN 联合成立的，在全球拥有上百家成员，得到了零售巨头沃尔玛，制造业巨头强生、宝洁等跨国公司的支持。而 AIM、ISO、UID 则代表欧美国家和日本，2P-X 的成员则以非洲、大洋洲、亚洲的国家为主。比较而言，由于有美国和欧洲厂商的支持，EPCglobal 实力相对较强。同时与

RFID 技术和应用相关的国际标准化机构还有国际电信联盟 (ITU)、世界邮政联盟 (UPU) 等。区域性的标准化组织有欧洲计算机制造协会 (ECMA)，在 RFID 基础上提出了近距离通信 (NFC) 的技术标准，并获得欧洲电信标准协会 (ETSI) 以及 ISO ／ IEC JTC1 ／ SC6(系统间通信与信息交换) 的认可，发布了相应的技术标准。美国国家标准协会（ANSI）下的 MH1、NCITS（国家信息技术标准化委员会) 等也制定了与 RFID 技术相关的技术标准，大部分标准目前已经或者正在上升为 ISO 标准。此外，CEN(欧洲标准化委员会)、BSI（英国标准协会)、DIN(德国标准化协会、 ATA(美国电信协会)、AIAG(美国汽车工业协会)、EIA(美国电子工业协会) 等，也制定了与 RFID 相关的区域、国家或产业联盟标准，并通过不同的渠道提升为国际标准。

6.1.1 ISO/IEC 标准体系

国际标准化组织 ISO/IEC 是信息技术领域最重要的标准化组织之一，其制定的 RFID 空中接口协议系列标准受到了最为广泛的关注。根据 1976 年 ISO 与 IEC 的新协议，两组织都是法律上独立的组织。IEC 负责有关电工电子领域的国际标准化工作，其他领域则由 ISO 负责，国际标准化组织 ISO/IEC，除了正式成立了负责银行和金融业务的标准化技术委员会 (ISO/TC68) 以外，还成立了专门负责行业间和国与国之间使用的识别卡（包括磁卡、IC 卡和光卡）相关设备和识别卡管理的国际标准化分技术委员会（ISO/IEC JTC1/SC17），该技术委员会秘书处设在英国。目前有 40 个国家参加，其中“P”（Participate）成员国 28 个，“O”（Observe）成员国 12 个。根据 ISO 的规定：P 成员国是参加国，对制定中的 ISO 文件具有投票权和表决权，而 O 成员国则只能作为观察员，没有投票权和表决权。我国目前是“P”成员国。

ISO/IEC 通过制定和发布相关标准，对国际交换环境中使用的各种识别卡 (磁卡、IC 卡和光卡) 技术的应用和发展提供了极大的帮助。该组织在制定国际标准过程中，尤其是制定 IC 卡国际标准过程中，充分考虑了市场的需求，积极吸收了各国际行业协会的意见，所形成的国际标准，得到了广泛的产品支持，是目前国际标准化组织的标准体系中实现最好的国际标准，已成为直接影响本行业技术和产品发展方向的重要国际标准。

1995 年国际标准化组织 ISO/IEC 联合技术委员会 JTCl 设立了子委员会 SC31，负责 RFID 标准的研究工作。SC31 委员会由来自各个国家的代表组成，如英国 BSI IST34 委员、欧洲 CEN TC225 成员。他们既是各大公司内部的咨询者，也是不同公司利益的代表者。因此在 ISO 标准化制定过程中，有企业、区域标准化组织和国家三个层次的利益代表者。SC31 子委员会负责制定 RFID 标准，该标准可以分为四个方面：数据内容与编码标准（如编码格式、语法标准等）、空中接口标准（ISO/IEC 18000 系列）、测试标准（性能测试ISO/IEC 18047和一致性测试标准ISO/IEC 18046）、实时定位（RTLS）（ISO/IEC 24730 系列应用接口与空中接口通信标准）方面的标准。这些标准涉及RFID 标签、空中接口、测试标准、读写器与应用程序之间的数据协议，需要考虑所有应用领域的共性要求。RFID 在物流供应链领域中的应用方面标准由 ISO TC 122/104 联合工作组负责制订，包括 ISO 17358 应用要求、ISO 17363 货运集装箱、ISO 17364 装载单元、ISO 17365 运输单元、ISO 17366 产品包装、ISO 17367 产品标签。RFID 在动物追踪方面的标准由 ISO TC 23 SC19 来制订，包括 ISO 11784/11785 动物 RFID 畜牧业的应用，ISO 14223 动物 RFID 畜牧业的应用等。

ISO/IEC 制定的 RFID 空中接口标准中，影响最大的主要有 ISO/IEC 14443、ISO/IEC 15693 和 ISO/IEC 18000 三个系列标准。从 ISO 制定的 RFID 标准内容来说，RFID 应用标准在 RFID 编码、空中接口协议、读写器协议等基础标准之上，针对不同使用对象，确定使用条件、标签尺寸、标签粘贴位置、数据内容格式、使用频段等方面特定应用要求的具体规范，同时也包括数据的完整性，人工识别等其他一些要求。ISO 制定的 RFID 通用标准提供了一个基本框架，应用标准是对它的补充和具体规定。这一标准既保证了 RFID 技术具有互通与互操作性，又兼顾了应用领域的特点，能够很好地满足应用领域的具体要求。

6.1.2 EPCglobal 标准体系

EPCglobal 是一个中立的非盈利性标准化组织，它继承了国际物品编码协会（EAN/UCC）与产业界近 30 年的成功合作传统，其前身是 1999 年 10 月 1 日在美国麻省理工学院（MIT）成立的非营利性组织 Auto-ID 中心。2003 年 11 月 1 日，EAN/UCC 正式接管了 EPC 在全球的推广应用工作，成立 EPCglobal，负责管理和实施全球的 EPC 工作。EPCglobal 授权 EAN/UCC 在各国的编码组织成员负责本国的 EPC 工作，各国编码组织的主要职责是管理 EPC 注册和标准化工作，在当地推广 EPC 系统，提供技术支持以及培训 EPC 系统用户。在我国，EPCglobal 授权的中国物品编码中心，是负责我国 EPC 系统的注册管理、维护及推广应用工作的唯一代表机构。同时，EPCglobal 将 Auto-ID 中心更名为 Auto-ID 实验室，为 EPCglobal 提供技术支持。2005 年 1 月，EAN 正式更名为 GSI（全球第一标准化组织）。2005 年 6 月，UCC 正式更名为 GSI US。目前，EPCglobal 就是由 GSI 和 GSI US 两大标准化组织联合而成。EPCglobal 管理委员会由 GSI、GSI US、MIT、终端用户和系统集成商的代表组成。

EPCglobal 的成立为 EPC 系统在全球的推广应用，提供了强有力的组织保障。EPCglobal 旨在改变整个世界，它通过搭建一个可以自动识别任何地方、任何事物的开放性全球网络（即 EPC 系统或物联网），来为公司提供他们梦寐以求的、几乎完美的供应链可见度。在物联网的构想中，RFID 标签中存储的 EPC 代码可以通过无线数据通信网络，自动采集到中央信息系统中，以实现对物品的识别，进而通过开放的计算机网络实现信息变换和共享，实现对物品的透明化管理。如果该系统被广泛采用，将可能消除在数据收集、降低库存、保持一定库存量、降低损失和浪费，以及提高安全度和保密性等方面带来的人为错误。

EPCglobal 的主要职责是在全球范围内对各个行业建立和维护 EPC 网络，保证供应链各环节信息的自动实时识别采用全球统一标准，通过发展和管理 EPC 网络标准来提高供应链上贸易单元信息的透明度与可视性，以此来提高全球供应链的工作效率。

EPCglobal 为企业提供的有效供应链管理服务包括：分配、维护和注册 EPC 管理者代码；对用户进行 EPC 技术和 EPC 网络相关内容的培训；参与 EPC 商业应用案例的实施和 EPCglobal 网络标准的制定；参与 EPCglobal 网络、系统组成，研究开发和软件平台等规范的制定和实施；引领 EPC 研究方向；认证和测试；与其他用户共同进行试点和测试。

EPCglobal 通过国际物品编码协会在全球的 101 个编码组织来推动和实施 EPC 工作，发展 EPC 成员。EPCglobal 将系统成员大体分为两类：终端成员和系统服务商。终端成员包括制造商、零售商、批发商、运输企业和政府组织。通常，终端成员就是供应链中有物流活动的组织，而系统服务商是指那些为终端用户提供供应链物流服务的组织机构，包括硬件和软件公司、咨询公司、系统集成商、培训公司等。

EPC 在北美地区发展的最好，终端用户和系统服务商的数量大致相当，而在其他地区则主要是系统服务商。亚洲是 EPC 系统成员增长最快的地区，在新增加的 169 家系统成员中将近 60% 来自于终端用户。在 EPCglobal 的系统成员中，不少公司已经进行了 EPC 的应用测试，如沃尔玛、麦德龙、宝洁、吉列等。

EPCglobal 开展了认证测试，包括一致性测试、通用性测试、性能测试三个阶段。一致性测试，是为了测试设备 (标签、读写器、打印机) 是否符合 EPCglobal 的标准 (如 Gen2)，这样终端用户可以购买经过认证的产品。通用性测试，是为了测试某种设备与其他设备兼容操作的能力，终端用户需要购买可以和其他设备彼此互联互通的产品。性能测试是为了测试在某个具体环境 (如码头或传送带) 中对带标签的贸易单元 (如托盘包装箱或单品) 的识读水平，以保证供应链所有环节识读的准确率。

EPCglobal 在规范 RFID 应用方面所发挥的作用将越来越明显。EPCglobal 所做出的主要贡献包括：提出产品电子代码 EPC 概念及其格式规划，为简化射频标签芯片功能设计、降低射频标签成本、扩大 RFID 应用领域奠定了基础；提出了实物互联网的概念及构架，为 EPC 进入互联网搭建了桥梁；建立了开放性的国际自动识别技术和应用技术研究平台，为推动低成本的 RFID 标签和读写器的标准化研究开创了条件。

EPCglobal 以创建“物联网”（Internet of Things）为使命，与众多成员企业共同制订统一的开放技术标准。旗下有沃尔玛集团、英国 Tesco 等 100 多家欧美零售流通企业，同时有 IBM、微软、飞利浦、Auto-ID 实验室等公司提供的技术支持。

目前，EPCglobal 已在加拿大、日本、中国等国建立了分支机构，专门负责 EPC 码段在这些国家的分配与管理，EPC 相关技术标准的制订，EPC 相关技术在本国的宣传普及和推广应用等工作。

6.1.3 Ubiquitous ID

日本在射频标签方面的发展，始于 20 世纪 80 年代中期的实时操作系统（TRON)，T-Engine是其中的核心体系架构。在T-Engine论坛领导下，Ubiquitous ID（UID）Center（泛在ID中心）于2003年3月成立，并得到日本政府经产省和总务省以及微软、索尼、三菱、日立、日电、东芝、夏普、富士通、NTT DoCoMo、KDDI、J-Phone、伊藤忠、大日本印刷、凸版印刷、理光等重量级大企业的支持。

日本泛在 ID 中心目前已经公布了射频标签超微芯片的部分规格，但正式标准尚未推出，支持这一 RFID 标准的有 300 多家日本电子厂商、IT 企业。日本和欧美的 RFID 标准在无线频段的使用、信息位数和应用领域等方面存在着许多不同点。日本的射频标签采用的频段为 13.56MHz 和 2.45GHz，欧美的 EPC 标准采用 UHF 频段；日本的射频标签的信息位数为 128 位，EPC 标准的位数为 96 位；日本的射频标签标准可用于库存管理，信息发送和接收，以及产品和零部件的跟踪管理等，而 EPC 标准侧重于物流管理和库存管理等。

2004 年 4 月，实华开公司与日本 T-Engine 论坛签署合作协议，允许实华开公司建立中国首个，也是唯一一个泛在 ID 中心，负责对 T-Engine 论坛开发的 UID 技术进行测试等工作。UID 中国中心是由 T-Engine 论坛授权设立的全面负责在中国普及与推广 ID 技术的非营利机构。该中心主要致力于中国地区的会员发展，为会员提供先进的 UID 技术，参与 UID 技术相关标准的制订，与国内外会员开展相互交流，以及实现各自优势资源互补，提供完善的本地服务，目的在于引进、推广和普及 UID 技术。其工作内容主要包括：发展中国本地会员；免费提供会员最新的 UID 技术的发展动态以及普及培训服务；免费提供会员管理各自产品所需的 uCode 代码服务；提供支持 UID 技术的各种应用开发，即包括提供UID中心已认证的uCode标签（如条码标签、RFID标签、智能卡等）；提供 uCode 标签的读写装置和与 uCode 相关的信息查询服务；建立和维护与各国 UID 中心间的泛在网络互联；组织和实施 UID 技术示范及试点项目。UID 中心的日常事务工作由秘书处承担，活动主体是由两类会员组构成，即 UID 应用组会员和 UID 技术组会员。UID 应用组会员是指应用 UID 技术的用户会员集合，UID 技术组会员是指参与 UID 技术标准制订和相关产品开发的会员集合。

UID Center 的泛在识别技术体系架构由泛在识别码（uCode）、信息系统服务器、泛在通信器和 uCode 解析服务器等四部分构成。uCode 赋予现实世界中任何物理对象具有唯一识别码。它具备 128 位的充裕容量，并可以 128 位为单元进一步扩展至 256、384 或 512 位。uCode 的最大优势是能包容现有编码体系的源编码设计，可以兼容多种编码。uCode 标签具有多种形式，包括条码、射频标签、智能卡、有源芯片等。泛在识别中心把标签进行分类，设立了 9 个级别的不同认证标准。信息系统服务器存储并提供与 uCode 相关的各种信息。uCode 解析服务器确定与 uCode 相关的信息存放在哪个信息系统服务器上。uCode 解析服务器的通信协议为 uCodeRP 和 eTP，其中 eTP 是基于 eTron（PKI）的密码认证通信协议。泛在通信器主要由 IC 标签、标签读写器和无线广域通信设备构成，用来把读到的 uCode 送至 uCode 解析服务器，并从信息系统服务器获得有关信息。泛在识别中心对网络和应用安全问题非常重视，针对未来可能出现的安全问题如截听和非法读取等，设定节点在信息交换时需要相互认证，而且通信内容是加密的，避免非法阅读。

6.1.4 AIM 和 IP-X

AIM 和 IP-X 的用户则相对较少。AIDC(Automatic Identification and Data Collection) 组织原先制定通行全球的条形码标准，于 1999 年另成立 AIM(Auto ID Manufacturers) 组织，目的是推出 RFID 标准。AIM 全球有 13 个国家与地区性的分支，且目前的全球会员数已增加至 1000 多个。IP-X 是以南美、澳大利亚和瑞士等为中性主权的第三世界标准组织，其标准主要在南非等国家推行。

6.1.5 三大国际标准化组织比较

目前，ISO/IEC 18000、EPCglobal、日本 UID 三个空中接口协议正在完善中。这三个标准之间并不兼容，主要差别在于通讯方式、防冲突协议和数据格式这三个方面，在技术上差距其实并不大。这三个标准体系都按照 RFID 的工作频率分为多个频段。在这些频段中，以 13.56MHz 频段的产品最为成熟，处于 860—960MHz 内的 UHF 频段的产品因为工作距离远且最可能成为全球通用的频段而最受重视，发展最快。

ISO/IEC 18000 标准是最早制订的关于 RFID 的国际标准，按频段划分为 7 个部分。目前支持 ISO/IEC 18000 标准的 RFID 产品最多。EPCglobal 是由 UCC 和 EAN 两大组织联合成立、吸收了麻省理工学院 Auto ID 中心的研究成果后推出的系列标准草案。EPCglobal 最重视 UHF 频段的 RFID 产品，极力推广基于 EPC 编码标准的 RFID 产品。目前，EPCglobal 标准的推广和发展十分迅速，许多大公司如沃尔玛等都是 EPC 标准的支持者。日本的泛在 ID 中心一直致力于本国标准的 RFID 产品开发和推广，拒绝采用美国的 EPC 编码标准。与美国大力发展 UHF 频段 RFID 不同的是，日本对 2.4GHz 微波频段的 RFID 似乎更加青睐，目前日本已经开始了许多 2.4GHz RFID 产品的实验和推广工作。日本 UID 标准和欧美 EPC 标准，主要涉及产品电子编码、射频识别系统及信息网络系统三个部分，其思路在多数层面上是一致的，但在使用的无线频段、信息位数和应用领域等方面有许多不同点。

与 ISO 通用性 RFID 标准相比，EPCglobal 标准体系面向的是物流供应领域，可以看成是应用标准。EPCglobal 的目标是解决供应链的透明性和追踪性问题，透明性和追踪性是指供应链各环节中所有合作伙伴都能了解单件物品的相关信息，如位置、生产日期等。为此 EPCglobal 制定了 EPC 编码标准，它可以实现对所有物品提供单件唯一标识，也制定了空中接口协议、读写器协议，这些协议与 ISO 标准体系类似。在空中接口协议方面，目前 EPCglobal 的策略是尽量与 ISO 兼容，如 C1Gen2 UHF RFID 标准递交 ISO，将成为 ISO 18000 6C 标准。但 EPCglobal 空中接口协议有它的局限范围，仅仅关注 UHF 860—930MHz。除了信息采集以外，EPCglobal 非常强调供应链各方之间的信息共享，为此制订了信息共享的物联网相关标准，包括 EPC 中间件规范、对象名解析服务 ONS、物理标记语言 PML（Physical Markup Language）。这样从信息的发布、信息资源的组织管理、信息服务的发现以及大量访问的协调等方面作出规定。ISO/IEC 空中接口协议标准侧重于数据采集，即读写器与标签之间进行通信的方式，对数据采集以后如何处理、共享，并没有作出规定，而在物品编码规则和数据采集后处理方面，EPCglobal 制定的一系列标准则更加成熟。

日本泛在中心制定 RFID 相关标准的思路类似于 EPCglobal，目标也是构建一个完整的标准体系，即从编码体系、空中接口协议到泛在网络体系结构，但是每一个部分的具体内容存在差异。为了制订具有自主知识产权的 RFID 标准，在编码方面制定了 uCode 编码体系，它能够兼容日本已有的编码体系，同时也能兼容其他的国际编码体系。在空中接口方面积极参与 ISO 的标准制订工作，也尽量考虑与 ISO 相关标准兼容。在信息共享方面，主要依赖于日本的泛在网络，它可以独立于互联网，实现信息的共享。泛在网络与 EPCglobal 的物联网也是有区别的，EPC 采用业务链的方式，面向企业，面向产品信息的流动（物联网），比较强调与互联网的结合。UID 采用扁平式信息采集分析方式，强调信息的获取与分析，比较强调前端的微型化与集成。

EPCglobal 与日本 UID 标准体系的主要区别在于，首先编码标准不同，EPCglobal 使用 EPC 编码，代码为 96 位。UID 使用 uCode 编码，代码为 128 位。uCode 的不同之处在于能够继续使用在流通领域中常用的“JAN 代码”等现有的代码体系。uCode 使用泛在 ID 中心制定的标识符对代码种类进行识别。比如，希望在特定的企业和商品中使用 JAN 代码时，在 IC 标签代码中写入表示“正在使用 JAN 代码”的标识符即可。同样，在 uCode 中还可以使用 EPC。其次，IC 标签代码检索商品详细信息的功能不同。EPCglobal 中心的最大前提条件是经过网络，而泛在 ID 中心还设想了离线使用的标准功能。Auto ID 中心和泛在 ID 中心在使用互联网进行信息检索的功能方面基本相同。泛在 ID 中心使用名为“读卡器”的装置，将所读取到的 ID 标签代码发送到数据检索系统中。数据检索系统通过互联网访问泛在 ID 中心的“地址解决服务器”来识别代码。如果是 JAN 代码，就会使用 JAN 代码开发商——流通系统开发中心的服务器信息，检索企业和商品的基本信息，然后再从符合条件的企业的商品信息服务器中得到生产地址和流通渠道等详细信息。除此之外，泛在 ID 中心还设想了不通过互联网就能够检索商品详细信息的功能。具体来说，就是利用具备便携信息终端（PDA）的高性能读卡器，预先把商品详细信息保存到读卡器中，即便不接入互联网，也能够了解与读卡器中 IC 标签代码相关的商品详细信息。泛在 ID 中心认为，“如果必须随时接入互联网才能得到相关信息，那么其方便性就会降低。如果最多只限定 2 万种药品等商品的话，将所需信息保存到 PDA 中就可以了”。第三个区别是日本的电子标签采用的频段为 2.45GHz 和 13.56MHz，欧美的 EPC 标准采用 UHF 频段，此外日本的电子标签标准可用于库存管理、信息发送和接收，以及产品和零部件的跟踪管理等，而 EPC 标准侧重于物流管理、库存管理等。表 6.1 给出了 UID 与 EPC 标准的比较。

表 6.1　UID 与 EPC 标准比较

标准	UID	EPC
频段	2.45GHz 和 13.56GHz	UHF 频段
电子标签的信息位数	128 位	96 位
应用	库存管理、信息发送和接收，以及产品和零部件的跟踪管理等	侧重于物流管理、库存管理

6.2 我国 RFID 标准化发展状况

6.2.1 概述

2004 年国家金卡工程启动了 RFID 应用的试点工作，得到了相关部委及试点省市的重视和支持，为此 2005 年 10 月原信息产业部批准成立了“电子标签标准工作组”，明确该标准工作组的任务是联合社会各方面力量，开展电子标签标准体系的研究，并以企业为主体进行相关标准的预先研究和制定修订工作。截至 2012 年 5 月 31 日，工作组共有 153 家成员单位，下设 7 个专题组，包括总体组、标签与读写器组、频率与通信组、数据格式组、信息安全组、应用组、知识产权组，如表 6.2 所示。秘书处设在中国电子技术标准化研究院(简称“电子标准院”)。工作组成立以来开展了 40 余项国家标准、16 项行业标准的制定，涵盖了术语、空中接口协议、数据内容、测试方法、产品规范和应用规范等内容，这些标准的制定有力地推动了 RFID 产业和应用的发展。

我国在 RFID 标准体系、自主可控的对象标识、关键技术与标准融合、标准提案仿真评估、标准符合性测试等方面取得了初步成果。电子标准院在推进国家射频识别标准化进程中的自主创新、勇于探索，发挥了重要作用，特别是在自主创新的 800/900MHz 和 2.45GHz 空中接口协议标准的制订过程中起到了主导作用，这两项核心技术标准将为推进我国自主创新 RFID 产业化进程和加快物联网建设提供重要的技术支撑。

表 6.2 电子标签标准工作组下设工作组

1	总体组	规划总体目标和工作计划，统筹负责 RFID 标准的制订工作； 协调推进各专题组的各项工作
2	标签与读写器组	制定标签与读写器物理特性、电特性及实验方法
3	频率与通信组	负责提出我国 RFID 频率要求、 制定 RFID 通信协议标准及相应的监测方法
4	数据格式组	制定基础标准、术语、产品编码、网络架构等标准
5	信息安全组	制定 RFID 相关的信息安全标准
6	应用组	制定 RFID 相关应用标准
7	知识产权组	制定 RFID 标准知识产权政策、起草知识产权法律文件、 提供知识产权咨询服务。

6.2.2 我国 RFID 标准化工作成果

我国已经制定的国家标准如表 6.3 所示，空气接口的部分标准，参照相关 ISO 国际标准制定了相关行业标准，应用——气瓶方面的标准目前只发布了地方标准。

表 6.3 RFID 国家标准汇总

标准类型	国标号	引用的国际标准号	标准名称和说明
术语	GB/T 29261.3	ISO/IEC 19762-3	自动识别和数据采集技术词汇 第 3 部分：射频识别
	GB/T 29261.4	ISO/IEC 19762-4	自动识别和数据采集技术词汇 第 4 部分：无线电通信
空气接口	JT/T 452.1	ISO/IEC 14443-1	公路收费非接触式 IC 卡 第 1 部分：物理特性
	JT/T 452.2	ISO/IEC 14443-2	公路收费非接触式 IC 卡技术条件 第 2 部分：电气特性
	GB/T 22351.1	ISO/IEC 15693-1	无触点的集成电路卡邻近式卡 第 1 部分：物理特性
	GB/T 22351.2	ISO/IEC 15693-2	无触点的集成电路卡邻近式卡 2 部分：空中接口和初始化
	GB/T 22351.3	ISO/IEC 15693-3	无触点的集成电路卡邻近式卡 第 3 部分：防冲突和传输协议
测试	GB/T 17554.1	ISO/IEC 10373-1	识别卡测试方法 第 1 部分：一般特性测试
	GB/T 17554.7	ISO/IEC 10373-7	识别卡测试方法 第 7 部分：邻近式卡
	GB/T 29272	18046:2006 18046-1	射频识别设备性能测试方法 系统性能测试方法
	GB/T 28926	18047-4	射频识别 2.45GHz 空中接口 符合性测试方法
实时定位系统	GB/T 28925	24730-2	射频识别 2.45GHz 空中接口协议
数据内容与编码	GB/Z 19257	ISO 15424	供应链数据传输与交换
	GB/T 16986	ISO/IEC 15418	商品条码应用标识符
信息安全标准	GB/T 9387.2	ISO 7498-2	开放系统互连基本参考模型 第 2 部分：安全体系结构
	GB/T 16649.8	ISO/IEC 7816-8	带触点的集成电路卡 第 8 部分：与安全相关的行业间命令
	GB/T 16649.9	ISO/IEC 7816-9	集成电路卡 第 9 部分：用于卡管理的命令
	GB/T 16649.15	ISO/IEC 7816-15	集成电路卡 第 15 部分：密码信息应用
	GB/T 15278	ISO 9160	数据加密物理层互操作性要求

续 表

标准类型	国标号	引用的国际标准号	标准名称和说明
信息安全标准	GB/T 14805.9	IDT ISO 9735-9	行政、商业和运输业电子数据交换（EDIFACT）应用级语法规则(语法版本号：4，语法发布号：1)第 9 部分：安全密钥和证书管理报文(报文类型为 KEYMAN)
	GB/T 14805.10	ISO 9735-10	用于行政、商业和运输业电子数据交换的应用级语法规则第 10 部分：语法服务目录
	GB/T 17963	ISO/IEC 11577	信息技术开放系统互连网络层安全协议
应用——动物识别	GB/T 22334	ISO 11785	动物射频识别技术准则
	GB/T 20563	ISO 11784	动物射频识别代码结构
应用——集装箱	GB/T 1992	ISO 830	集装箱术语
	GB/T 17894	ISO 10374	集装箱自动识别
	GB/T 26934		集装箱电子标签技术规范
应用——气瓶	DB37/T 1199		气瓶用电子标签标识规范
	DB12/T 404.1		气瓶条码标识技术规范第 1 部分：标识代码
	DB12/T 404.2		气瓶条码标识技术规范第 2 部分：应用规范
	DB12/T 404.3		气瓶条码标识技术规范第 3 部分：安装指南

ISO/IEC JTC1/SC31 WG4 制定的标准 ISO/IEC 18000-4《信息技术 AIDC 技术用于物品管理的射频识别技术第 4 部分：2.45GHz 频率下的空中接口通信参数》中规定了 3 种模式，模式 1 是无源标签工作方式，模式 2 是半有源标签工作方式，这两种模式已经正式成为国际标准，但应用较少。模式 3 是美国提出的基于 IEEE 802.15.4 网络协议层标准，与 RFID 的关系并不是很大。国际上尚无有源 2.45GHz RFID 空中接口技术标准。而我国已制定出了自主研发的 2.45GHz 有源 RFID 空中接口国家标准（GB/T 28925-2012《信息技术射频识别 2.45GHz 空中接口协议》），多家厂商研制出了符合该标准的标签和读写器产品，并正在进行应用试点。在此基础上，电子标准院正在积极参与 RFID 国际标准化工作，力争使国家标准 GB/T 26295-2012 成为国际标准。电子标准院在 2011 年 12 月初开始着手进行 ISO/IEC JTC1/SC31 的新工作项目申请工作，组织国内专家评审论证、准备申请材料，包括仿真报告、国际标准提案的初稿等。2012 年 6 月，在美国召开的 ISO/IEC JTC1/SC31WG4 工作组会议上，我国就关于准备提交 2.45GHz

空中接口协议国际标准提案的相关事宜与工作组内的各国专家进行了深入而广泛的交流，得到了各国专家的一致认同和支持。同年 10 月，我国对《信息技术射频识别 2.45GHz 空中接口协议》国家标准的内容作了详细的报告，与会各国专家一致同意将该报告形成国际提案，并提交 ISO/IEC JTC1/SC31 进行投票。

6.2.3 我国 RFID 标准建立面临的困境

1. 标准政策的缺陷

一方面是标准建立的缺陷，过去几十年，我国大多是参照国际标准制定国家标准，或者直接采用国际标准。标准是知识产权的最集中体现，参照国际标准制定我国标准，或者直接采用国际标准，这相当于强制实施国际标准，导致我国产业界掉入国外专利的陷阱，跳出陷阱要付出巨大的代价。另一方面是标准推广的缺陷，我国的标准审定以行政审批为主，企业在标准制定过程中只能被动执行，几乎没有发言权。

2. 产业发展的滞后

目前，我国仅有少数企业能够规模化生产基于 13.56MHz 频段的芯片，而国际上应用最广的 UHF 芯片，则还在研制之中；HF 频段的标签封装技术和生产已经成熟，但还不能进行 UHF 频段的标签封装，封装设备还依靠进口；基本具有 HF 频段读写器设计和集成制造能力，但还没有 UHF 频段以上读写器的设计和制造能力。RFID 的特性要求整个产业链必须同步发展，而我国在超高频技术、芯片制造、封装等关键环节跟不上，造成成本居高不下，从而制约了整个产业的发展。

3. 相关应用的落后

我国 RFID 潜在用户主要分为两类，一类是主动的，这些用户本身存在一些问题，如库存控制难，数据采集效率低下等，而 RFID 技术是解决这类问题的最佳方式。另一类是被动的，传统的生产商对 RFID 技术原本没有特殊的需求，但迫于进入国际市场的要求或销售渠道，而不得不考虑实施 RFID。目前，国内只有极少数单位在试点应用 RFID，如铁道部利用 RFID 进行列车调度，中国邮政利用 RFID 分拣邮包，上汽集团将 RFID 应用于汽车制造质量管理中等，这种初级闭环小规模的应用无法充分体现 RFID 的优势。

4. 使用频率的限制

当前国际上 RFID 在 UHF 频段主要使用 430MHz 和 860—960MHz 两段频率，但我国的 860—960MHz 频段已分配给专用业务、集群和公众移动通信等关系国计民生的重要无线电业务，没有空闲的频率直接规划给 RFID 使用，这就决定了现阶段该频段的 RFID 无法使用。

5. 国际社会的压力

发达国家以标准为依据，采用以技术标准、标准和合格评定程序设置的技术性贸易措施，强化其经济和技术在国际中的竞争地位。如果我国试图建立自己的RFID标准，对标准背后的数万亿美元的市场施加决定性影响，必然遭到标准先发国家的强烈抵制。

6.3 RFID 国际标准介绍

国际标准化组织 ISO/IEC 是信息技术领域最重要的标准化组织之一，所制定的 RFID 标准具有通用性，这里将对 ISO 国际组织制定的 RFID 标准进行介绍。

ISO/IEC RFID标准大致包含两类：一是技术标准，如物理参数、通信接口、数据编码、协议、测试规范等标准；二是应用标准，如船运标签、产品包装标准等，如图 6.1 所示，其中编码标准和通信协议（通讯接口）是争夺比较激烈的部分，它们也构成了 RFID 标准的核心。

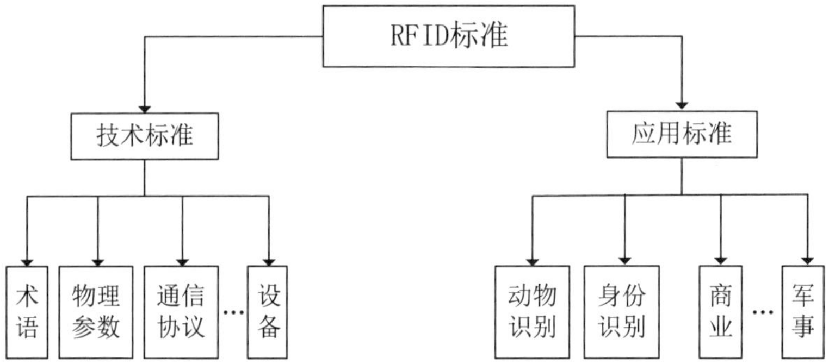

图 6.1 RFID 标准体系基本结构

ISO/IEC标准侧重于标准的基础性、通用性和中立性。主要研究的是RFID技术标准，其中涉及的主要问题包括：各个频段标准，包括读写器与电子标签通信的无线电频率使用规范；空中接口标准，主要规定电子标签与读写器之间的空中信息交换所需的基本约定；其他标准；数据格式定义；接口与应用等。表 6.4 是 ISO/IEC 发布的 RFID 技术相关标准的分类汇总表。

6.3.1 通用 RFID 技术标准

ISO/IEC 的通用技术标准可以分为数据采集和信息共享两大类。数据采集类技术标准涉及标签、读写器、应用程序等，可以理解为本地单个读写器构成的简单系统，也可以理解为大系统中的一部分，其层次关系如图 6.2 所示；而信息共享就是 RFID 应用系统之间实现信息共享所必需的技术标准，如软件体系架构标准等。

在图 6.2 中，左半图是普通 RFID 标准分层框图，右半图是从 2006 年开始制订的增加辅助电源和传感器功能以后的 RFID 标准分层框图。它清晰地显示了各标准之间的层次关系，自底而上先是 RFID 标签标识编码标准 ISO/IEC 15963，然后是空中接口协议 ISO/IEC 18000 系列，ISO/IEC 15962 和 ISO/IEC 24753 数据传输协议，最后是 ISO/IEC 15961 应用程序接口。与辅助电源和传感器相关的标准有空中接口协议、ISO/IEC 24753 数据传输协议以及 IEEE 1451 标准。

表 6.4 ISO/IEC RFID 国际标准

标准类型	标准号	标准名称和说明
空气接口	ISO/IEC 29143:2011	信息技术——自动识别和数据采集的 移动 RFID 读写器——空气接口规范技术
	ISO 11784	RFID 畜牧业的应用编码结构
	ISO 11785	RFID 畜牧业的应用技术理论
	ISO 14223.1	RFID 畜牧业的应用空气接口
	ISO 14223.2	RFID 畜牧业的应用协议定义
	ISO/IEC 14443	识别卡无触点的集成电路卡接近式卡
	ISO/IEC 14443.1	第 1 部分：物理特性
	ISO/IEC 14443.2	第 2 部分：射频功率和信号接口
	ISO/IEC 14443.3	第 3 部分：初始化和防冲突
	ISO/IEC 14443.4	第 4 部分：传输协议
	ISO/IEC 15693	识别卡无触点的集成电路卡邻近式卡
	ISO/IEC 15693.1	第 1 部分：物理特性
	ISO/IEC 15693.2	第 2 部分：空气接口与初始化
	ISO/IEC 18000	信息技术自动识别和数据采集技术电子标签 用于单项物品管理空气接口
	ISO/IEC 18000.1	第 1 部分：参考体系结构和标准化参数定义
	ISO/IEC 18000.2	第 2 部分：频率小于 135 kHz 的空中接口通信参数
	ISO/IEC 18000.3	第 3 部分：13.56 MHz 频率下的空中接口通信参数
	ISO/IEC 18000.4	第 4 部分：2.45 GHz 频率下的空中接口通信参数
	ISO/IEC 18000.6	第 6 部分：860 ~ 960 MHz 频率下的空中接口通信参数
	ISO/IEC 18000.7	第 7 部分：433 MHz 频率下的空中接口通信参数
	ISO/IEC 18092	信息技术系统间的无线通信和信息交换近距离无线通信接口和协议 1

续 表

标准类型	标准号	标准名称和说明
空气接口	ISO/IEC 21481	信息技术系统间的无线通信和信息交换近距离无线通信接口和协议 2
	ISO/IEC DTR 24710	信息技术自动识别和数据采集技术电子标签用于单项物品管理
	ISO/IEC 24730	信息技术自动识别和数据采集技术实时定位系统
	ISO/IEC CD 24730.1	第 1 部分：应用编程接口
	ISO/IEC CD 24730.2	第 2 部分：2.4GHz 空气接口协议
	ISO/IEC AWI 24730.3	第 3 部分：4.33MHz 空气接口协议
	ISO/IEC 29167-1:2012	信息技术——自动识别和数据采集技术——1 部分： 用于 RFID 架构的安全服务和文件管理的空中接口
	ISO 18382:2013	空间数据和信息传输系统——航天器内建的接口服务 ——基于 RFID 的库存管理系统
信息安全标准	ISO/IEC 7498.2	安全框架和高层安全模型
	ISO/IEC 7816.8:1999	识别卡带触点的集成电路卡第 8 部分：与安全相关的行业间命令
	ISO/IEC 7816.9:2000	信息技术识别卡带触点的集成电路卡第 9 部分： 附加的行业间命令和安全属性
	ISO/IEC 7816.15	识别卡带触电的集成电路卡加密信息的应用
	ISO 9160	物理层加密的互操作性要求
	ISO/IEC 9594	安全框架系列标准
	ISO9735.9	电子数据交换密钥和证书管理报文
	ISO9735.10	交互式电子数据交换安全规则
	ISO/IEC 10736:1995	信息技术系统间远程通信和信息交换运输层安全协议
	ISO/IEC 11577:1995	信息技术开放系统互连网络层安全协议
	ISO 17799	信息安全管理的实践代码
应用——项目管理	ISO/IEC 29160:2012	信息技术——应用于项目管理的射频识别 RFID 标志
	ISO/IEC 29176:2011	信息技术——移动物品识别和管理——移动 RFID 服务消费者 隐私保护协议
应用——图书馆管理	ISO 28560-1:2011	信息与文献——RFID 图书馆应用——1 部分： 数据和实施的一般准则
	ISO 28560-2:2011	信息与文献——RFID 图书馆应用——2 部分： 基于 ISO / IEC 15962 编码的 RFID 数据元素的规则
	ISO 28560-3:2011	信息与文献——RFID 图书馆应用——3 部分：固定长度编码
移动物品识别与管理	ISO/IEC 29173-1:2012	信息技术——移动物品识别与管理——1 部分： 移动 RFID 询问装置协议 ISO / IEC 18000-63 C 型

续 表

标准类型	标准号	标准名称和说明
数据结构	ISO/IEC/IEEE:21451-7:2011	信息技术——传感器和执行器的智能变送器接口——7 部分：传感器，射频识别（RFID）系统的通信协议和传感器电子数据表格（TEDS）格式
	ISO/IEC 15418	信息技术应用和数据标识符及维护
	ISO/IEC 15424	信息技术自动识别和数据采集技术数据载体标识符
	ISO/IEC FCD 15434	信息技术自动识别与数据采集技术大容量 ADC 媒体语法
	ISO/IEC 15459.1	信息技术运输单元的唯一标识第 1 部分概要
	ISO/IEC 15459.2	信息技术运输单元的唯一标识第 2 部分注册程序
	ISO/IEC15961	信息技术射频识别技术数据协议：应用接口
	ISO/IEC15962	信息技术射频识别技术数据协议：数据编码规则和逻辑存储功能
	ISO/IEC15963	信息技术电子标签用于单品管理电子标签的唯一标识
应用——集装箱	ISO/TS 10891:2009	货运集装箱——射频识别（RFID）标签——牌照
	ISO/WD 17363	电子标签用于供应链货物集装箱
	ISO/CD 18185.1	货运集装箱电子封条的射频通信协议第 1 部分：通信协议
	ISO/AWI 10374	货运集装箱自动识别
	ISO 18186:2011	货运集装箱货运——RFID 标签系统
移动物品识别和管理技术	ISO/IEC 29133:2010	信息技术——自动识别和数据采集可擦写的混合媒体数据载体——质量测试规格说明技术
	ISO/IEC 10373	识别卡测试方法
	ISO/IEC 10373.7	识别卡测试方法邻近式卡
	ISO/IEC 18047	信息技术射频识别设备一致性测试方法
	ISO/IEC 18047.3	第 3 部分 13.56MHz 空中接口通信测试方法
	ISO/IEC 18047.4	第 4 部分 2.45MHz 空中接口通信测试方法
	ISO/IEC 18047.7	第 7 部分 433MHz 空中接口通信测试方法
	ISO/IEC PRF TR 18046	信息技术自动识别和数据采集技术电子标签装置性能测试方法应用标准
移动物品识别和管理技术	ISO/IEC TR 29172:2011	信息技术——移动物品识别和管理技术——移动服务的参考架构
	ISO/DIS 14814	道路运输与交通远程信息处理自动车辆与设备识别参考架构与术语
	ISO/DIS 14816	道路运输与交通远程信息处理自动车辆与设备识别编码与数据结构
	ISO/TS 17261	自动车辆与设备识别联合运输的货物运送架构与术语
	ISO/TS 17262	自动车辆与设备识别联合运输的货物运送编码与数据结构
	ISO/WD 17367	电子标签用于供应链产品标记
项目管理	ISO/IEC TR 20017:2011	信息技术——项目管理用射频识别——ISO/IEC 18000 询问发射器植入心脏起搏器和植入型心律转复除颤器的电磁干扰的影响

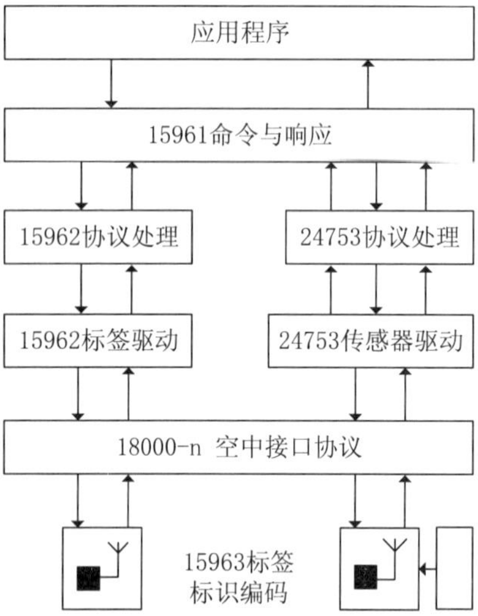

图 6.2 ISO RFID 技术标准体系框图

1. 数据内容标准

数据内容标准主要规定了数据在标签、读写器到主机（也即中间件或应用程序）各个环节的表示形式。由于标签能力（存储能力、通信能力）的限制，在各个环节的数据表示形式必须充分考虑各自的特点，采取不同的表现形式。另外主机对标签的访问可以独立于读写器和空中接口协议，也就是说读写器和空中接口协议对应用程序来说是透明的。RFID 数据协议的应用接口基于 ASN.1（Abstract Syntax Notation One），它提供了一套独立于应用程序、操作系统和编程语言，也独立于标签读写器与标签驱动之间的命令结构。

ISO/IEC 15961 规定了读写器与应用程序之间的接口，侧重于应用命令与数据协议加工器交换数据的标准方式，这样应用程序可以完成对电子标签数据的读取、写入、修改、删除等操作功能，该协议也定义了错误响应消息。

ISO/IEC 15962 规定了数据的编码、压缩、逻辑内存映射格式，以及如何将电子标签中的数据转化为对应用程序有意义的方式。该协议提供了一套数据压缩的机制，能够充分利用电子标签中的有限数据存储空间以及空中通信能力。

ISO/IEC 24753 扩展了 ISO/IEC 15962 数据处理能力，适用于具有辅助电源和传感器功能的电子标签。增加传感器以后，电子标签中存储的数据量以及对传感器的管理任务大大增加了。ISO/IEC 24753 规定了电池状态监视、传感器设置与复位、传感器处理等功能。图 6.2 表明 ISO/IEC 24753 与 ISO/IEC 15962 一起，规范了带辅助电源和传感器功能电子标签的数据处理与命令交互。它们的作用使得 ISO/IEC 15961 独立于电子标签和空中接口协议。

ISO/IEC 15963 规定了电子标签唯一标识的编码标准，该标准兼容 ISO/IEC 7816-6、ISO/TS 14816、INCITS 256 以及保留对未来扩展。与物品编码是有区别的，物品编码是对标签所贴附物品的编码，而该标准标识的是标签自身。

2. 空中接口通信协议

空中接口通信协议规范了读写器与电子标签之间信息交互，目的是为了不同厂家生产设备之间的互联互通性。ISO/IEC 制定了五种频段的空中接口协议，主要由于不同频段的 RFID 标签在识读速度、识读距离、适用环境等方面存在较大差异，单一频段的标准不能满足各种应用的需求。

ISO/IEC 18000《信息技术用于物品管理的射频识别技术空中接口》由 ISO/IEC JTC1/SC31/WG4 制定，旨在提供符合全球无线频谱规范要求的 RFID 读写器与标签交互协议。如表 6.5 所示，截至 2009 年 10 月，ISO/IEC 18000 标准包括 ISO/IEC 18000-1、-2、-3、-4、-6、-7 等 6 部分（其中 ISO/IEC 18000-5 由于不符合全球范围内的频谱要求，2003 年 1 月被终止），覆盖低频、高频、超高频、微波四个频段，为 RFID 技术在各个领域的应用奠定了基础。

表 6.5 ISO 18000 系列

标准号	内容	信道频点	应用领域
18000-1	一般参数定义		
18000-2	135KHz 以下非接触接口参数	多频点	适合短距离纸类标签，如门禁卡
18000-3	13.65MHz 空中接口参数	单频点	适合中距离使用，如货架
18000-4	2.45GHz 空中接口参数	多频点	适合较长距离使用
18000-6	860MHz-930MHz 空中接口参数	多频点	适合较长距离使用
18000-7	433.92MHz 空中接口参数	单频点	只是作为一种选择，易被其他通信器材干扰，可供参考

注：18000-5 规定了 5.8 GHz 参数，但已被否决，不会成为国际标准。

ISO/IEC 18000-1　参考结构和标准化的参数定义。它规范了空中接口通信协议中共同遵守的读写器与标签的通信参数表、知识产权基本规则等内容。这样，每一个频段对应的标准不需要对相同内容进行重复规定。

ISO/IEC 18000-2　适用于中频 125-134KHz，规定了在标签和读写器之间通信的物理接口，读写器应具有与 Type A（FDX）和 Type B（HDX）标签通信的能力，规定了协议和指令以及多标签通信的防碰撞方法。

ISO/IEC 18000-3　适用于高频段 13.56MHz，规定了读写器与标签之间的物理接口、协议和命令以及防碰撞方法。关于防碰撞协议可以分为两种模式，模式 1 分为基本型与两种扩展型协议（无时隙无终止多应答器协议和时隙终止自适应轮询多应答器读取协议）；模式 2 采用时频复用 FTDMA 协议，共有 8 个信道，适用于标签数量较多的情形。

ISO/IEC 18000-4　适用于微波波段 2.45GHz，规定了读写器与标签之间的物理接口、协议和命令以及防碰撞方法。该标准包括两种模式，模式 1 是无源标签，工作方式是读写器先讲；模式 2 是有源标签，工作方式是标签先讲。

ISO/IEC 18000-6　适用于超高频段 860—960MHz。规定了读写器与标签之间的物理接口、协议和命令以及防碰撞方法。它包含 TypeA、TypeB 和 TypeC 三种无源标签的接口协议，通信距离最远可达 10 m。其中 TypeC 是由 EPCglobal 起草的，并于 2006 年 7 月获得批准，它在识别速度、读写速度、数据容量、防碰撞、信息安全、频段适应能力、抗干扰等方面有了较大提高。2006 年有了 V4.0 草案，它针对带辅助电源和传感器电子标签的特点进行了扩展，包括标签数据存储方式和交互命令。带电池的主动式标签可以提供较大范围的读取能力和更强的通信可靠性，不过其尺寸较大，价格也更贵一些。

ISO/IEC 18000-7　适用于超高频段 433.92MHz。规定了读写器与标签之间的物理接口、协议和命令以及防碰撞方法。标签为有源电子标签识读范围大，适用于大型固定资产的跟踪。

3. 测试标准

测试是所有信息技术类标准中非常重要的部分，ISO/IEC RFID 标准体系中包括设备性能测试方法和一致性测试方法。

ISO/IEC 18046 射频识别设备性能测试方法，主要内容有标签性能参数及其检测方法：标签检测参数、检测速度、标签形状、标签检测方向、单个标签检测及多个标签检测方法等；读写器性能参数及其检测方法：读写器检测参数、识读范围、识读速率、读数据速率、写数据速率等检测方法。在附件中规定了测试条件，全电波暗室、半电波暗室以及开阔场三种测试场。该标准定义的测试方法形成了性能评估的基本架构，可以根据 RFID 系统应用的要求，扩展测试内容。应用标准或者应用系统测试规范可以引用 ISO/IEC 18046 性能测试方法，并在此基础上根据应用标准和应用系统的具体要求进行扩展。

ISO/IEC 18047 对确定射频识别设备（标签和读写器）一致性的方法进行了定义，也称空中接口通信测试方法。测试方法只要求那些被实现和被检测的命令功能以及任何功能选项。它与 ISO/IEC 18000 系列标准相对应。一致性测试，是确保系统各部分之间的相互作用达到技术要求，即系统的一致性要求。只有符合一致性要求，才能实现不同厂家生产的设备在同一个 RFID 网络内能够互连互通互操作。一致性测试标准体现了通用技术标准的范围，也即实现互联互通互操作所必需的技术内容，凡是不影响互联互通互操作的技术内容，要尽量留给应用标准或者产品的设计者。

4. 实时定位系统（RTLS）

实时定位系统（RTLS）可以增加供应链的透明性，船队管理、物流和船队安全等。RFID 标签可以解决短距离尤其是室内物体的定位，可以弥补 GPS 等定位系统只能适用于室外大范围的不足。GPS 定位、手机定位以及 RFID 短距离定位手段与无线通信手段一起可以实现物品位置的全程跟踪与监视。目前正在制订的标准有：

ISO/IEC 24730 – 1 应用编程接口 API，它规范了 RTLS 的服务功能以及访问方法，目的是使客户应用程序可以方便地访问 RTLS 系统，它独立于 RTLS 的底层空中接口协议。

ISO/IEC 24730 – 2 适用于 2450MHz 的 RTLS 空中接口协议。它规范了一个网络定位系统，该系统利用 RTLS 发射机发射无线电信标，接收机根据收到的几个信标信号解算位置。发射机的许多参数可以远程实时配置。

ISO/IEC 24730 – 5 RTLS – 2.4GHz 线性调频扩展频谱（CSS）空中接口通信协议。

ISO/IEC 24730 – 6 RTLS – 超宽带空中接口通信协义。

5. 软件系统基本架构

2006 年 ISO/IEC 开始重视 RFID 应用系统的标准化工作，将 ISO/IEC 24752 调整为 6 个部分并重新命名为 ISO/IEC 24791。制定该标准的目的是对 RFID 应用系统提供一种框架，并规范数据安全和多种接口，便于 RFID 系统之间的信息共享；使应用程序不再关心多种设备和不同类型设备之间的差异，便于应用程序的设计和开发；能够支持设备的分布式协调控制和集中管理等功能，优化密集读写器的组网性能。该标准的主要目的是解决读写器之间以及应用程序之间共享数据信息的问题，随着 RFID 技术的广泛应用，RFID 数据信息的共享越来越重要。ISO/IEC 24791 标准各部分之间关系如图 6.3 所示。

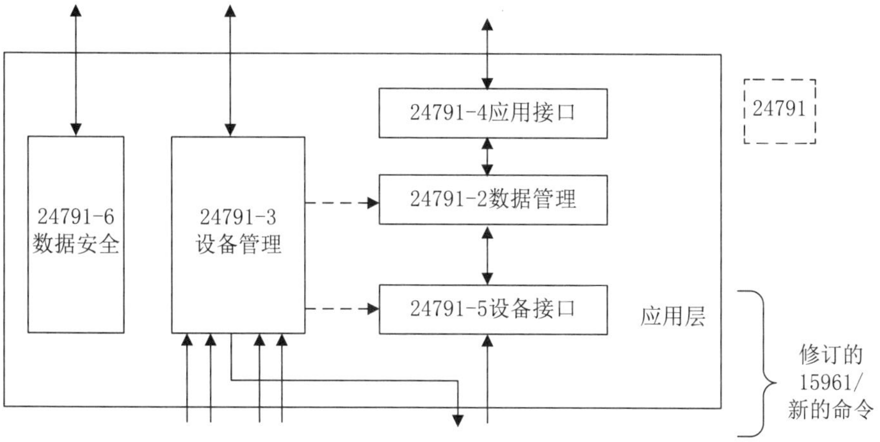

图 6.3 ISO/IEC 24791 标准各部分之间关系图

ISO/IEC 24791 标准的具体内容如下：

ISO/IEC 24791-1 体系架构　给出软件体系的总体框架和各部分标准的基本定位。它将体系架构分成三大类：数据平面、控制平面和管理平面。数据平面侧重于数据的传输与处理，控制平面侧重于运行过程中对读写器中空中接口协议参数的配置，管理平面侧重于运行状态的监视和设备管理。三个平面的划分使得软件架构体系的描述得以简化，每一个平面包含的功能将减少，在复杂协议的描述中经常采用这种方法。每个平面包含数据管理、设备管理、应用接口、设备接口和数据安全五个方面的部分内容，目前该标准已经给出草案。

ISO/IEC 24791-2 数据管理　主要功能包括读、写、采集、过滤、分组、事件通告、事件订阅等功能。另外支持 ISO/IEC 15962 提供的接口，也支持其他标准的标签数据格式。该标准位于数据平面，目前已经给出标准草案。

ISO/IEC 24791-3 设备管理　类似于 EPCglobal 读写器管理协议，能够支持设备的运行参数设置、读写器运行性能监视和故障诊断。设置包括初始化运行参数、动态运行参数以及软件升级等。性能监视包括历史运行数据收集和统计等功能。故障诊断包括故障的检测和诊断等功能。该标准位于管理平面，目前处于草案（FDIS，Final Draft International Standard）审查阶段。

ISO/IEC 24791-4 应用接口　位于最高层，提供读、写功能的调用格式和交互流程。据估计类似于 ISO/IEC 15961 应用接口，但是肯定还需要扩展和调整。该标准位于数据平面，目前正在制订中，还没有看到草案。

ISO/IEC 24791-5 设备接口　类似于 EPCglobal LLRP 低层读写器协议，它为客户控制和协调读写器的空中接口协议参数提供通用接口规范，它与空中接口协议相关。

ISO/IEC 24791-6 数据安全　正在制订中，尚未见到草案。

6. 实施指南

信息技术　物品管理的射频识别实施指南 ISO/IEC TR 24729，包含以下四个部分：

ISO/IEC TR 24729 － 1 RFID，使能标签标识与包装；

ISO/IEC TR 24729 － 2 RFID，再循环与射频识别标签；

ISO/IEC TR 24729 － 3 RFID，超高频射频识别器在物流应用中的安装与运行；

ISO/IEC TR 24729 － 4，标签数据安全。

6.3.2 ISO/IEC RFID 应用技术标准

早在 20 世纪 90 年代，ISO/IEC 已经制定集装箱标准 ISO 10374，后来又制定了集装箱电子关封标准 ISO 18185，动物管理标准 ISO 11784/5、ISO 14223 等。随着 RFID

技术的应用越来越广泛，ISO/IEC 认识到需要针对不同应用领域中所涉及的共同要求和属性制订通用技术标准——这就是上一节的通用技术标准，而不是每一个应用技术标准完全独立制订。

在制定物流与供应链 ISO 17363~17367 系列标准时，直接引用 ISO/IEC 18000 系列标准。通用技术标准提供的是一个基本框架，而应用标准是对它的补充和具体规定。这样既保证了不同应用领域 RFID 技术具有互联互通与互操作性，又兼顾了应用领域的特点，能够很好地满足应用领域的具体要求。应用技术标准是在通用技术标准基础上，根据各个行业自身的特点而制定的，它针对行业应用领域所涉及的共同要求和属性。应用技术标准与用户应用系统的区别——应用技术标准针对一大类应用系统的共同属性，而用户应用系统针对具体的一个应用。

1. 货运集装箱系列标准

ISO TC 104 技术委员会专门负责集装箱标准的制订，是集装箱制造和操作的最高权威机构。与 RFID 相关的标准，由第四子委员会（SC4）负责制订。包括如下标准：

（1）ISO 6346，集装箱编码、ID 和标识符号

该标准提供了集装箱标识系统的规范，规定了集装箱尺寸、类型等数据的编码系统以及相应的标记方法，操作标记和集装箱标记的物理展示。

（2）ISO 10374，集装箱自动识别标准

该标准基于微波应答器的集装箱自动识别系统，把集装箱当作固定资产来看。应答器为有源设备，工作频率为 850MHz ～ 950MHz 及 2.4GHz ～ 2.5GHz。只要应答器处于读写范围内，就会被活化并采用变形的 FSK 副载波，通过反向散射调制做出应答。信号在两个副载波频率 40kHz 和 20kHz 之间被调制。由于它在 1991 年制定，还没有用 RFID 这个词，实际上有源应答器就是今天的有源 RFID 电子标签。此标准和 ISO 6346 共同应用于集装箱的识别，ISO 6346 规定了光学识别，ISO 10374 则用微波的方式来表示光学识别的信息。

（3）ISO 18185，集装箱电子关封标准（陆、海、空）

该标准是海关用于监控集装箱的装卸状况，目前从 ISO 国际标准的发布来看，包含 5 个部分，它们是：空中接口通信协议、应用要求、环境特性、数据保护、物理层。

由于 ISO 10374 和 ISO18185 制定时间早于 ISO/IEC 18000 系列空中接口协议，因此，这两个标准涉及的空中接口协议并没有引用 ISO/IEC 18000 系列空中接口协议。

2. 物流供应链系列标准

为了使 RFID 能在整个物流供应链领域发挥重要作用，ISO TC 122 包装技术委员会和 ISO TC 104 货运集装箱技术委员会成立了联合工作组 JWG，负责制订物流供应链系列标准。工作组按照应用要求、货运集装箱、装载单元、运输单元、产品包装、单

品五级物流单元，制定了六个应用标准。

（1）ISO 17358 应用要求

这是供应链 RFID 的应用要求标准，由 TC 122 技术委员会主持，目前正在制订过程中。该标准定义了供应链物流单元各个层次的参数，定义了环境标识和数据流程。

（2）ISO 17363 ~ 17367 系列标准

供应链 RFID 物流单元系列标准分别对货运集装箱、可回收运输单元、运输单元、产品包装、产品标签的 RFID 应用进行了规范。该系列标准内容基本相同，如空中接口协议采用 ISO/IEC 18000 系列标准。在具体规定上存在差异，分别针对不同的使用对象做了补充规定，如使用环境条件、标签的尺寸、标签张贴的位置等特性，根据对象的差异要求采用电子标签的载波频率也不同。货运集装箱、可回收运输单元和运输单元的电子标签一定是可以重复使用的，产品包装则要根据实际情况而定，而产品标签通常是一次性的。另外还要考虑数据的完整性、可视识读标识等。可回收单元在数据容量、安全性、通信距离上要求较高。

ISO 10374、ISO 18185 和 ISO 17363 三个标准都是针对集装箱应用所制定的标准，但是 ISO 10374 是针对集装箱本身的管理，ISO 18185 是海关为了监视集装箱，而 ISO 17363 是针对供应链管理目的而在货运集装箱上使用可读写的 RFID 标识标签和货运标签。

3. 动物管理系列标准

ISO TC 23/SC 19 负责制订动物管理 RFID 方面的标准，包括 ISO 11784、ISO 11785 和 ISO 14223 三个标准。

（1）ISO 11784，编码结构

标准规定了动物射频识别码的 64 位编码结构，动物射频识别码要求读写器与电子标签之间能够互相识别。通常由包含数据的比特流以及为了保证数据正确所需要的编码数据。代码结构为 64 位，其中，第 27 至 64 位可由各国自行定义。

（2）ISO 11785，技术准则

标准规定了应答器的数据传输方法和阅读器规范。工作频率为 134.2kHz，数据传输方式有全双工和半双工两种，阅读器数据以差分双相代码表示，电子标签采用 FSK 调制，不归零编码（NZR）。由于存在较长的电子标签充电时间和工作频率的限制，通信速率较低。

（3）ISO 14223，高级标签

规定了动物射频识别的转发器和高级应答器的空间接口标准，通过简易、可验证以及廉价的解决方案，每只动物的数据就可以在离线状态下直接取得，进而改善库存追踪以及提升全球的进出口控制能力。通过符合 ISO 14223 标准的读取设备，可以自动识别家畜，而它所具备的防碰撞算法和抗干扰特性，即使家畜的数量极为庞大，识别也没有问题。ISO 14223 标准包含空中接口、编码和命令结构、应用三个部分，它是 ISO 11784/11785 的扩展版本。

本章小结

1. RFID 代表性国际化标准组织主要有国际标准化组织 ISO、美国的 EPCglobal 和日本的 UID。这三个组织发布的标准相互之间并不兼容，主要差别在通讯方式、防冲突协议和数据格式这三个方面，在技术上差距并不大。

2. RFID 标准可以分为两类：技术标准和应用行业标准。技术标准如物理参数、通信接口、数据编码、协议、测试规范等标准；应用行业标准如船运标签、产品包装标准等，其中编码标准和通信协议（通讯接口）是争夺比较激烈的部分，它们是 RFID 标准的核心。

思考和习题

1. RFID 国际标准化体系有哪些？各标准体系有什么特点？
2. EPC 标准为什么能够成为全球统一的 RFID 标准？
3. 我国为 RFID 标准化做了哪些工作？
4. 实施 RFID 项目应该参照哪些标准？

第 7 章 RFID 的应用

本章要点：

本章主要介绍 RFID 技术在非接触智能卡系统、交通系统、门禁系统、动物和物品识别中的应用，介绍系统组成和关键技术，分析应用中采用 RFID 技术的优势和存在的问题。

7.1 非接触智能卡系统

7.1.1 非接触智能卡系统的组成和工作原理

非接触式智能卡又称射频卡，是世界上最近几年发展起来的一项新技术，它成功地将射频识别技术和智能卡（IC 卡）技术结合起来，解决了无源（卡中无电源）和免接触这一难题，是电子器件领域的一大突破。

非接触 IC 卡系统一般由两部分组成：IC 卡（应答器）和读卡机（阅读器），如图 7.1 所示。一台读卡机包含有高频模块（发送器和接收器）、控制单元以及与应答器通信的耦合元件。此外，许多读卡机还设有附加的接口（RS- 232，RS- 485 等），以便将所获得的数据传输给另外的系统（个人计算机控制装置等）。IC 卡是射频识别系统真正的数据载体。IC 卡由耦合元件以及微电子芯片组成。在读卡机的响应范围之外，IC 卡处于无源状态。通常，IC 卡没有自己的供电电源（电池）。IC 卡工作所需的能量，如同时钟脉冲和数据一样，通过耦合单元（非接触的）传输给 IC 卡。当读卡机对 IC 卡进行读写操作时，读卡机天线发出的信号由两部分信号叠加组成：一部分信号是电源信号，该信号由卡的天线接收后，与其本身的 LC 振荡电路产生谐振，产生瞬间能量来供给芯片工作；另一部分信号则是数据信号，可以控制 IC 卡的芯片完成数据读取、存储等工作，并通过天线返回给读卡机。由于非接触 IC 卡读卡系统的硬件结构以及操作过程都得到了很大程度的简化，因此多数读卡机已采用脱机的读写卡操作方式，用户无需关心卡读写过程中的底层操作过程，使非接触 IC 卡的数据读写过程变得非常简单。

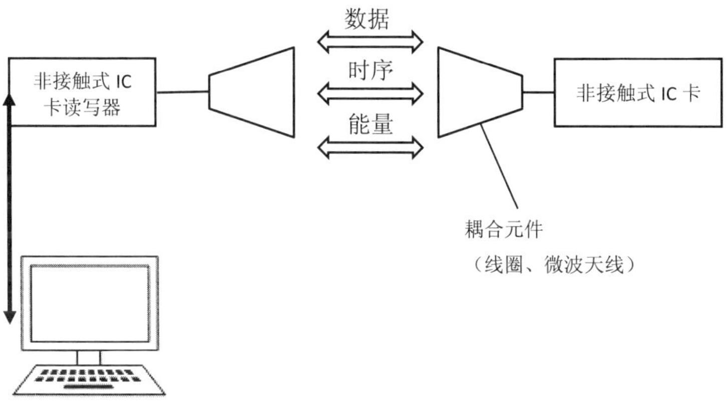

图 7.1　非接触 IC 卡系统组成框图

7.1.2 非接触智能卡的国际标准

目前，有关国际标准化组织已经制定非接触式 IC 卡的国际标准，如 ISO/IEC 10536（Close coupled cards）（距离 <10 cm），ISO/IEC 14443（Proximity cards）（距离 =10 cm），ISO/IEC 15693（Vicinity cards）（距离 >10 cm），分别适用于卡对读卡机站（Coupling devices）操作在非常近、附近和较远的距离。其中 ISO/IEC 14443 规定了两种不同的通讯传输模式：TypeA 和 Type B，其对应的控制逻辑也不尽相同。

7.1.3 非接触智能卡的分类

非接触智能卡可按卡内集成电路、工作频段、作用距离、供电方式等进行分类。

1．按卡内集成电路的不同分

存储器卡：卡中集成电路具有加密逻辑和电可擦除的可编程只读存储器 EEPROM。

CPU 卡：卡中的芯片电路包括 MPU(中央处理器)、EEPROM、RAM、ROM 等，片内操作系统 COS 装在 ROM 中，有的卡内芯片还集成有协处理器 CAU，以提高安全性和工作效率。

2．按工作频段不同分

低频卡(30 ~ 300 kHz)：主要有 125kHz 和 134.2kHz 两种。低频系统主要用于短距离、低成本的应用中，如多数的门禁控制、校园卡、煤气表、水表、动物监管、货物跟踪等。

高频卡(3 ~ 30 MHz)：主要是 13.56MHz。高频卡用于需要传送大量数据的应用系统中。

超高频卡（300 MHz ~ 3 GHz）：如 433MHz、915MHz、2.45GHz 等。应用于较远读写距离和高速度读写的场合，如火车监控、高速公路收费等。其天线波束方向较窄，且价格较高。

3. 按作用距离的不同分

密耦合卡：有效作用距离为 0 ~ 1cm。

近耦合卡：有效作用距离为 0 ~ 15cm。

疏耦合卡：有效作用距离为 0 ~ 1m。

远距离卡：有效作用距离 1m ~ 10m，或更远。

4. 按卡内芯片供电方式的不同分

有源卡：有源是指 IC 卡内装有电池以提供电源，其作用距离较远，但寿命有限，体积较大，成本高，且不适宜在恶劣环境下工作。

无源卡：卡内无电池，它利用射频电磁波供电技术将接收到的射频电磁波能量转化为直流电源，为卡内电路供电，其作用距离不如有源卡远，但寿命长，且对工作环境要求不高。

7.1.4 非接触式智能卡的特点

非接触智能（IC）卡系统的读写器和卡之间的通信是通过无线的方式完成的。与传统的接触式 IC 卡相比，非接触 IC 卡具有以下特点：

1. 操作快捷、便利

由于采用无接触通信，读写器对在感应范围内的卡可以进行读写，避免了插拔卡操作，非常方便用户使用。而且，非接触卡在使用时既没有正反面之分，也没有方向与角度限制，卡片可从任一方向掠过读写器表面，完成一次操作仅需 0.1 秒，这就大大提高了每次使用的速度。

2. 可靠性高、寿命长

非接触式 IC 卡与读写器之间没有机械接触，这就从根本上消除了由于接触读写而产生的各种故障，且非接触式 IC 卡及读写器表面均无裸露的触点，无须担心触点损坏或脱落、卡弯曲损害所致之卡片失效；而且卡中的 IC 芯片和感应天线完全密封在标准的 PVC 中，这也进一步提高了应用的可靠性和卡的使用寿命。

3. 抗干扰性能好

非接触式 IC 卡中有快速防冲突机制，能有效防止卡片之间出现数据干扰，在多卡同时进入读写范围内时，读写设备可一一对卡进行处理。这提高了应用的并行性，也无形中提高了系统工作的速度。

4. 高安全性

非接触式卡的序列号是唯一的，制造商在产品出厂前已将此序列号固化在芯片中，不可以更改；非接触式卡与读写器之间采用双向互认验证机制，即读写器要验证 IC 卡的合法性，IC 卡也要验证读写器的合法性；非接触式 IC 卡在数据交换前要与读写器进行三次相互认证；而且在通讯过程中所有的数据都加密；此外，卡中各个区域都有自己的操作密码和访问条件。适合于多种应用非接触式 IC 卡的存储结构特点，使其可以做到一卡多用，能应用于不同的场合或系统，例如，企业或机关内部员工“一卡通”可用作考勤、食堂就餐、电话管理、停车场、门禁等；校园“一卡通”可用作学生证、借书证、消费卡、门禁“钥匙”等，此时用户可根据不同的应用设置不同的密码和访问条件。

5. 适应于多种要求

非接触式 IC 卡系统可根据环境与应用对象的不同而做到作用距离不同，如用于高速公路或一般路、桥收费，可选用作用距离为 0.6m ~ 20m 的系统，如用于电子钱包或公交收费，可选用作用距离仅几厘米的系统，系统配置相当灵活多样。

6. 动态处理

由于非接触式 IC 卡与读写器之间通信时处于相对运动的状态，对电路的处理速度、可靠性等都提出了更高的要求，因此，对应用于安全性要求较高的场合，目前仍主要采用接触式 CPU 卡，非接触式 CPU 卡正处于发展中。

7. 成本较高

由于卡和读写器需要将射频技术结合进去，因此必然会增加其成本。

RFID 标签是通过记载特定信息，用来标识人员和物品，以方便辨识、跟踪和记录的工具。传统意义上的标签包括条码、激光印刷标签、印鉴，都是通过外在的物理化学特性发挥作用。电子标签也叫智能标签（Tag 或者 Smart Labels），其核心是采用非接触射频识别技术的具有一定存储容量 (1 ~ 1024 b) 的芯片。

RFID 标签以射频技术为基础，以非接触式射频识别为应用形式，从某种意义上讲是非接触式 IC 卡应用的一种延伸。

7.2 交通系统

7.2.1 RFID 在交通系统中的应用概述

RFID 技术作为一种具有多种优势的自动识别技术，它在各个行业都有巨大的应用潜力，如物流、零售、医疗、军事、制造、交通、动物识别、煤矿行业等。目前交通行业是 RFID 技术在我国成功应用案例最多、应用模式最可靠、应用技术最成熟的行业。

RFID 技术在交通系统中的应用可归结为以下几方面。

1. 运输工具管理

对于运输工具管理方面的应用，是以 IC 卡为信息载体，对道路运输车辆、船舶的各类证照进行管理，实现资质审查、行车（船）许可、日常稽查、营运行为、客运报班管理、收费管理等功能，为运输工具的信息化、动态化、便捷化管理提供技术手段。采用 RFID 电子标签，对出租车、客运车辆、专用货运车辆、内河船舶等运输工具进行标识，在特定区域建立读写器网络，快速识别和跟踪运输工具，并能够自动采集国内及国际道路运输车辆、内河船舶的准确交通流等统计数据，为行业管理、企业运营服务提供信息资源、动态监控手段和科学决策支持，为保障运输安全提供辅助支持手段。

IC 卡道路运输证试点工作已在广东省、甘肃省和上海市开展，交通运输部海事局统一部署的船舶“一卡通”工程已基本实现对全国船舶的统一管理（接触式 IC 卡），浙江省港航局采用 RFID 技术实现内河船舶监控和流量统计，并已在浙江省嘉兴市白莹、沈荡和大桥湖三站实施。

2. 客货运场站（港口）管理

在场站（港口）建立 RFID 应用系统，对进出客货运场站（港口）的车辆和货物进行自动识别，实现车辆进出管理、场站（港口）及枢纽操作自动化等功能，提高作业效率，减少集疏运作业的拥堵和差错现象。青岛港、厦门港、天津港、宁波港等港口已开始利用 RFID 技术对进出港区的集装箱车辆进行自动识别。

3. 城市公共交通

推广符合国家和交通运输行业标准的 IC 卡作为电子支付工具，整合常规公交、出租车、轨道交通等应用，并鼓励延伸到其他小额消费领域，为公众提供便利快捷的公共服务。全国共有 170 余座城市在公共交通领域建立了不同规模的 IC 卡应用系统，发卡量达 1.4 亿张，90% 的城市实现了一卡多用。

4. 危险化学品运输管理

采用 RFID 电子标签对危险化学品及运输设备进行自动识别和跟踪，结合通讯技术实现实时监控和网络化管理，加强危险化学品运输安全监管力度，保障交通运输安全，减少交通事故。上海市将 RFID 电子标签贴于危险化学品容器上，通过电子标签与车载 GPS 终端的数据通信，对运输过程中车辆装载的危险化学品气瓶、车辆所处位置与状态等进行监控。

5. 货物与集装箱跟踪

采用 RFID 电子标签对货物及集装箱进行标识、自动识别和全球跟踪，实现物流过程的可视化，提高集装箱流转作业和管理效率，降低物流成本。使用电子封条，实时地记录集装箱每次开关封条的时间、地点，提高集装箱的运输安全性。

上海港建立了基于 RFID 的集装箱管理系统，开通上海至烟台“两港一航”示范线、中国上海—美国萨凡纳（Savannah）集装箱航线。交通部水运科学研究院等单位已将 RFID 电子标签技术应用于重庆—上海航线集装箱管理，进行远程实时跟踪监测。宁波港已经应用 RFID 系统，开展集装箱运输链作业流程管理，发放 RFID 卡 13000 余张。

6. 海事管理

加强 IC 卡和 RFID 技术在船舶及船公司管理、危防管理、通航管理、航海保障等水上安全监督管理中的应用，提高监管能力，保障水上交通安全。

7. 从业人员管理

以 IC 卡为信息载体，对道路水路运输从业人员、执法人员的各类证照进行管理，实现身份识别、出入控制、从业资质管理、监督检查、培训考核等功能，提高行业监管效率。

IC 卡道路运输从业资格证发放试点工作已在广东、甘肃、山西、上海四省市开展。交通运输部海事局已启动船员“一卡通”工程，以船员卡作为海员的身份识别电子证件。

8. 高速公路多路径识别

积极探索采用 RFID 应用系统，自动收集车辆在高速公路的详细行驶路径，通过有线或无线网络发送到后台应用系统，从而达到精确识别路径并准确拆分收费费用的目的。浙江、安徽、河南、吉林、江西等省已利用 RFID 技术开展了多路径识别测试项目。

7.2.2 RFID 在港口集装箱运输中的应用

1. 信息化技术在集装箱管理中的应用

（1）集装箱港口 TOS 技术

TOS（Terminal Operating System）是港口操作系统的简称，主要指对港口作业各环节进行控制和有效管理，包括道口管理、配载计划、船舶计划、装卸计划、堆存计划、收费、受理等相关功能，是港口生产管理的中枢神经，港口物流生产经营的计划、控制、调节、监督都由它来完成。

随着信息技术的逐步完善，目前，国内外多数港口的 TOS 系统功能已越来越强大，除了能反映系统中的集装箱状态信息，为客户提供便捷查询服务之外，还能提供港口作业的最优方案，如集装箱堆场堆存方案，叉车最优路径规划等，目前国内外主流的 TOS 系统有美国奈维司公司的 Spares/Express 系统，韩国的 TBS 系统，比利时的

COSMOS 系统，国内有华东电子软件技术公司的 ZWT-CTMIS 系统，上海海勃物流软件公司的 TOPS 系统等。但是，随着集装箱贸易规模的不断增长，港口集装箱的高效管理仅靠单一的数据库和操作系统已无法满足，这使得集装箱港口往往将操作系统和其他信息技术相结合，以此来实现更加现代化的港口生产管理需要。

（2）集装箱港口 RDT 技术

RDT（Radio Data Terminal）是港口无线终端技术的简称，这种技术主要用于龙门吊、桥吊、正面吊等大型装卸吊具，也用于叉车等移动设备，主要是利用无线电技术将后台中央控制中心的指令传输至这些设备的终端，以便司机根据终端显示指令进行操作。

在集装箱码头，RDT 主要使用 UHF 频段中的 2.4GHz 和 400MHz 进行数据通讯，并与后台港口操作系统一同使用，从港口操作系统取得操作命令并通过终端进行确认，随后将确认结果传回后台操作系统，控制中心工作人员通过中央控制台的电脑屏幕能够随时监控指挥集装箱装卸作业。同时吊具操作人员、叉车司机、港口装卸作业人员等也能通过无线终端，同后台计算机取得联系，将操作信息及集装箱状态信息实时传递给中央管理人员。RDT 技术的运用改变了手工录入信息、对讲机指挥生产的传统运作模式，使得港口生产管理更加高效，但是对于集装箱箱号的传统识别方式依然没有得到改善。

（3）集装箱港口 EDI 技术

EDI（Electronic Data Interchange）是电子数据交换技术的简称。电子数据通讯网络、约定的格式标准、计算机管理系统，是 EDI 技术得以实现的三个主要组成部分。这种技术在集装箱港口运用时，能够按照一定的标准或者通信协议，并通过电子数据通讯网络，将与集装箱生产运作相关的、且具有一定结构特征的报文在集装箱运输管理相关部门的计算机系统中相互交换和传输。

EDI 将国内外港航运输企业、船公司、进出口商、港口、海关、国检等与集装箱

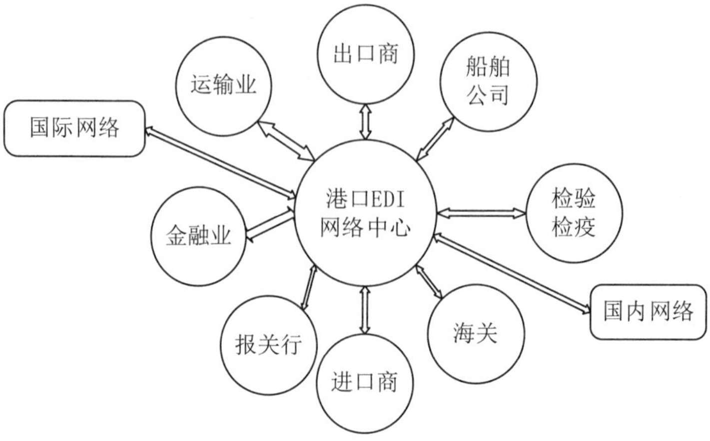

图 7.2 以港口为中心的 EDI 数据交换网络

运输相关的企业、公司及监督管理机关相互联系起来，在这样一个大的公共平台上，信息通过标准格式的转化得到充分利用，在保证其准确性的同时，也最大化地实现了资源的共享。如图 7.2 所示。虽然 EDI 技术保证了信息的准确性，提高了信息的利用率，是各部门数据传输服务的桥梁，但此技术只是数据的传输技术，无法解决集装箱信息采集的问题。

（4）集装箱港口 GPS 技术

GPS（Global Positioning System）是全球定位系统的简称，该技术能够提供全方位的、连续的、实时的导航与定位能力，也能够对目标物体的移动速度进行监测。目前，该技术广泛应用于交通运输、大地测量、航空导航等各个领域。在集装箱的跟踪管理方面，GPS 技术的使用也屡见不鲜，如香港 HIT、MTLRTT、COSCO-HIT 等多家港口都在使用 GPS 技术对货物进行追踪。

GPS 在集装箱港口的应用，主要有以下功能：

集装箱地理位置查询，实时监控功能　将 GPS 模块安装于集卡，能够在电子地图上实时查询集卡所在位置、速度、行驶方向等信息。

服务质量查询功能　通过设立客户服务器，使用户能够随时查找到货物的在途信息，并提供历史轨迹查询功能。

运输调度功能　后台控制机构通过 GPS 模块中的数据传输模块，能够与集卡司机进行语音对话或数据传递，指导司机安全驾驶，随时设置车辆行驶路线。

求助、预警功能　集装箱若在运输途中被盗，或集卡油量耗光，司机可通过语音或报警按钮向后台控制中心进行报警，控制中心通过 GPS 定位目标位置，并实施帮助。虽然 GPS 技术优点众多，但 GPS 模块只能够接受信息，无法自动应答，并且造价昂贵，大规模安装于集装箱上不太现实。并且，GPS 系统的优势并不在于数据采集。

（5）自动识别技术在集装箱管理中的应用

由于集装箱自身不携带信息，所以早期的集装箱信息采集必须依靠人工、半人工识读方式，并手工记录，对于集装箱的流转，信息的传递则是依靠报表方式。这些方式必然会产生数据录入或传递的不准确，并消耗大量的时间，造成集装箱管理的不规范和供应链管理效率低下等问题。ABI 调查显示，目前 35% 的信息是不准确或不实时的，根本无法准确及时追踪到集装箱的 who、where、when 信息。为了解决这些问题，自动识别技术开始在集装箱贸易中被推广。

目前，主要有三种自动识别技术用于集装箱管理系统，分别是光学图像识别技术、条形码技术以及 RFID 技术。

在集装箱自动识别方面，光学识别技术的应用主要是靠实时抓拍集装箱箱号图像来体现的，图像传输至后台计算机系统，工作人员便通过电脑屏幕中显示的图像对箱型代码（ISO码）及集装箱箱号进行识别。这种技术又叫光学字符识别技术（OCR技术），将识别数据转换成人和机器都能识别的特殊字符，印刷在识别目标上，随后通过触发、抓拍图像、字符识别三个步骤完成识别过程。这种识别方法的优点是比较易于实现，且紧急情况下肉眼也能识别，但缺点也比较明显，印刷在集装箱上的字符易受油污污染，即便依靠机器识别字符，也无法同时对多个目标进行识别，集装箱状态信息的修改和记录，在许多需要进行验证的场合，往往形成物流瓶颈。

条形码技术是自动识别技术中的重要组成部分，但是由于该技术识别距离近，条码易破损，存储数据量不大，存在多个数据不能同时读取的问题，使其不能够适应集装箱物流业飞速发展的要求。

近年来，随着射频识别技术的逐渐发展，RFID 在国内外集装箱港口中已得到了一定的应用。在集装箱管理中，RFID 的应用优点是：

1）适合在恶劣环境中使用。电子标签的封装技术使其避免了集装箱运输过程中复杂多变的环境影响，如油污的污染、紫外线的照射、雨水的腐蚀。

2）无需人工干预，实现自动化数据采集。电子标签的非可视自动识别的特点，使其无需花费大量人力和时间进行信息录入，大大克服了条形码技术及光学字符识别技术的缺点。将 RFID 技术应用于道口的车辆及集装箱数据采集，将减轻工作人员的劳动强度，并减少因人为因素造成的差错，使集装箱的流动更加顺畅。

3）信息反馈及时准确。电子标签的数据存储量大，且采集快速、准确，这些优点使得其成为物流领域中的应用热点，运用在集装箱管理中，将实现集装箱物流与信息流的协同。

4）使用寿命较长。电子标签内部数据能够进行修改变动，可以重复使用，而且使用寿命较长，可节约物流成本。

2. RFID 在港口集装箱管理中的应用优点

（1）集装箱基本信息及集卡车牌的自动识别

集装箱标签中含有包含集装箱的基本信息，如箱号、箱型、尺寸等，车用标签则是集装箱卡车的“电子身份证”。当集卡携带集装箱经过堆场道口，集装箱标签及车用标签自动感应并将集装箱基本信息及车牌号传送给读写器，读写器将信息传输给后台数据库。以往这个工作由工作人员录入，运用 RFID 技术，提高了集装箱的通关效率和港口吞吐量，并杜绝了套牌车的出现。

（2）实时监控集装箱状态信息

运用 RFID 技术对集装箱运输各个环节进行自动识别之后，进口商、船公司、港口、货代等事企业单位能够实时查询集装箱装卸货物记录信息、集装箱维护信息和装卸地信息，方便对集装箱的运输做出及时引导及控制。

（3）集装箱设备的有效管理

自动识别技术的使用能够方便海关、国检等相关管理部门对进出口货物进行全程监控管理，能使集装箱的流动信息清晰可见，从而克服了传统的集装箱设备管理中常常发生的集装箱丢失、遗漏等风险。如若运输过程中出现漏箱、错箱、集装箱货物失窃等现象，也能及时抑制。

（4）集装箱货物的安全风险得到降低

改善集装箱内货物信息的“暗箱”状态。通过 RFID 技术，实时地对集装箱运输进行识别和跟踪。同时，引入 RFID 技术之后，集装箱的电子封条可以记录集装箱的每次开关箱时间，与 GPS 技术相结合，还能记录每次开关箱地点，这样一来，集装箱运输的安全风险就大大降低了。

3. 电子标签的工作环境特点

（1）电子标签工作环境恶劣

由于集装箱的运输及储存地点多变，而这些地点的环境较为恶劣，昼夜温差大，且全天候作业，如海洋、堆场、码头等，同时运输过程中的大部分时间是在海上（或者内河中），考虑到电子标签依附于集装箱之上，所以对集装箱使用的电子标签提出了更高的要求。首先要求电子标签能够在湿度 35% ~ 80% 的环境下正常工作。由于经常暴露在阳光下，强烈的紫外线照射也会使普通塑料材质的电子标签保护外壳加速老化，所以电子标签的保护外壳必须采用特种材料。此外集装箱大部分时间都堆放在码头，或装在航行在海洋上的船中，这些环境也要求电子标签具备较强的抗酸碱腐蚀及振动冲击的能力。

（2）电子标签支持高准确度的动态读取。由于集装箱流通速度较快，电子标签内的信息必须实现远距离读写，因此，要求电子标签具有读写速度高（>100Km/h），读写距离远（>20m），读写准确率高（>99%），内部存储数据容量大（>8Kbits）等特点。

（3）电子标签易受干扰。集装箱电子标签采用电磁反向散射耦合的方式完成数据读写，集装箱金属表面对电磁波的反射作用会对数据传输造成不必要的干扰。电子标签安装在集装箱上，金属质地的集装箱会对读写器发出的无线电信号产生强反射，由此引起多径干涉和反向电磁波干扰，严重时会阻碍信号的正常传输。针对以上问题，应该对集装箱 RFID 系统的相关设备及技术指标做出慎重的选择和优化。

4. RFID 在港口集装箱管理中设备的选取

（1）集装箱电子标签的选择

基于 RFID 技术的港口集装箱管理，电子标签的选择应结合其应用环境和工作特点等因素进行考虑。

根据电子标签在集装箱港口的用途，主要有车用电子标签和箱用电子标签两种。车用电子标签通常安装在卡车头部，用于运输车辆的历史信息查询、车辆信息管理、违规车辆及黑车管理等；箱用电子标签则通常安装在集装箱表面，用于记录和存储集装箱的相关信息，并充当安全认证的电子凭据。电子标签按供电方式和工作方式分为有源主动式和无源被动式两类。相对来说，有源主动式标签存储信息量大、识别距离较远、支持可编程等优点。考虑到集装箱卡车运输集装箱的过程中运输速度较快，且集装箱标签所含内容项多、同时存储内容需随时进行更正或补充、以及集装箱的尺寸决定了需要远距离识读等特点，所以应用于集装箱港口的电子标签应选择有源主动式标签。同时，主动式标签内部装有电源，能随时随地保持工作状态，能够更好地为客户提供集装箱动态跟踪服务，这符合集装箱的跟踪管理要求，而被动式标签不具备此功能。此外，集装箱运输过程中的环境复杂且多变，如天气、温度、金属干扰等都会影响到电子标签的工作状态，因此在选择集装箱电子标签时应考虑以下功能：

1）集装箱电子标签应当具备一定的防碰撞机械性能；

2）集装箱电子标签的读写功能、容量、数据信息符合集装箱运输规范要求；

3）集装箱电子标签读写功能应当支持具有不同等级的安全信息管理和用户授权机制；

4）集装箱电子标签在设备允许的不同场合和不同距离下，应具备读写信息的高可靠性；

5）集装箱电子标签设备应具备低功耗、低成本，同时支持全天候工作；

6）考虑到满足工业环境的要求，集装箱电子标签采用固态封装方式，具备可靠的防拆卸和防腐蚀功能。

（2）阅读设备的选择

按照应用场合分类，读写器可分为固定式读写器、OEM 模块、工业读写器以及手持机和发卡器五类。OEM 模块是一种通用设备，它是将读写器模块作为单独的完整产品，面对使用者或中间销售商等用户进行销售，同时通过“可编程”方式满足用户个性化需要；工业读写器在矿井、交通运输、自动化生产等工业领域应用较多；发卡器一般用于对电子标签内存储的相关数据进行读写操作，诸如建立档案、消费纠错、挂失、补卡、信息修正等。

对于集装箱管理，根据其工作特点，建议使用固定式阅读器和手持机，具体而言，可分为可移动电子标签信息录入设备、基站式读写器、无线式读写器。

1）可移动电子标签信息录入设备

该设备由于其具有可移动性，主机及读写器体积小、便于携带，主要采用便携式电脑和手持式 PDA 读写器来进行集装箱信息录入。手持式 PDA 读写器形体小巧，操作方便，港区工作人员在道口、堆场甚至运输途中都能进行集装箱信息核对、识读和处理等。

2）基站式读写器

基站式读写器由于其不能移动并需通过标准数据接口（如 RS232， RS485 等）与后台主机系统连接的特点，常安装于进出道口、堆场等固定位置，用以对车载电子标签和集装箱电子标签进行实时数据交换，完成对集装箱信息的实时处理和管理。

3）无线式读写器

无线式读写器安装在龙门吊、正面吊、桥吊等大型移动吊具设备上。与基站式读写设备功能相同，能与被识读集装箱电子标签进行实时数据交换，并通过专用的双向无线电数据传输通道与主机处理系统进行数据交换，完成对集装箱信息的实时处理和管理。

5. 工作频段的选择

射频系统采用无线电工作方式，其无线电工作频率是射频识别技术系统最基本的技术参数之一。工作频率的选择在相当大的程度上决定了电子标签的应用范围、技术可靠性以及系统成本的高低。无线电频段是宝贵的资源，电气和电子工程师协会（IEEE）对无线电信号按频段进行了分类，以最大限度地应用这一资源，避免不必要的干扰。射频识别系统同样需要使用无线电信号进行运作，所以，其工作频率应当慎重选择，不能对其他系统的工作造成干扰。目前，对工业、科学和医疗（ISM）是无需许可授权即可自由使用的无线电频段，由于对无线电信号场强有严格的限制，所以有效辐射范围受到较好的控制，以避免相互干扰，故而在通常情况下，射频识别系统使用 ISM 频段作为工作频段。

RFID 系统根据不同的应用环境需选择不同的工作频率，对于港口作业而言，因其集装箱吞吐量大，集卡数量多，多为高空作业的特点，使得通信频率的选择需满足处理数据能力强，数据传输速度快，通信距离长等条件。对于内贸集装箱电子标签采用何种频段的射频信号，一直以来有多种意见，其争论的核心点在于 433MHz、 916MHz 和 2.4GHz 这三个频点哪个更适合。433MHz 频点是我国免申请段发射接收频点，无线电爱好者可直接使用，信号干扰较大；860～960MHz 频段被划归 GSM 移动通信系统使用。由此可见，选择这两个频段作为 RFID 的工作频率，都会对其他行业的业务产生同频干扰。因此，综合考虑传输距离、天线等因素，2.4GHz 以上频段较适用于集装箱电子标签系统的应用。如“中国上海—美国 Savannah”航线电子标签的工作频率就是选用 2.4GHz～2.4835GHz 的微波频段。

6. 集装箱待识别信息分类

集装箱电子标签存储的数据内容的不同，不仅决定了适用于我国集装箱运输的电子标签结构体系构建的不同，也决定了拟采用的信息识别及信息采集的方式的不同。集装箱电子标签存储的信息数据可以分为三类：集装箱的基本信息、集装箱的状态信息、电子封条等特种信息。

（1）集装箱基本信息

集装箱基本信息主要包括集装箱箱号、箱型、尺寸、生产厂商、生产日期等基本的属性信息。这类信息可以在集装箱生产出厂时，由生产方一次性写入电子标签的只读存储器 (ROM) 中，这类信息支持通过读写器被无数次读出，但不支持该信息的修改操作。

（2）集装箱状态信息

集装箱的状态信息可分为集装箱装卸货物相关记录信息、集装箱维修维护信息、集装箱装卸地点信息三大类。

1）集装箱装卸货物相关记录信息包括：运单号、货物名称、集装箱重量、内装货物件数、货物在运输过程中的特殊要求及安全等级等信息。

2）集装箱维修维护信息包括集装箱的维护时间、维修原因、维修人员、报废时间等相关信息。

3）集装箱装卸地点信息指集装箱的起运地点、目的地、起运时间、到达目的地时间、中转地、中转时间等信息。

（3）电子封条信息

集装箱电子封条信息包括开箱日期、开箱时间、累计开箱次数等相关信息。

7. 金属防干扰的解决方案

集装箱 RFID 系统工作在大量金属存在的环境下，根据电磁波传输原理可知，2.4GHz ~ 2.4835GHz 属于微波频段，无线电信号以“视距”方式进行直线传输，由于集装箱、岸桥、车辆等金属体的表面会对这个频段的无线电波信号产生很强的反射作用，会引起多径干涉效应和强烈同频异相电磁波干扰问题，严重时甚至会阻碍信号的正常传输。在设计集装箱 RFID 系统时，必须解决金属物体对无线电载波进行强反射，从而解决对电子标签和读写器之间的无线电通信产生干扰这个问题。目前针对集装箱的金属防干扰的解决方案主要有以下两种。

（1）在集装箱电子标签附近敷设吸收电磁波的特种材料

吸波材料是指能够吸收投射到它表面的电磁波能量，并且通过材料本身的介质损耗和电磁波能量转化为热能或者其他形式的能量，从而使投射到它表面的无线电波不再被大量反射出去。对于吸波材料而言，要求电磁波入射到材料上时，它能够尽可能地不反射，而是最大限度地进入材料内部，进入材料内部的电磁波要么直接被材料吸收而损耗，要么由于材料结构导致电磁波的相互干涉而抵消掉。吸波材料的加入，使金属表面反射的无线电波被大幅度抑制，从而避免读写器和电子标签工作时因为无线电干扰等而产生信号传输干扰，保证读写器和电子标签之间的无线电通信正常进行。

（2）制作标签模具垫高电子标签天线与金属表面的距离

无线电信号基本上是视距传输，衍射效应非常微弱。利用雷达原理及无线电传输原理可知，当电子标签天线与金属面的相对距离等于无线电频率波长的 1/4 时，反射波和入射波会在天线位置进行同相叠加，从而使天线感应到的信号场强矢量达到最大。当 RFID 工作在 2.45GHz 频点时，1/4 波长为 25mm 左右，集装箱外表面的凹陷深度大约为 20mm，在实际安装时，为了确保电子标签的可靠性，在其与集装箱之间还可加入缓冲隔离材料，所以仔细调整电子标签和集装箱金属表面的相对距离，可以使电子标签接收到的无线电信号得到加强。

8.RFID 系统的应用对集装箱运输相关企业的影响

（1）减少差错率、减轻人工劳动强度

在集装箱港口应用电子标签识别系统能够大大改善传统集装箱作业效率低下，人工操作误差大的弊端，可轻松实现港区对集卡与集装箱的一体化管理。在堆场及船边，司机可以利用起重机械吊具下的阅读器对箱号进行自动识别，有效降低工作强度，并提高准确度。同时，堆场指导员、理货员，以 PDA 终端代替传统纸面记录，对温、危、残箱情况进行维护，可以减少出错率。

（2）加强海关监管、提高运输信息共享和透明化程度

集装箱电子标签可作为电子封条，能够将集装箱运输中的开关状态信息记录到电子标签中。由此可见，当集装箱在物流过程中被未经授权非法开启导致装箱货物被盗、或者走私，海关人员可以查询集装箱电子标签中所储存的相关物流信息，找出问题并迅速进行处理。使用电子标签，可以加强对集装箱的管理，为港口作业安全提供保障。在相关集装箱物流信息查询检索过程中，海关人员使用手持式阅读器即可完成对集装箱相关情况的了解，与传统的开箱查验相比，省时省力并提高了工作效率。此外，电子标签内的集装箱物流信息可以通过 EDI 的方式上传到港口管理数据库，方便客户及时了解集装箱的物流信息。

（3）提高港口的吞吐能力

以 2011 年我国深圳港口集装箱吞吐量为计算基础，参考台湾高雄港运用 RFID 技术后的效益数据，假设港口使用 RFID 技术之后，平均每箱通关时间缩短 0.8 天。2011 年深圳港口的吞吐量（Q1）为 2366 万标准箱（TEU，Twentyfoot Equivalent Unit，集装箱运量统计单位，以长 20 英尺的集装箱为计量标准）。假设每一集装箱从出口港

开始流转到其再进口需要 8 周（192 小时），全年通关 45.6 次（T1），则使用 RFID 技术后，每次通关需要 173 小时，全年通关 50.6 次（T2），则若使用 RFID 后深圳港年吞吐量（Q2）为：

$$Q_2 = Q_1 \times \frac{T_2}{T_1} = 2366 \times \frac{50.6}{45.6} = 2625.9 \text{ 万（TEU）}$$

使用 RFID 后深圳港吞吐量增长比例 k 为：

$$k = \frac{Q_2 - Q_1}{Q_1} \times 100\% = \frac{2625.9 - 2366}{2366} = \times 100\% = 10.98\%$$

因此，引入 RFID 技术，可以有效提升港口的集装箱年周转量，同时也将给集装箱物流运输业带来一次革命性的变化，并挖掘该行业更大的发展潜力，拓展更大的发展空间。

（4）责任区分更加明晰，管理更加高效

港口和堆场每次对 RFID 标签的读写都意味着相关责任发生了转移。例如，空的集装箱被运出堆场时，就意味着相关责任转移到了承运人身上，而一旦集装箱在运输过程中出现意外，就能及时通过主机系统找出相关责任人并进行处理。对于航运公司，集装箱在进出堆场、港口及装卸港口时，都能够及时通过电子标签获得相关信息，从而实现对集装箱的及时和全面的管理，从而提高对集装箱的管理效率。对于港口企业，RFID 系统还可以通过数据交换系统（比如互联网）进行快速的资讯交换，从而使相关信息收集更为全面。例如通过互联网，港口可以提前获知航运公司的船舶信息和航次信息，进而获知在本港将要入港或者出港的集装箱详细信息（集装箱的数量、种类，每个集装箱的重量和卸货港等），港口企业可以根据这些信息提前对到港的集装箱的堆放进行规划，并为集装箱的装船做好准备，由此减少堆场内的到箱次数，优化集装箱配载，提高堆场的集装箱通过能力。而对于发货人和收货人，则可以通过互联网在第一时间了解集装箱的运输情况，为相关生产运输调度作好准备，提高工作效率。

7.2.3 RFID 在公路自动缴费系统中的应用

电子不停车收费系统（Electronic Toll of Collection，ETC），是一种利用微波通信技术，通过利用车载电子标签自动与安装在路侧或门架上的微波天线进行信息交换，以达到自动识别车辆；通过计算机联网技术与银行系统的后台结算处理，实施电子支付，完成车辆通行费扣除的全自动收费方式。

当车辆通过 ETC 收费站时，地感线圈检测到车辆进入车道，触发安装在 ETC 天线架的射频读写器，射频读写器开始与安装在汽车挡风玻璃上的车载系统进行双向通信和信息交换，将数据传送给 ETC 收费站的计算机系统，ETC 收费站的计算机系统根据不同情况来控制管理系统产生不同的动作，如从该车的预付款账户中扣除此次应交的过路费，并送出指令使其他辅助设施工作，如交易成功后，挡车器自动升起，放行车辆；车辆通过后，挡车器自动放下。整个收费过程无须人工干预，用户可不停车地快速通过 ETC 收费站。

1.ETC 系统结构组成

ETC 系统主要由 ETC 收费车道、收费站管理系统、ETC 管理中心、传输网络及专业银行组成，如图 7.3 所示。根据分工的不同，系统又可分为前台和后台两大部分。

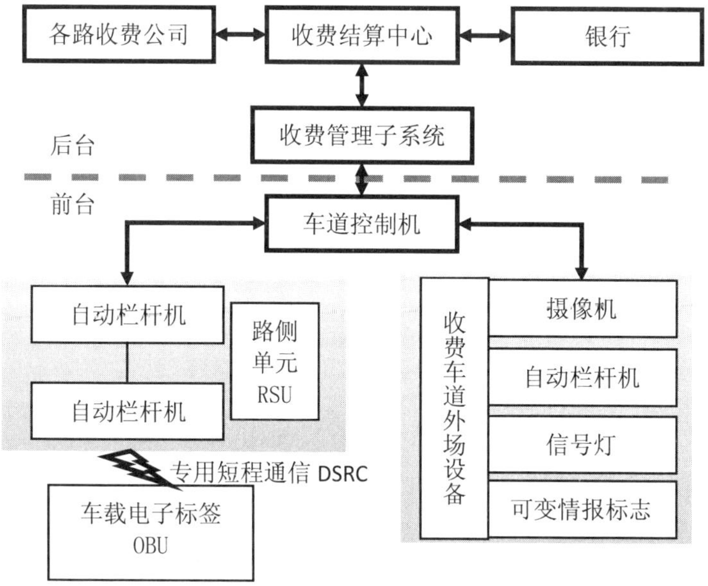

图 7.3　ETC 系统结构

前台以车道控制子系统为核心，用于控制和管理各种外场设备与安装在车辆上的电子标签的通信，记录车辆的各种信息，并实时传送给收费站管理子系统。前台 ETC 车道设备是以车道控制计算机为核心，其他辅助设备包括微波天线、车道线圈、车辆检测器、高速自动栏杆、费额显示器、通行信号灯、报警器等。车道计算机判别通过不停车电子收费车道的各种车辆的通行凭证、车辆进出口地址和时间，计算本次通行费额，并核查通过车辆的合法性，作出原始记录，然后整理成数据文件传送给后台计算机管理系统。

后台由收费站管理子系统、ETC 管理中心和专业银行组成。ETC 管理中心是 ETC 系统的最高管理层，既要进行收费信息与数据的处理和交换，又要行使必要的管理职能。它包括各公路的收费专营公司、结算中心和客户服务中心。后台根据收到的数据文件在公路收费专营公司和用户之间进行交易、拆账和财务结算。ETC 管理中心配有多台功能强大的计算机，完成系统中各种数据、图像的采集、处理。

2.ETC 系统工作流程

不同的收费系统的收费业务过程基本相同，现以封闭式为例，说明电子收费系统的工作过程，如图 7.4 所示。车主到客户服务中心或代理机构购置车载电子标签，进行充值。由发行系统向电子标签输入车辆识别码（ID 与密码），并在数据库中存入该车辆的全部有关信息(如识别码、车牌号、车型、颜色、储值、车主姓名与电话等）。发行系统通过通信网将上述车主、车辆信息输入收费计算机系统，车主将标识卡贴在车内前窗玻璃上即可。当车辆驶入 ETC 收费车道入口天线的发射区，处于休眠的电子标签受到微波激励而苏醒，转入工作状态。电子标签通过微波发出电子标签标识和车型代码，天线接收确认电子标签有效后，以微波发出入口车道代码和时间信号等，写入电子标签的存储器内。当车辆驶入收费车道出口天线发射范围，经过唤醒、相互认证有效性等过程，天线读出车型代码以及入口代码和时间，传送给车道控制器，车道控制器存储原始数据并编辑成数据文件，上传给收费站管理子系统并转送收费结算中心。

ETC 系统的收费过程，不仅涉及 RFID 无线射频技术，还需利用计算机网络技术及银行系统进行后台结算处理（目前部分预付费系统可以不需要银行参与结算）。具体收费过程如下：

1）车辆进入通信范围时，首先触发线圈，启动阅读器及天线。

2）处于睡眠状态的电子标签会被唤醒并发出响应信号，读写天线与电子标签进行通信。

3）判别车辆电子标签是否有效，如有效则进行交易。判断无效的依据为：电子标签损坏不可读、非本系统发行的电子标签、有车辆检测信号而没有检测到电子标签的信号。有以上三种情况之一则判为 ETC 非法用户，ETC 系统定义它为违章车辆，这种情况输出报警信号并保持车道封闭，进行车辆拦截。

4）读写器与电子标签建立通信，读取电子标签的信息（电子标签编码、车的类型代码、入口收费站编码、经过入口收费站的日期和时间）。

5）根据电子标签编码核对黑、灰名单，以及待注销电子标签名单。黑名单表示车主户头中已经没有余额，需要拦截车辆收缴本次通行费；灰名单表示车主账户的余额低于规定的阈值，车道控制系统在计算通行费的同时，还提醒用户需要往账户加钱了；当申请挂失、停止 ETC 服务，相应的电子标签转入待注销名单，发现这样的电子标签通行时，需要报警并拦截车辆。其他情况为正常。

6）如交易成功，系统控制栏杆抬升，通行信号灯变绿，费额显示牌上显示交易信息。

7）车辆通过抓拍线圈时，系统进行图像抓拍，字符叠加器可将过车信息叠加到抓拍图像中。

8）车辆通过落杆线圈后，栏杆自动回落，通行信号灯变。

9）系统保存交易记录，并将其上传至收费站服务器中，等待下一辆车进入。

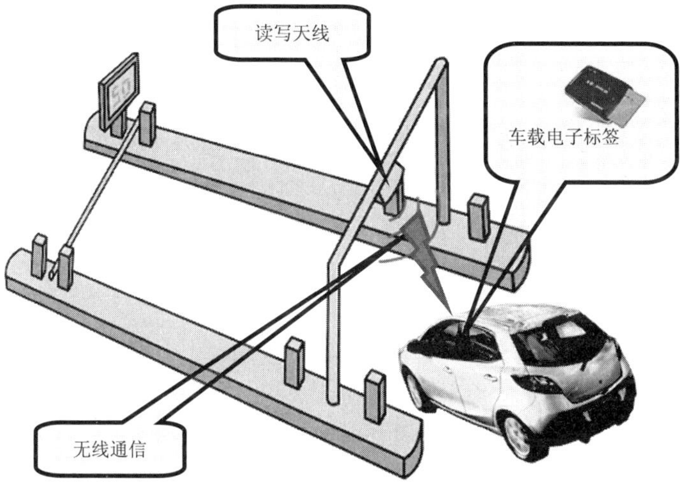

图 7.4　ETC 系统收费示意图

3.ETC 的技术设备

（1）车载电子标签

1）按标签结构，可分为单片式电子标签与两片式电子标签

单片式电子标签结构很简单，由一个单独的微波处理卡组成。每个电子标签具有独立、唯一的 ID 编码。通常具有只读区和可读写区两个数据区。只读区用于存放电子标签标识码、车牌号数据和车型数据等车辆物理参数，属于强制性固定信息。可读写区用于存放可更改的临时信息，如出入口编号和出入时间、账户资金余额、个人 ETC 用户信息等。通过读取和校验电子标签的 ID 编码及发行信息，确定车辆的唯一性，从而对车辆的通行交易进行处理。单片式电子标签在物理结构上是一个不可拆分的整体。

两片式电子标签是带 IC 卡接口的电子标签，是可读型的，由固定安装的车载机（微波处理卡）和可插拔的支付 IC（双界面 CPU 卡）两部分组成。IC 卡与电子标签相对独立，电子标签内部带有微处理器和大容量内存，具有复杂运算、内存用户识别信息和车型数据且与车道天线通信的功能。车载机里存储了电子标签标识码、车牌号、车型等车辆物理参数，而用户的消费账号、账户金额、交易方面的信息则存储在支付 IC 卡里面。车载机用于读写 IC 卡的信息并与路侧读写设备通信。

2）按工作状态，可分为主动式电子标签与被动式电子标签

主动式电子标签（OBU）与路侧单元（RSU）双方都具有微波无线振荡器，可对等地相互发射无线电波。为了实现双工通信，上下行传输各使用了一个频率，即通常

所谓的频分双工（FDD）。可以主动编辑、发射信息，通过无线网络与控制中心通信。主动式电子标签内置电源，通信距离较远，电子标签成本较昂贵。此类电子标签主要用于“智能出行系统”的应用中。

被动式标签在欧美被广泛采用。在使用该类标签时，RSU 发射无线电信号，OBU 将数据信息调制到副载波，再与 RSU 发射来的 RF 信号相乘（FM 调制），调制的信息反射回 RSU，OBU 本身不产生信号，而是直接耦合电磁波来产生发射能量。其显著特点是价格低廉，通信距离较近。根据国内用户的承受能力和相关服务功能的开发情况，不停车收费系统宜选择被动式电子标签，可尽快以较低的成本进行市场扩张，以大规模经营获取长期收益。

（2）微波天线

车道天线接收从天线控制器传来的数据信号，信号经调制和功率放大后经天线口面辐射出去。当 ETC 用户驾车经过 ETC 车道时，电子标签被车道天线信号激活，进入工作状态，根据接收到的命令向车道天线回送相应的响应数据。天线控制器从车道控制计算机系统接受通信请求，形成符合某种标准通信协议的数据帧（该协议在不停车收费领域称为专用短程通信，DSRC），通过车道天线将数据帧发给车道上的电子标签，并接收和解析从电子标签返回的数据，再上传给车道控制计算机系统。天线控制器通常内置多块控制模块，每个控制模块可以控制一个车道天线。天线控制模块通常由 PC 通信接口单元、双端口存储器（DPRAM）、通信协议处理单元、RS485/RS422 天线接口单元构成。PC 通信接口单元负责天线控制模块与车道控制计算机的数据通信，它可以是 PC 总线接口，也可以是 RS232 接口。

4.ETC 系统关键技术

不停车收费系统包括以下三大关键子系统。

（1）车辆自动识别技术（AVI，Automatic Vehicle Identification）

AVI 是 ETC 系统最重要的技术，它直接影响到系统的性能和应用推广，也是区别不同的 ETC 系统的主要标志。国外比较先进的自动识别系统采用多种先进的计算机、通讯、激光技术合成，需要预先在车辆规定的位置贴上与该车相对应的识别条码。车辆经过收费站时，激光判读装置自动读取、识别条码并传递给计算机。计算机按接受的条码来读取预先储存的该车车型、车主姓名和所有计费信息，系统按相应的规定收费标准计取费用。但这种自动识别系统对硬件要求很高，投入很大，不适合我国国情。近几年我国某些地区，在车辆通行费征收中对车辆自动识别系统作了一些有益的尝试。一方面，引进国外先进的自动识别系统（DSRC）；另一方面，针对我国国情，开发研制如红外识别等自动识别系统。目前用于 ETC 的短程通信主要是微波和红外两种方式。

由于微波可以穿透浓雾、雨滴、风沙等，适合于车辆全天候和恶劣环境条件下工作，同时具有工作距离远、体积小，既可以有源发射方式（寿命可达 10 年以上）工作，也可以无源反射方式（无寿命限制）工作等特点，微波方式的 ETC 已成为各国 AVI 系统的主流。其工作波段主要有 900MHz、2.45GHz 和 5.8GHz 频段，ETC 系统中应用最广的是 5.8GHz 频段。红外车辆识别系统与 DSRC 系统的对比如表 7.1 所示。

表 7.1 红外车辆识别系统与 DSRC 系统对比

对比项目	红外线	DSRC
构造	简单	复杂
价格	便宜	昂贵
信号	差	稳定

（2）自动车型分类技术（AVC）

在 ETC 车道安装车型传感器测定和判断车辆的车型，以便按照车型实施收费。也有简单的方式，即通过读取车载器中车型的信息来实现车型分类。

（3）违章车辆抓拍技术（VEC）

主要由数码照相机、图像传输设备、车辆牌照自动识别系统等组成。对不安装车载设备 OBU 的车辆用数码相机实施抓拍，并传输到收费中心，通过车牌自动识别系统识别违章车辆的车主，补收通行费。

5. 专用短程无线通信（DSRC）

DSRC 是一种无线通信系统，它通过信息的双向传输将车辆和道路有机地连接起来。DSRC 通讯系统主要包括三个部分：车载单元（OBU，On Board Unit）、路侧单元（Road Side Unit，RSU）以及专用短程通信协议。

（1）车载单元（OBU，On Board Unit）

组合式电子收费系统中，车载单元采用两片式电子标签，由车载电子标签和双界面 CPU 卡两部分组成。双片式 ETC 电子标签和双界面 CPU 卡同时存储包括车主、车型、车辆物理参数等固定信息，双界面 CPU 卡存储账号、余额、交易记录、出入口编号等信息。双界面 CPU 卡内存储的信息能以接触式和非接触式两种方式进行读写访问。

（2）路侧单元（Road Side Unit，RSU）

路侧单元又称为路边单元、车道单元、车道设备，主要是指车道通信设备——路侧天线。其参数主要有频率、发射功率、通信接口等。路侧天线能够覆盖的通信区域大约为 3 ~ 30 米。

（3）DSRC 协议

DSRC 协议的全称为道路交通运输信息通信（Road Traficant Transport Telematics，RTTT）之专用短程通信（Dedicated Short Range Communication），针对固定于车道或路侧的路侧单元与装载于移动车辆上的车载单元（电子标签）之间通信接口的规范。DSRC 协议的主要特征包括：主从式结构，以路侧单元为主，车载单元为从，即路侧单元拥有通信的主控权，路侧单元可以主动下传信息，而车载单元必须听从路侧单元的指令才能上传信息；半双工通信方式，即传送和接收信息不能同时进行；非同步分时多重存取（Asynchronous TDMA），即路侧单元与多个车载单元以分时多重存取方式通信，但彼此不需事先建立通信窗口的同步关系。

DSRC 具有提供双向的满足所有智能交通（ITS）应用的高可靠性的高速数据传输能力，适合于所有气候条件的高适应性。和聚焦于非常小的通讯区域与道路上多个车辆通讯的高效性，抗干扰能力强（气候、电磁、物理），其在 ITS 领域中的应用范围非常广。除了 ETC 以外，还可应用于车载标识、安全检查、车队管理等。

6. ETC 运营中的问题

目前 ETC 运营中出现的主要问题表现在：

（1）误入车辆引起 ETC 车道拥堵

在 ETC 车道的日常运营中，常见的问题就是很多无车载电子标签车辆误入 ETC 车道，造成 ETC 车道的拥堵。由于误入车辆在进入 ETC 车道后没法进行交易，虽然 ETC 车道设备采取前置的布局方式，误入车辆无需倒车就可以拐到右边的人工收费车道（MTC）进行缴费处理，但往往在车流量大的收费站，ETC 车道右边的 MTC 车道已排满了等待缴费的车辆，误入车辆很难插队进入 MTC 道，甚至需要倒车才能进入 MTC 车道，但误入车辆后面往往又跟着几辆装有电子标签的车辆，造成 ETC 车道发生拥堵，该情形下往往需要 1 分钟甚至几分钟才能恢复 ETC 车道的畅顺状态。在拥堵严重的状态下，往往需要收费站班长在现场进行指挥引导，才能恢复 ETC 车道的畅通。

（2）系统跟车干扰严重

跟车干扰，是指某一车辆（可能安装有电子标签，也可能没有安装电子标签）进入 ETC 车道天线的通讯区域内，ETC 车道程序通过天线先与该车后面的另一辆车上的电子标签进行通讯交易，并且交易成功，此时栏杆抬起，前车在没有缴费，而且侵占后车自动缴费费用的情况下通过了 ETC 车道；或者装有电子标签的车辆正常进入 ETC 通讯区域并且交易成功，栏杆抬起，车辆通过 ETC 车道后，紧随其后的车辆在没有交易的状态下也尾随其后通过了 ETC 车道。目前对跟车干扰主要处理的手段有：一是统一电子标签的灵敏度，使电子标签的灵敏度离散性相对较小，减少 ETC 天线与后车先发生交易的可能性；二是规范车辆电子标签的安装位置，通过规范电子标签的安装，减少 ETC 天线与后车先发生交易的可能性；三是通过增加 ETC 车道诱导标识，告诫安装有电子标签的车主，通过 ETC 车道时，尽量和前车保持一定距离；四是在 ETC 车道软件逻辑上采取措施，尽量减少跟车干扰的发生。

（3）其他问题

1）短通信区 ETC 系统车辆通行速度低。对于短通信区的电子不停车收费系统的通信区约为自动栏杆前 1 ~ 6.5 米之间，进行交易时，车辆离自动栏杆较近，因此只能慢速通过，从而降低了 ETC 车道的通行效率。

2）自动栏杆附近存在通信盲区。现有的车道布局中，天线位于栏杆前 2 米左右，由于天线和 OBU 的方向特性，OBU 在到达天线下方时已不能正常通信，因此栏杆前约有 2 米以上的通信盲区。当车辆在通信区内没有完成交易而行驶到自动栏杆前时，无法继续进行交易，从而影响了车辆通行。

3）恶意旁道插队逃费现象无法解决。ETC 运营中，屡见恶意旁道插队逃费现象，即车辆停留于 ETC 车道间的隔离带缺口处，当 ETC 车道自动栏杆抬起时，车辆快速插入到 ETC 车道中抢先通过，达到逃费的目的。由于此隔离带缺口是为引导不能正常交易的车辆离开 ETC 车道所用，不可以封闭，所以无法有效阻止这种恶意插队的逃费现象。

4）各类 ETC 系统间的兼容问题。电子收费系统目前在我国应用已越来越广，市场日渐扩大。但是，国内各高速公路管理公司各自引进的 ETC 系统互不兼容，在高速公路联网收费的趋势下，ETC 系统互不兼容的矛盾势必阻碍其健康发展。

7.3 门禁系统

门禁系统，又称出入管理控制系统（ACCESS CONTROL SYSTEM），是一种将信息技术、电子技术和机械锁有机地结合在一起，对进出人员进行适当级别的权限鉴别，并进行相应控制的数字化管理系统。门禁系统可以实现在办公区域及其他重要区域进出刷卡，以控制不同人员的流动，也可有效阻止闲杂人员进入，同时可以跟踪人员的去向。

7.3.1 组成和控制原理

门禁系统主要由门禁控制单元、通信管理器、管理主机、管理软件等组成。其中门禁控制单元由门禁控制器、读卡器、电控锁、门磁传感器、开门开关、识别门卡构成，如图 7.5 所示。门禁控制器是门禁系统的核心。如果将读卡器比做系统的眼睛，将电控锁比作系统的手，那么门禁控制器就是系统的大脑，由它来鉴别门卡是否为本系统所注册，该卡是否符合所限

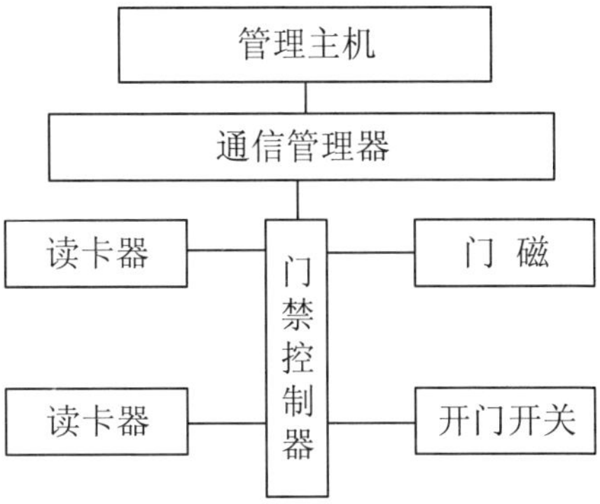

图 7.5 门禁系统组成

定的时间段和开门权限，从而控制电控锁是否打开。系统的控制主机可以是工控机，也可以是 PC 机，系统组网情况下的拓扑结构一般采用总线结构，其优点是节点接入方便，成本低，轻载时延时小，可靠性高等。门禁系统可以在线工作，也可脱机工作。在线工作时，可实时将刷卡数据上传到系统，以供监控、查询。脱机工作时，将刷卡数据保存在本地，待连接到网络后将数据上传给电脑处理。

门禁控制器是整个系统的核心控制部分，对门锁的一切操作均由它来控制完成，主机发下的控制命令，门锁的状态和记录信息都经由门控器来传送，并且控制读写器、接收读写器的资料等。

读卡器是门禁系统信号进行输入的重要设备，它主要用于读取射频卡中的相关数据或者相关的生物特征信息（如指纹、人脸特征），并将该数据信息发送到门禁控制器。

电控锁是门禁系统中锁门的执行部件。用户应根据门的材料、出门要求等需求选取不同的锁具。主要有以下几种类型：

（1）电磁锁：电磁锁是断电开门型，符合消防要求。并配备多种安装架以供顾客使用。这种锁具适于单向的木门、玻璃门、防火门、对开的电动门。

（2）阳极锁：阳极锁是断电开门型，符合消防要求。它安装在门框的上部。与电磁锁不同的是阳极锁适用于双向的木门、玻璃门、防火门，而且它本身带有门磁检测器，可随时检测门的安全状态。

（3）阴极锁：一般的阴极锁为通电开门型，适用于单向木门。安装阴极锁一定要配备 UPS 电源。因为停电时阴极锁是锁门的。

门磁传感器则可以反应门的实时状态，通过门磁信号，微处理器可以判断是否是合法开门，若是非法开门，则给出相应报警信。

当持卡者进入到读卡器的读卡范围内，读卡器自动读卡，门禁控制器接收到读卡器传过来的识别卡信息，然后进行判断处理(如这张卡是否是有效卡，是否在可用的时间范围内，是否有打开这扇门的权限等)，数据处理完成后，门禁控制器对电子门锁发出指令，电子门锁打开，门禁控制器记录开门的事件、时间和使用人员，将这些信息发送给控制管理中心的计算机，计算机进行归档处理，这样做的目的是为了在以后的使用过程中便于查询。同时，智能门禁系统还可以对进出的人员进行监控，读卡器只要读卡，就会将当前的事件记录下来，自动传送到控制管理中心的计算机上，并保存成记录，以便以后查询。

按照识别身份技术的不同，可以把门禁系统划为磁卡门禁、非接触式 IC 卡门禁系统、指纹门禁系统等。在以卡识别技术为主的系统中，用户可以根据需要选择各种类型的读卡器，也可以选用数字密码键盘开锁，常用于酒店、商场、公司、机关等公共场合。对于通过指纹鉴别身份的门禁系统，通常用于保密性很强的出入控制场所。

7.3.2 门禁系统功能

1. 基本功能

（1）安全保障功能

系统中所采用的感应式智能卡技术不能被伪造，这使得系统具有高度的安全性、稳定性，为人们的生活和工作提供了一个舒适的环境。

（2）统一管理功能

门禁系统具有分散控制、集中管理的特点，可有管理中心对整个门禁系统进行联网控制。

（3）出入记录查询功能

门禁系统可对人员出入门的情况进行详细的记录，并建立数据库，包括记录卡号、持卡人的姓名以及使用时间等。如果发现有问题，系统便可及时对某张卡的使用情况进行查询，并可将各种历史记录档案随时调出来打印成报表，以便分析。

（4）权限管理功能

门禁系统可根据不同情况对人们进出门的权限、方式、时段等进行管理。

进出权限管理：设置每个门的进出权限；

进出方式管理：进出方式可设置为单独使用密码、单独使用射频卡（可包括生物识别方式）、将密码和射频卡结合一起等三种；

进出时段管理：根据人们的使用权限设置在什么日期、什么时间可以通行哪道门。这些都可通过系统的软件来设定门的打开时间以及每天固定的常开时间，从而控制该门在什么时间范围内可以进出，以获取更高的安全控制性。

（5）实时监控功能

系统管理中心的工作人员可以通过计算机显示器查看每个门的开关情况以及人员的进出情况，并进行管理。对于某些特定的单元门，在进行读卡操作时，还可以联动触发某些继电器动作，以启动闭路监视系统的某些摄像机工作，对单元门进行声、像监控。

（6）隐患预防功能

门禁系统可预防潜在的安全隐患，它能够把其他安防系统（如监控系统、报警系统）的被动防守变为主动控制，以发挥更好的、更有效的保护作用。

（7）异常报警功能

门禁系统可对各种异常情况、突发事件立即做出反应，并进行实时报警。比如某时间某个门长时间没有关上时，系统会即时报警；出现非法入侵时，可以实现计算机系统报警或报警器报警；有人在系统内使用已挂失卡、非法卡时，都会引起系统立即自动报警。另外，系统还可对设备的故障进行定点告警，对线路中断等硬件故障进行自动报警，以便维护人员及时维护。

（8）门禁系统的扩展

门禁系统的扩展性能良好，可随时增容，也可根据用户的要求在现有的基础上扩充其他用途。

2. 可实现的功能

（1）反潜回功能

持卡人员必须按照预先设定好的路线逐点用射频卡进、出门禁，若不按照相关路线进出，将在下一通道刷卡时失效。本功能可防止其他人员尾随持卡者通过门，从而避开系统记录本卡的信息。

（2）防尾随功能

持卡人员在使用门禁系统时，必须关上刚刚进入的那道门之后，下一道门才能够被打开。

（3）门禁与报警系统联动功能

若有非法入侵事件发生，系统将及时发出防盗报警声，同时系统会立即联动封锁相关的通道门，使抓贼如同“瓮中捉鳖”。

（4）系统联动功能

门禁系统如果预留有与其他系统连接的接口（报警联动及火警联动接口），可以根据需要扩充更多的接口，通过软件编程控制，将接口定义成报警输入点或输出点等，方便与其他系统联动。比如，当出现火警报警时，系统将自动启动消防系统、报警系统和监视系统，将这三个系统进行联动控制，通过门禁系统可以自动打开所有通道门的电控锁，方便使用人员的逃生。同时还会发出火灾报警声，并能将报警时的情况通过监控设备摄录下来。

（5）网络管理功能

利用小区网络中的任何一台计算机，都可以对整个门禁系统进行安全设置、实时监控、信息查询和管理，也可通过互联网在异地对门禁系统进行设置。

（6）多卡认证功能

对某些特殊的单元门，在同一个读卡器上只有同时感应到预先设定的两张或多张智能卡的信息时，才能打开该单元门的电磁锁。

7.3.3 门禁系统的预防措施

门禁系统控制着各个出入口及通道，主要是控制人员流动，保护财产安全，但在紧急情况下，分级别处理，有些场所需要以人身安全为主，有些场所必须要人、物两者兼顾。所以采用以下两种措施预防。

1. 选择合理的设备预防

合理地选择电控锁开锁的类型，可预防紧急情况，在消防通道选用断电开锁型的电控锁，如电插锁、磁力锁等系列，紧急情况时电锁断电打开。重要的房间或出入口，选用通电开锁型的电控锁，如电锁口等，配合普通球形锁使用，紧急情况时系统断电，电锁闭合，出门可用球形锁手动开门，进门则可用钥匙，有效防止财产损失。

2. 设计有效的措施预防

每一栋建筑内的门禁系统统一集中供电，方便给系统增加后备电源，同时方便集中控制所有的出入口。系统中安装紧急开关，在紧急情况下，按下紧急开关，所有对应的电锁都断电打开。

7.4 动物和物品识别

7.4.1 动物识别与跟踪

所谓动物识别与跟踪，是指在动物身上安装电子标签，并根据电子标签中唯一的 ID 码与该动物一一对应，可以随时对动物的相关属性进行跟踪与管理的一项技术。当动物进入 RFID 阅读器的识别范围或者工作人员拿着手持阅读器靠近动物时，阅读器就会自动将动物的数据信息识别出来。利用计算机控制技术和网络技术，RFID 技术在畜牧业中的应用已越来越广泛。对各种动物进行识别与跟踪，能够加强对外来动物疾病的控制与监督，保护本土物种的安全，保证畜产品国际贸易的安全性；加强政府对动物的接种与疾病预防管理，提高对动物疾病的诊断与报告能力；加强国际贸易的安全性和风险管理，以及对境内外动物疫情的应急反应。

1. RFID 在动物识别各个环节中的应用

饲养环节：在牲畜出生饲养的时候，在牲畜的身上安装上 RFID 标签（如做成耳标或脚环），这些电子标签在牲畜一出生时就打在耳上，此后饲养员用一个手持设备，不断地设定、采集或存储它成长过程中的信息，从源头上对生产安全进行控制。同时记录牲畜在各个时期的防疫信息、疾病信息等关键信息。在牲畜屠宰前，首先要通过手持机读取 RFID 标签，以确认无疾病牲畜才能出栏。

屠宰环节：在屠宰前，读取牲畜身上的 RFID 标签信息，确认牲畜有过防疫记录，并切实健康的，才可以屠宰并进入市场；同时将该信息写入包装箱标签、货物托盘标签和价格标签之中去。

主管部门监管环节：主管部门在进行市场监管的过程中，要求所有销售网点的货物托盘、包装箱和价格标签都内含 RFID 电子标签，将肉类的产地、品名、种类、等级、价格等相关数据写进电子标签。

物流配送环节：生鲜肉类进入流通环节，在装载肉类的托盘或包装箱上贴上 RFID 电子标签，运送到指定的超市或市场销售点，在交接货物时，只需通过固定的远距离读卡器或手持读写器读取包装箱或托盘上的 RFID 电子标签即可。

外来牲畜的管理：如是外省市运来的已经屠宰好的肉类产品要进入市场，先到指定的监管地点进行产品检验，检验合格后加贴有关产品信息及相关检验信息的电子标签。同时，监管部门发给市场销售产品的资质证书。

2. RFID 术在动物识别与跟踪的国内外应用概况

（1）养牛业中的应用

20 世纪 80 年代，荷兰、美国、日本、新西兰、澳大利亚等国已经建立了一些数字化程度很高的奶牛场。1998 年 9 月，英国宣布了牛跟踪系统计划。1999 年底，欧盟各成员国都实施该系统计划。英国政府规定，2000 年 7 月 1 日以后出生的或者进口的牛必须采取数字识别。牛的识别与注册包括标识、农场记录和许可证等方面。牛在出生后的20天之内必须安装标识标签，该标签内的标识码将伴随牛的一生。在农场的记录中，记载有关于每一头牛的出生、进口、活动与死亡的全部情况。每一头牛都有一个 CTS 许可证，它存储了牛的全部记录。CTS 是英国建立的对牛进行跟踪和管理的计算机系统，英国政府为它的建立和使用的开始阶段支付费用。

奶牛现代化饲养管理及防疫中应用 RFID 电子标签实现了对奶牛个体的标识，电子标签具有如下作用：1）为每头奶牛建立一个永久性的电子档案；2）架起信息化管理平台与奶牛个体之间的桥梁；3）实现对奶牛个体的自动监控；4）依据奶牛个体体况实现精细饲养。

近年来，我国自主开发的奶牛身份识别系统和信息化管理系统已经开始在各地逐步推广应用。天津市天农在引进以色列“奶牛养殖管理信息系统”设备的基础上，完成了《基于 RFID 技术的奶牛养殖管理信息系统的研究》，开发的产品已在益达、润泽两个牧场示范应用。该项目集成电子、通信、信息、RFID、自动控制技术，开发了基于 RFID 技术的奶牛身份识别器、计步器、自动分群系统、自动称重系统、牛奶流量电导仪、管理与分析系统，形成了以挤奶厅为中心的信息采集、奶牛管理系统和奶牛养殖监控系统。1998 年，河南花花牛实业总公司在消化、吸收瑞典利拉伐公司的奶牛饲喂站的基础上，成功运用 RFID 阅读器识别技术，研制成功了奶牛自动饲喂设备，填补了国内空白，并获河南省科技进步三等奖。奶牛的识别距离平均达到 0.8m，给料精度达到了 0.5%，较好地实现了奶牛精饲料的补饲，并在河南花花牛集团牧业公司推广应用，实现了与挤奶机的联网，建立了完善的信息化管理系统。

（2）养羊业中的应用

欧盟规定，任何在 2009 年 12 月 31 日之后出生的或识别的羊必须采用电子识别的方式。农业机械制造商 Class 公司和 IT 领域 Agrocom 公司进入了动物识别领域，Claas 公司引进了 RFID 芯片耳标、轻便无线手持阅读器和羊群管理软件，把羊的电子识别规定提供给羊群主人，帮助他们管理羊群。RFID 技术在养羊方面的应用类似于在奶牛上的应用，与奶羊养殖管理相比管理相对简单，但在我国的应用目前还不曾见。

（3）RFID 技术在自动化饲喂方面的应用

精细养殖数字化以数据库系统为基础，在分布式网络环境中实现各业务单元用户对数据的获取与更新、数据的存储与管理、信息的提取与分析，通过数字农业基础数据库机制形成基础数据的共享与信息挖掘。以奶牛养殖为例，将精细养殖专家的知识和经验进行抽象化，建立数据模型用于指导奶牛养殖，利用在养殖实践中的反馈信息对模型进行调整。奶牛精细养殖数字系统的逻辑结构划分为数据层、服务层、应用层等三层体系结构。数据层由数字农业基础数据仓库（包括元数据库、影像数据库、综合饲料养分数据库）、传感器信息库（包括无线射频传感数据、视频监控数据等）、专家模型库等数据库群组成。服务层由数字农业精细养殖支撑平台和信息共享、交换平台构成，包括计算机网络系统、通信系统、监控系统、显示系统和操作系统等。应用层主要包括各种应用系统，作为客户端调用数据库服务器，为客户提供信息服务。

（4）在肉类食品安全方面的应用

以前消费者对肉类食品是怎样从牧场到餐桌的这个过程并不感兴趣，然而由于肉类产品成为全球性食物，并且由于诸如疯牛病所引发的恐慌，使得人们无比关注食用产品的历史记录，希望了解食用动物的饲料情况、化学品残留、生长激素残留、牛的福利状况以及它们的疾病历史。RFID 技术已被应用于畜牧业食品生产的全过程，包括饲养、防疫灭菌、产品加工、食品流通等各个环节，全面引入标准化的技术规程和质量监管措施，建立“从农场到餐桌”的食品供应链跟踪与可追溯体系，就可以达到全程控制，实现可追溯的目的。

肉类食品从生产到消费的控制主要有六个环节：1）建设肉类食品监管平台，实现供应链各环节关联企业和部门的信息接入和共享，实现从生产源头到零售环节的端到端监控；2）牛或生猪养殖环节，通过 RFID 技术和配套辅助手段实现其全程饲养跟踪，实现和后端的畜牧生产管理系统集成，并实现和行业主管部门的生畜检疫检验系统对接，同时，相关信息输入肉类食品监管平台；3）牛肉或猪肉运输环节，通过 RFID 技术和配套辅助手段，在不同运输节点上部署道口监控系统，实现对整个运输过程的监控，并提供牛或生猪检疫检验和运输消毒等服务，同时，相关信息输入肉类食品监管平台；4）牛或生猪屠宰环节，通过 RFID 技术和配套辅助手段实现对牛或生猪的健康状况的核实和确认，集成屠宰场后端管理系统，同时，相关信息输入肉类食品监管平台；5）牛肉或生猪加工环节，通过 RFID 技术，配合条码技术，实现牛或生猪信息与其肉类信息之间的关联，同时，相关信息输入肉类食品监管平台；6）牛肉或猪肉批发、零售环节，通过 RFID 技术加速物流环节的效率，通过条码技术追溯其源头，强化市场交易管理，同时，相关信息输入肉类食品监管平台。通过这六个环节，实现肉类食品的全程监控。

3. 系统组成及工作原理

基于 RFID 技术的动物识别和跟踪管理系统主要由射频电子标签、便携式手持读写器以及计算机网络及数据库管理软件组成。系统组成如图 7.6 所示。

图 7.6 基于 RFID 技术的动物识别和跟踪管理系统组成框图

（1）电子标签

用于记录动物的 ID、基本生长信息、免疫、检疫信息以及其他管理信息，每个射频电子标签都有自己唯一的编码。射频电子标签具有智能读写和加密通信的功能，通过无线电波与便携式手持读写器进行数据传输。

（2）便携式手持读写器

实现对标签的 ID 识别、密码修改以及用户数据的读写操作。主要由天线、无线收发模块、控制模块以及接口电路组成。

（3）计算机网络及数据库管理软件

主要实现与便携式手持读写器的相互通信以及数据信息的交换，从而将获得的动物相关信息及各种记录、统计报表等内容保存在数据库中，实现数据的计算机管理。

当便携式手持读写器准备读射频电子标签时，读写器会发射固定频率的电磁波，从而在读写器的天线周围产生高频的交变磁场。当带有 RFID 射频电子标签的动物进入便携式手持读写器发射的射频场范围内时，射频电子标签中的天线会产生感应电流，使其进入工作状态。RFID 标签上的芯片会不断探测接收天线端的信号，将带有信息的感应电流进行解码，并提取数字信号进入逻辑控制电路进行信息处理，最后由标签天线发送给便携式手持读写器。读写器读取信息并解码后，将其送至信息系统进行相关的数据处理并保存。写标签时，读写器把处理后的信息重新写入 RFID 标签芯片中。

4. RFID 动物标签种类及使用方法

目前，给动物安装的主要是颈圈式、耳牌（钉）式、注射式和药丸式电子标签，各种标签有它自己的特点和适用范围。表 7.2 列出了标签的分类，各种标签示意图如图 7.7 所示，图 7.8 给出了各类标签的安装位置。

表 7.2 动物 RFID 识别常用标签类型

类型	特点	应用场合
项圈式	可移动性大，成本较高， 很容易从一头动物换到另一头动物身上	厩栏中的自动饲料配给 以及测定牛奶产量
耳牌式	存储的信息数据多，而且抗脏物、雨水和恶劣的环境， 性能大大优于条码耳牌	应用范围广泛
注射式	用特殊工具将电子标签置于动物皮下， 使躯体与标签建立固定的联系，手术才能撤销该联系	较少
药丸式	电子标签安放在耐酸的窗口中， 通过动物食道放置于瘤胃内，不伤害动物	反刍动物，需全程记录动物 各种详细信息的场合

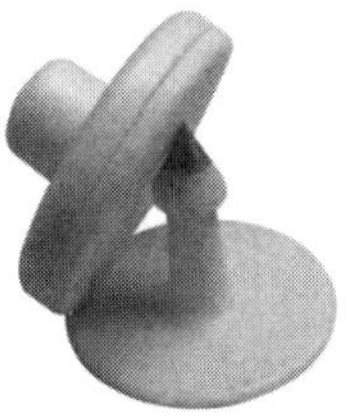

（a）耳牌式电子标签

（b）颈圈式电子标签

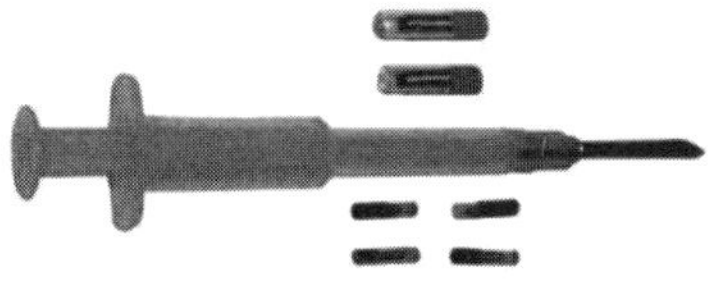

（c）注射式电子标签

（d）药丸式电子标签

图 7.7 常见 RFID 动物标签

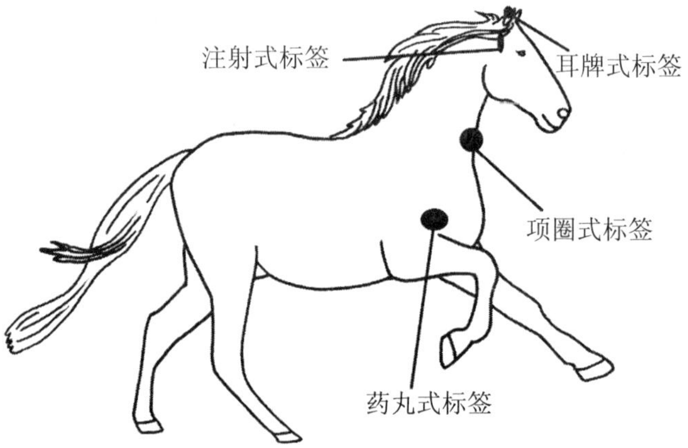

图 7.8 各类标签在动物身体上的安装位置

项圈式电子标签 能够非常容易地从一个动物身上换到另外一个动物身上，主要应用在厩栏中的自动饲料配给以及测定牛奶产量方面。

耳牌式电子标签 性能大大优于条形码耳牌。因为电子标签比条形码存储的数据多得多，而且能适用于有油污、雨水的恶劣环境。阅读器的读取距离远远大于条形码的读取距离，而且能实现批量读取。

注射式电子标签 近几年才开始应用。其原理是利用一个特殊工具将电子标签放置到动物的皮下，因此在动物的躯体与电子标签之间就建立起了一个固定的联系，这种联系只有通过手术才能撤销。目前能做到商用的注射式电子标签只有一颗米粒大小。

药丸式电子标签 是将一个电子标签安放在一个耐酸的圆柱形容器内，大多是陶瓷的。然后将这个容器通过动物的食道放置到反刍动物的前胃液内，一般情况下，药丸式电子标签会终身停留在动物的胃内。这种方式的最大特点是简单和牢靠，并且可以在不伤害动物的情况下将电子标签放置到动物体内。

5. RFID 跟踪与识别系统的基本功能

（1）动物基本信息的记录：出生信息、饲养员信息、生长信息、出入草场、出栏信息等的记录。

（2）防疫信息的记录：防疫、接种疫苗、防疫检查、防疫处理信息的记录。

（3）流通环节的监督：温度、湿度、道口检查等信息的记录。

（4）屠宰检疫记录：屠宰检疫、屠宰日期、仓储环境等信息记录。

（5）销售产品信息：销售地信息、销售日期、分销商信息的记录。

（6）国家监督部门的统计查询功能。

（7）系统后台管理功能。

（8）追溯查询功能。

6. 动物识别国际标准

ISO 11784 和 11785 分别规定了动物识别的代码结构和技术准则。标准中没有对应答器样式尺寸加以规定，因此可以设计成适合于所涉及动物的各种形式，如玻璃管状、耳牌或项圈等。

（1）ISO 11784——动物识别代码结构

ISO 11784 代码结构为 64 位，如表 7.3 所列。其中的 27~64 位可由各个国家自行定义。各国国内识别代码由该国自行管理。27 ~ 64 位也可以分配用于区别不同的动物类型、品种、所在区域、饲养者等等。

表 7.3 RFID 11784 标准代码结构

位序号	信息	说明
1	动物应用 1/ 非动物应用 0	应答器是否用于动物识别
2 ~ 15	保留	未来应用
16	后面有数据 1/ 没有数据 0	识别代码后是否有数据
17 ~ 26	国家代码	说明使用国家，999 表明是测试应答器
27 ~ 64	国内定义	唯一的国内专有登记号

（2）ISO 11785——动物识别技术标准

ISO 11785 技术标准规定了电子标签的数据传输方法和读写器规范，以便激活电子标签的数据载体。制定该技术标准的目的是使不同制造商的电子标签能够使用一个共同的读写器来询问。动物识别用的符合国际标准的读写器能够识别和区分使用全双工 / 半双工的系统（负载调制）的电子标签和使用时序系统的电子标签。

1）全双工 / 半双工电子标签

全双工 / 半双工电子标签通过活化场得到电源，并即时开始传输存储的数据。因为是不需要副载波的负载调制过程，同时数据表示成差分双相代码（DBP），把读写器频率除以 32 即可以得到位率。当频率为 134.2kHz 时，传输速率 (位率) 为 4 194bps。

全双工 / 半双工数据报文包括 11 位的起始域（头标）、64 位（8 字节）有用数据、16 位（2 字节）CRC 以及 24 位（3 字节）终止域（尾标）。每传输 8 位后，插入一个逻辑“1”电平的填充位，以便避免出现头标为“00000000001”的情况。在给定传输速率的情况下，传输 128 位大约需要 30.5ms。

2）时序电子标签

每 50ms 后活化场暂停 3ms。时序电子标签事先已经通过活化场充入了能量，在活化场暂停后大约 1～2ms 开始传输存储的数据。电子标签用频移键控（2FSK）调制法。位编码采用 NRZ 逻辑“0”与基频 134.2 kHz 对应，逻辑“1”与频率 124.2 kHz 对应。把发送频率除以 16 就可以得到比特率。因此，在频移键控情况下，比特率对于逻辑“0”为 8 387 bps，对于逻辑“1”为 7 762 bps。时序数据报文包括 8 位起始域 01111110b、64 位（8 字节）有用数据、16 位（2 字节）CRC 以及 24 位（3 字节）终止域，没有填充位。在给定传输速率的情况下，传输 112 位最多需要 14.5 ms（“1”序列）。

7.4.2 RFID 技术在图书馆中的应用

应用 RFID 技术的图书馆管理系统，在欧美以及亚洲很多图书馆中已投入使用。在中国，则只有少数图书馆测试性地投入使用。新加坡国立图书馆是世界上第一个实行 RFID 技术的图书馆，该系统提供了一整套提高图书馆管理效率和加强图书安全的技术解决方案。首先，它允许读者使用图书馆的自助借书亭借出图书，简化了借书过程，使图书管理员用于管理图书的时间减少了 75%，提高了效率。其次，馆内的电子保安系统可以防止有人未经许可就取走图书，避免图书丢失，防丢失能力提高了两倍。而且工作人员利用手持式阅读器可以无接触读取图书标签的信息，很容易就能识别书架上的书籍。检查库存或进行各种文献查找，又快又准，寻找错架图书的工作现在变得非常简单，馆员只要带着阅读器在图书馆内走动，就会很快找到放错位置的图书。2006 年 7 月开馆的深圳图书馆新馆，在全国率先采用无线射频识别技术替代传统的条码技术，通过 RFID 系统，可以实现图书自助借还、自助分拣、自动整序排架、自助清点馆藏、智能图书车和射频防盗报警等一系列自动化管理。从目前的使用情况来看，大致分为 RFID 单独型和 RFID+ 磁条混合型。由于 RFID 识别容易被金属和液态物质阻挡， RFID+ 磁条混合型图书馆管理系统采用磁条作为安全检查的补充。而 RFID 单独型则通过流程控制来避免由 RFID 技术的此项不足带来的隐患。

1. RFID 技术在图书馆管理中的应用

从应用功能上分， RFID 技术主要被应用于以下几个方面。

（1）借阅流通业务

借阅流通是图书馆管理中最大量的业务之一。目前，一般图书馆的图书借阅是操作员手持条形码阅读器，对图书或音像制品进行逐个扫描记录，然后将扫描后的被借阅物消磁。采用 RFID 技术，借阅业务在流程上可以紧缩，可以同时对多本书或音像制品进行扫描，并且更改 RFID 标签中借阅状态信息内容，瞬间完成条形码和磁条的借阅流通任务。由于流程紧缩，操作员的人力得到节省，借阅者通过自助借阅服务，节省了图书馆运营成本。此外，对于音像制品或其他一些存在可分离包装的借阅品，只要在内容物和包装物上同时附加 RFID 标签，即可在借阅流通扫描的同时，鉴别有无不一致的情况。而原始的采用条形码的管理方式，必须由操作员开启包装人工鉴别，增加了借阅时间，而且带来了潜在的由于人工错误引起的不良后果。

（2）盘点业务

盘点业务在图书馆管理中虽然频率不高，但代价很大。条形码识别必须由人工逐个从书架上取书，找到条形码位置才能完成工作。因此，每次进行盘点业务，必须关闭图书馆，利用数小时甚至更长时间进行人工盘点。而且，人工盘点不可避免地会带来出错风险。采用 RFID 技术，由于其无接触并自行识别的特点，只要读写器与图书在一定距离内，可以同时对所有范围内图书进行记录。因此，盘点时间大大缩短，盘点难度和风险大大降低。

（3）安全管理

安全管理包括门禁系统、图书私夹检查、借阅登记遗漏检查等方面，大多通过磁条技术实现。利用 RFID 技术，可以更好地实现磁条技术的功能。图书借阅后，图书 RFID 标签中，借阅状态信息被设置，出口阅读器可根据此信息判断被检查图书是否为私夹或借阅记录遗漏图书，从而做出报警动作。同时，可以根据借阅者自身 RFID 标签和携带图书的标签，从借阅信息数据库储存的记录信息中，判断这些图书是否是该借阅者所借，进而给出相应处理措施。

（4）导航

图书馆导航，目前是通过张贴图书分区信息标识实现的。在大型图书馆，这种导航作用有限，大大增加了借阅者寻找目标图书的时间和难度。利用 RFID 系统和地理信息系统，完全可以使寻找过程形象化、简便化，提高图书馆的服务质量。导航服务可借由导航手持服务端实现。该服务端携带有 RFID 标签读写器，对借阅者途径书籍标签或图书馆预设定点标签进行扫描，从而判断借阅者所处位置。根据借阅者欲借阅目标书籍的位置，计算得出最佳路径，实现导航服务。导航服务目前尚处于研究实验阶段，没有应用案例。

（5）其他功能

RFID 技术有诸多优点，不仅可以更好地实现原有图书馆服务，还可以开发许多新的服务，提高图书馆管理服务水平。比如，利用 RFID 标签的大存储量特点和非接触识别特点，可以实现不接触图书而浏览其摘要等信息的服务。现在图书馆服务体系中，借阅者必须从书架上取下目标图书，翻阅后才可知道图书信息。这带来了两个问题，一是，图书易损坏；二是，如果借阅者不借阅下架书籍而将其归放，容易放错位置，进而影响其他借阅者查找图书。采用 RFID 技术后，图书预览功能可以集成到导航手持端中，利用多媒体方式显示标签中预存的图书基本信息，从而避免了上述问题。

2. RFID 的图书馆行业标准

全球还没有统一的 RFID 技术标准，由于 RFID 技术有非常广泛的应用，在不同应用领域其具体需求各异。RFID 应用于图书馆，需要制定自己的图书馆的行业标准。图书馆的 RFID 最重要的内容就是电子标签的数据结构，此外，还包括系统应该实现的功能、应当配置的设备等。同时，标准应当在隐私保护、电子标签在图书馆业务中的全方位应用，以及互用与合作方面，做出有价值的指导。此外，根据美国标准制定方面的经验，成熟、可用的图书馆标准的制订，需要广泛的参与者，包括高校馆与公共馆、RFID 系统集成商、硬件厂商、图书零售发行商、图书零售商、图书制造商、图书印刷商以及出版社等。澳大利亚和美国分别在 2006 年和 2008 年公布了各自的数据模型规范。此外，法国、德国、丹麦、芬兰等国家已经发布了各自的数据模型，ISO 也在研究制定全球的标准。

在我国，国家图书馆根据图书馆 RFID 技术应用发展状况，在 2006 年度设立了“图书馆技术标准化问题研究”项目。目前，研究小组已经在标签存储信息及安检模式、行业专用 RFID-UID 标准研究等方面展开了工作，提出了若干设想草案，并与国家相关标准化组织建立了联系。

3. RFID 技术在图书馆管理应用中的实现

（1）RFID 读写

大多数图书馆使用的标签都是 13.56MHz 的无源标签。读写器根据应用场合不同，在读取速率、读取距离、同时读取的标签个数上均有一定的差别。这些读写器包括平板读写器、手持读写器、远距离通道读写器等。

在图书编目过程中，需要利用 RFID 读写器向图书标签写入“图书标识号”作为图书在管理系统中的唯一标识。在新建读者信息时，需要利用 RFID 读写器向读者卡中写入“读者标识”。在借阅图书时，将读者卡与多册图书同时放置在 RFID 天线上。在归还图书时，可将多册图书同时放置在 RFID 天线上。

（2）系统登录

用户需要输入账号与密码登录。用户依照图书馆工作需要分为三种类型：系统管理员、编目用户、流通用户。

以系统管理员身份登录系统，可以看到系统所有模块，可以实现包括编目、流通、系统设置、统计等全部功能。以编目用户身份登录系统，只可以看到编目模块。以流通用户身份登录系统，只可以看到流通模块。

（3）图书编目

以编目人员的身份登录系统，方可进入图书编目模块。在图书馆自动化系统中，编目管理子系统的主要业务是编制和维护各种文献资料的 MARC 记录，同时提供回溯建库功能，满足流通系统建库的特殊要求，在生成书目记录时同步生成复本记录。编目模块还支持通过 Z39.50 协议方式实现数据共享和联机编目，能共享或继承采访子系统的书目数据，可以直接对其进行编辑、修改，从而转换成详细的编目记录，具有对 MARC 格式的合法性和检索点的规范性等校验查核的功能。图书馆传统编目业务以做书目数据为分界线,有前期加工和后期加工，磁条、条码、盖章、打馆藏号等工作属于前期加工，后期工作包括粘贴书标，然后打包或上架。其主要流程如图 7.9 所示。

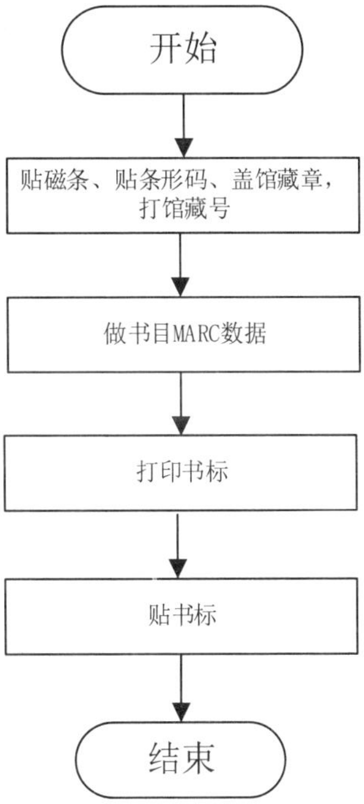

图 7.9 传统编目业务流程图

在基于 RFID 系统的图书管理系统中，由于电子标签同时可以实现标识与防盗两种功能，所以编目前期加工中的“贴磁条、贴条码”两个工序可以简化为“贴电子标签”一个工序，仅此项改进，就会在很大程度上提高编目的效率。此外，在书目数据加工中，还需要读取图书的条码（传统业务）或 RFID 标签（RFID 系统）。由于 RFID 具有非接触性，同时可以进行多个标签读写操作，基于 RFID 的数目数据加工速度也会大大提高。总之，整体编目的效率将得到很大的提升。每一种图书在目录中都有一条记录叫做题名记录或书目记录。除了馆藏信息外，题名记录中还包含编目信息，比如记录建立日期等。同时，每一个题名记录都可能与一个或多个复本记录连接。在系统内部，一条复本记录通常代表馆藏中的一个图书实体。由于这种目录结构，建立文献记录的功能也分为两个层次，即建立题名记录和复本记录。编目工作中做书目 MARC 数据时，首先应检索书目记录。在建立新的题名记录之前，首先需要检索目录，以避免重复建立记录。可使用编目模块中的检索功能对书目记录进行以下检索：著者、题名、ISBN 号、文献标识、主题等。如果检索到已有书目记录，则添加复本，如果没有书目记录，则添加新的题名。建立题名记录的基本步骤是: 进入“添加新题名”界面,在书目信息处填写各字段中所需信息。注意在必备字段处不能留空白。同时，可在添加新题名时添加复本。在复本操作界面，可以直接键入文献标识号，或由系统自动生成文献标识和复本号。文献标识号需要写入 RFID 标签，所以复本操作界面中，提供“写入标签”按钮。每本书编目结束后，在图书上粘贴 RFID 标签。可以修改题名和复本记录，方法是使用文献标识号等找到题名进入编辑界面，然后可参照建立题名记录的步骤修改记录，如可以删除题名或复本；

可选择从多复本中删除选择复本，或删除所有复本但保留题名，或从系统中删除所有复本时同时删除题名；可以在已有的题名记录中添加新的复本；可检索已有的题名记录的文献标识找到记录，增加复本。

（4）流通管理

图书馆流通部门的主要功能是为登记在册的读者处理借书及还书过程。图书记录的不断更新是流通部门的主要日常工作。传统编目业务流程如图 7.9 所示。在传统的流通业务中，需要使用条码阅读器，逐一读取读者卡上的条码信息，以及每一本图书的条码信息。而在 RFID 系统中，可以将 RFID 读者卡与若干本图书放在一起，在 RFID 读写器上方扫描，极大地提高了工作效率。以借书业务为例，传统的借书业务流程与 RFID 流通业务流程分别见图 7.10 和图 7.11。以流通人员身份登录，方可进入流通管理模块。该模块是图书馆管理系统中与读者联系最为紧密的部分，其功能直接影响对读者服务质量的好坏。该模块管理的数据包括书目、读者、借阅信息、罚款信息等。书目信息是对采编系统数据资源的直接利用，读者、借阅等信息是流通子系统处理的主要数据对象，该模块应符合实际的流通借还业务操作流程并具有比较友好的操作界面，主要业务功能包括：借书、还书、续借（提供读者续借与文献续借两种方式）、支付账单、读者及图书借阅信息查询、读者证件管理、读者数据维护、打印功能、系统选项参数设置、统计管理等，从而有效地实现对图书的流通信息、读者信息的维护以及与读者交互操作的功能。图书借阅中，读者将读者卡与若干本贴有 RFID 标签的图书一起放置在 RFID 天线面板上，系统读取读者卡与图书标签上的标识，并自动区分读者与图书标签内容。若读取了多个读者卡，则系统会提示相应信息。对于读取的读者卡，首先检

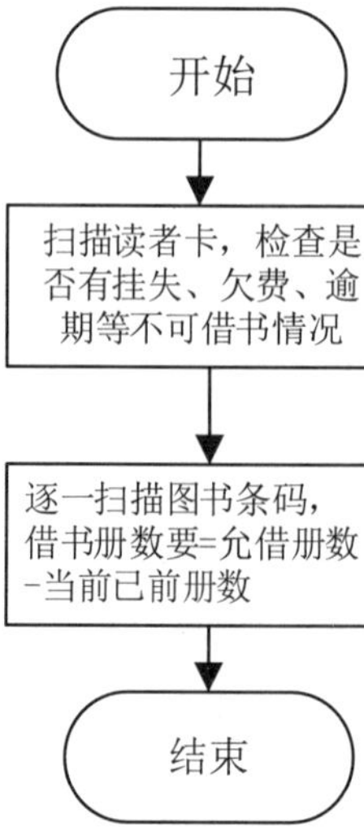

图 7.10 传统流通借书业务流程图

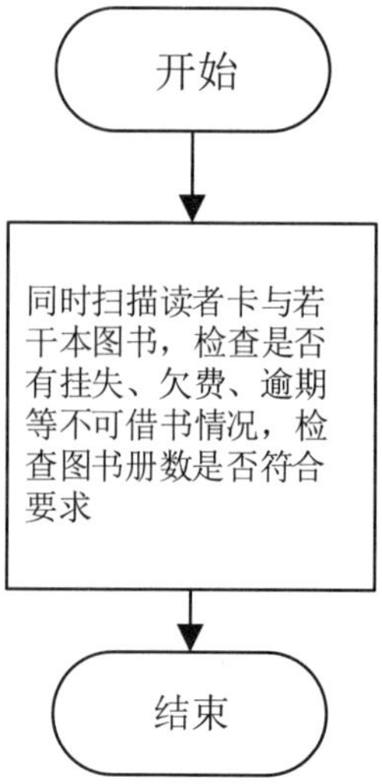

图 7.11 RFID 流通借书业务流程图

查读者类型，以及该类型相应的允借册数，读者当前准备借出图书册数与已借出图书册数之和必须小于允借册数。此外，当读者有过期图书或欠款情况发生时，借书操作也无法完成，系统也会提示相应信息。对于借出的图书，RFID 读写器会将每一本图书的电子标签中的借还位置设置为“借出”状态，并在系统数据库中记录相应的借阅信息，包括读者标识、图书标识、借出时间等。同时，借阅信息会在屏幕上显示，供工作人员与读者查看。图书归还时，不需要读者出示读者卡，只需将需要归还的若干册图书放置在 RFID 天线面板上，系统会自动读取图书标识，并将图书标签中的借还位设置为“归还”状态。对于过期图书，提示罚款金额，读者可以即时缴纳罚金，或者选择以后支付帐单。系统记录相应的信息，并在屏幕上显示读者当前的借阅图书情况以及帐单信息。图书管理中，图书查询支持多种字段的查询方式，如图书 ID、ISBN、题名、著者、译者、主题、出版社、ISBN、中图分类号等，检索结果会显示图书的基本信息、借阅状态（在馆、借出、还书日期）等，以方便读者借阅。同时支持打印功能，对查询结果可以直接打印。读者管理，包括读者的查询、注册新用户（即办证）、添加、修改、删除、挂失、延长使用期限等功能。延续使用期限需要超级用户身份，如果使用其他身份登录，则需输入越权口令。读者的查询中可以看到读者基本信息、账单，以及读者借阅信息。读者的查询中支持多种字段的查询方式，如按姓名、ID、替代标识符、系别等，同时支持打印功能，对查询结果可以直接打印。在读者账单中，对于已付和未付的账单可以分别进行查询。读者借阅信息查询包括读者借书数量与书目、应还日期、超期欠款信息等。统计管理，提供对馆藏图书分类统计、出版社分类统计以及读者数类统计。

（5）系统设置

以系统管理员身份登录系统，方可进行系统设置。系统设置包括用户类型设置、院系分类设置、出版社分类设置、允借册数设置、借阅期限设置、续借设置、罚款单价设置等，同时提供对工作人员及工作人员口令的管理。工作人员类型分为管理员、流通工作人员与编目人员。图书的借阅规则为：不同类型的用户有着不同的借阅册数与借阅期限。

（6）防盗

防盗模块用于模拟门禁系统，当启动该模块时，读写器会对通过的图书进行检查，若图书标签上的借还位表示为馆藏资源，即没有正常办理借出手续，计算机则鸣叫报警。

4. RFID 标签应用于图书馆管理时存在的问题

（1）技术缺点

RFID 读写器对标签的识别，容易受到外界环境的干扰。无论低频、高频还是微波方式，RFID 读写器都容易受到水、湿度和金属等影响。一张夹在图书中的口香糖锡纸，就可能导致一本图书无法识别。标签上的一个细微裂痕，就可能导致标签天线断路，不能工作。这些问题的解决，应该从技术和管理两方面考虑。例如，对于屏蔽识别的问题，可经由管理员点数与 RFID 扫描来避免。也可寄希望于技术的提高，使其得以解决。

（2）成本问题

RFID 技术应用于图书馆管理，需要考虑 RFID 读写器的成本，但主要成本来自标签的费用。读写器虽然价格不菲，但其数目较少，随着硬件技术的发展，其成本占总成本中的比例不大。而标签的数量巨大，对于拥有上百万册图书和音像制品的图书馆，至少需要同等数量的标签来对图书与音像制品进行标定，成本较高。需要注意的是，要从总体上考虑这个成本，虽然硬件成本较高，但在流程上、服务上和人力节省方面却可进行一定的成本节省。因此，只有从整体的角度上考虑，才能准确判断成本增加的大小。

思考和习题

1. 为什么零售商推崇 RFID?
2. RFID 如何实现人员考勤管理？
3. 如何实现电信业的 RFID 资产管理系统功能？
4. 什么是开放式的 RFID 系统？开放式 RFID 系统应注意哪几个层面的协调？
5. 什么是非开放式的 RFID 系统？举例说明。

参考文献

[1] Klaus Finkenzeller，RFID HANDBOOK- Fundamentals and Applications in Contactless Smart Cards, Radio Frequency Identification and Near-field Communication, Third Edition，John Wiley & Sons, Ltd，2010.

[2] Klaus Finkenzeller，（第三版），吴晓峰、陈大才译，北京：电子工业出版社，2005。

[3] 黄玉兰，物联网，射频识别 (RFID) 核心技术详解，北京 : 人民邮电出版社，2010。

[4] 游战清、李苏剑，无线射频识别（RFID）技术理论与应用，北京 : 电子工业出版社，2004。

[5] Daniel M. Dobkin，The RF in RFID Passive UHF RFID in Practice，Elsevier Inc，2008.

[6] Reinhold Ludwig，Pavel Bretchko，射频电路设计 - 理论与应用，王子宇、张肇仪、徐承和译，北京：电子工业出版社，2002。

[7] Pozar D M，微波工程，张肇仪、周乐柱、吴德明译，北京：电子工业出版社，2007。

[8] [8] Radmanesh M M，射频与微波电子学，顾继慧、李鸣译，北京：科学出版社，2006。

[9] 宋铮、张建华、黄冶，天线与电波传播，西安 : 西安电子科技大学出版社。2003。

[10] 谢处方、饶克谨编；赵家升、袁敬阅修订，电磁场与电磁波，北京：高等教育出版社，1999。

[11] 许毅、陈建军，RFID 原理与应用，北京，清华大学出版社，2013。

[12] 陈天一，金卡工程，RFID 及其在动物识别与跟踪中的应用，2005 年第 7 期。

[13] 许博、高树东，无线动物识别和跟踪管理系统的设计，世界电子元器件，2009 年第 3 期。

[14] 徐虹、廖伟超，浅谈 RFID 技术及其在反刍动物养殖中的应用，中国奶牛，2013 年第 6 期 。

[15] 张建军、包国峰、马一兵，基于 ISO 11784/5 的动物识别标签设计，单片机与嵌入式系统应用，2008 年第 12 期。

[16] 郭庚麒，不停车收费系统（ETC）关键技术浅析，广东交通职业技术学院学报，2009 年第 1 期。

[17] 任志宇、任沛然，物联网与 EPC/RFID 技术，森林工程，2006 年第 1 期。

[18] 潘梅蓉，RFID 技术在图书馆中的应用，图书馆现代技术，2009 年第 3 期。

[19] 王颖，基于 RFID 图书馆管理系统的设计及业务逻辑层与数据访问层的实现，天津大学 2010 硕士学位论文。

[20] 罗长翼，基于 RFID 的港口集装箱管理系统及数据采集研究，西南交通大学 2012 硕士学位论文。

[21] 耿力、冯敬，自主创新务实推进我国射频识别标准化进程，信息技术与标准化，2013 年第 6 期。

[22] RFID 标准基础知识问答，中国电子商情（RFID 技术与应用），2007 年第 6 期。

[23] 冯敬，自主知识产权 RFID 标准系列报道（一）自主知识产权 RFID 标准制定进展，信息技术与标准化，2009 年第 10 期。

[24] 张有光，唐长虹，ISO/IEC RFID 技术标准概述，中国标准化，2008 年第 3 期。

[25] 占群，解读 RFID 国际标准组织，印刷质量与标准化，2010 年第 5 期。

[26] 郎为民、王金泉，RFID 标准化组织介绍，数字通信世界，2008 年第 8 期。

图书在版编目（CIP）数据

RFID 技术与应用 / 郭庆新，张卉，李彦霏编著 .—北京：中国传媒大学出版社，2015.12（2017.12 重印）
ISBN 978-7-5657-1133-6

Ⅰ . ① R… Ⅱ . ①郭… ②张… ③李… Ⅲ . ①射频－无线电信号－信号识别

Ⅳ . ① TN911.23

中国版本图书馆 CIP 数据核字 (2014) 第 184847 号

RFID JI SHU YU YING YONG
RFID 技术与应用

编　　著	郭庆新　张　卉　李彦霏
主　　审	逯贵祯
责任编辑	蔡开松
装帧设计指导	吴学夫　杨　蕾　郭开鹤　吴　颖
设计总监	杨　蕾
装帧设计	刘鑫、方雪悦等平面设计创作团队
责任印制	阳金洲
出 版 人	王巧林
出版发行	中国传媒大学出版社
社　　址	北京市朝阳区定福庄东街 1 号　邮编：100024
电　　话	86－10－65450528　65450532　传真：65779405
网　　址	http://www.cucp.com.cn
经　　销	全国新华书店
印　　刷	北京玺诚印务有限公司
开　　本	787mm × 1092mm　1/16
印　　张	16
版　　次	2015 年 12 月第 1 版　　2017 年 12 月第 2 次印刷
书　　号	ISBN 978-7-5657-1133-6/TN · 1133　定　价　58.00 元

本书更多相关资源可从中国传媒大学出版社网站下载
网址：http://www.cucp.com.cn
责任编辑：蔡开松　　意见反馈及投稿邮箱：1091104926@qq.com
联系电话：010-65783654